U0191240

网络空间安全技术丛书

大模型
安全、监管与合规

王贤智　叶娟　陈梦园　刘子旭
陈学进　丁学明　熊雅洁　　著

Security, Regulation and
Compliance of Large Language Models

机械工业出版社
CHINA MACHINE PRESS

图书在版编目（CIP）数据

大模型安全、监管与合规 / 王贤智等著 . -- 北京：
机械工业出版社，2024.8. --（网络空间安全技术丛书）.
ISBN 978-7-111-76323-9

Ⅰ. TP393.08

中国国家版本馆 CIP 数据核字第 2024UU3060 号

机械工业出版社（北京市百万庄大街 22 号　邮政编码 100037）

策划编辑：杨福川　　　　　　责任编辑：杨福川　罗词亮
责任校对：潘　蕊　张　薇　　责任印制：任维东
北京瑞禾彩色印刷有限公司印刷
2024 年 10 月第 1 版第 1 次印刷
186mm × 240mm · 16.5 印张 · 1 插页 · 285 千字
标准书号：ISBN 978-7-111-76323-9
定价：99.00 元

电话服务　　　　　　　　　　网络服务

客服电话：010-88361066　　　机 工 官 网：www.cmpbook.com
　　　　　010-88379833　　　机 工 官 博：weibo.com/cmp1952
　　　　　010-68326294　　　金 书 网：www.golden-book.com
封底无防伪标均为盗版　　　机工教育服务网：www.cmpedu.com

当前正处于人工智能飞速发展的黄金时期，以 ChatGPT 为代表的生成式人工智能（Artificial Intelligence Generated Content，AIGC）技术极大地丰富了创意表达的方式，加速了知识的传播，并为社会变革注入了新的动力。在我国，大语言模型（Large Language Model，LLM，简称"大模型"）的发展势如破竹，至 2024 年 1 月，已有超过 40 款大语言模型产品获得官方备案。这些来自互联网巨头、科研机构和新兴科技公司的模型，如百度的文心一言、抖音的云雀、智谱 AI 的 GLM、中国科学院的紫东太初、百川智能的百川模型，展现了国内在该领域的创新活力和大语言模型广泛的应用潜力。

2024 年 2 月 16 日，这一技术迎来了新的里程碑——OpenAI 发布了名为 Sora 的革命性模型。Sora 是首个能够根据文本指令生成高清视频的人工智能模型，它的问世不仅挑战了我们对人工智能能力的传统认知，更将人工智能的应用扩展到了视频创作领域，标志着人类在探索人工智能潜能的旅程中又迈出了一大步。

这些激动人心的进展背后，却伴随着一系列复杂的安全、监管与合规问题。正如历史上的探险者面临未知领域时的谨慎与思考一样，人们在拥抱生成式人工智能的同时，也不得不面对这些技术可能引发的风险和挑战。作为生成式人工智能的一个重要分支，大语言模型虽然能力强大，但其潜在的风险十分复杂，从误导性内容的生成、数据泄露的风险，到算法偏见的可能性，甚至是技术滥用带来的社会不安，不一而足。因此，其安全使用、合规发展以及伦理考量的问题亟待人们深入探讨和解答。

本书的核心目标是，对以大语言模型为代表的生成式人工智能在安全、监管与合规方面的关键议题进行深入探讨。我们将从技术层面的安全风险出发，探索系统的稳定性和应用的安全性如何成为技术发展的基石。此外，监管与合规层面的因子，包括知识产权的合规性、数据的合理使用、内容的安全性以及算法的规范性，也是我们关注的焦点。本书不仅介绍了理论基础，还提供了大量的实际案例分析，以及在实践中解决相关问题的策略，旨在提供一个全面、实用的框架，帮助行业应对这些挑战。

本书突出了独特的跨学科视角，将技术细节与法律和伦理原则相结合。我们的写作方式旨在清晰阐述复杂概念，并提供实际操作的指南。本书的结构旨在逐步引导读者深入理解主题，同时提供丰富的案例研究和实用建议。

本书面向的读者群体包括致力于生成式人工智能技术的专业人士、法律界的实践者、伦理领域的研究者、政策的制定者，以及那些对 AI 领域中的安全问题感兴趣的学术圈成员和学生。我们的目的是跨越不同的专业背景，为所有读者提供深入的分析、实践的指导和策略性的见解，以帮助大家在这一充满挑战的领域中找到可行的路径和解决方案。

在此，我们要感谢所有为本书付出努力和智慧的合著者、审稿人和编辑。他们的专业知识和热情是本书顺利面市的关键。我们也非常感谢那些提供案例研究、数据、洞见的行业专家和学术界同人，他们的贡献使本书内容更加丰富和实用。

最后，我们要特别感谢你——我们的读者，因为你的兴趣和参与是我们写作的最大动力。希望本书能够成为你在探索这一充满挑战和机遇的领域时的可靠指南。

祝你阅读愉快！

| 第 4 章 | 大语言模型知识产权合规   81

CHAPTER 1

第 1 章

大语言模型安全
及其挑战

在现代技术发展的背景下，生成式人工智能的兴起不仅标志着一次技术革命，也代表了我们对新挑战的理解和应对。本章将回顾大模型的演进历程及其在当前技术环境中的重要地位，强调大语言模型是生成式人工智能领域发展的关键动力。同时，我们还将探讨生成式人工智能安全的关键领域，包括安全范畴、在社会中的重要性以及目前所面临的主要挑战。本章不涉及过多技术细节或安全合规的具体问题分析，旨在提供一个框架，以便读者理解后续章节中将详细讨论的复杂议题，以及生成式人工智能发展过程中的机遇与风险。

1.1　大语言模型的发展历史与技术现状

在探讨大语言模型所带来的安全挑战之前，我们首先需要回顾它的发展脉络和技术基础。每一次技术进步不仅推动了模型性能的飞跃，也打开了新的应用领域。通过审视这些关键的技术突破，我们可以更好地理解当前大语言模型的能力和应用范围，从而为深入探讨它可能引发的安全问题奠定坚实的基础。

1.1.1　序章：起源与早期形态

在人工智能的发展历程中，我们首先追溯到 20 世纪中叶，这是计算机科学的初步发展和大语言模型的起始阶段。那时，早期计算机语言的出现，象征着人类与机器交流新时代的开启。初期的计算机语言，虽然简单且功能有限，却是人类思维与机器逻辑结合的初次尝试。在那个时期，人工智能的开拓者开始让机器尝试理解甚至模拟人类语言。早期的尝试中，代表性的例子是 20 世纪 60 年代的 ELIZA 程序。由麻省理工学院的约瑟夫·韦森鲍姆（Joseph Weizenbaum）教授开发的 ELIZA，尽管仅通过预设脚本进行简单模拟对话，但开启了机器与人类语言互动的新领域。

这一时期的探索，虽然技术原始，但为后续更复杂的语言处理技术打下了基础。早期的聊天机器人和语言模型不只展示了机器处理语言的可能，也初步展现了人类对机器智能潜力的认识。这个时期还见证了计算机科学与语言学、认知科学等学科的融合。学者们开始尝试让计算机不仅处理符号逻辑，还能理解和生成语义上连贯的自然语言。这种跨学科的合作为自然语言处理技术的未来发展奠定了坚实基础，并为人工智能的发展提供了方向指引。

1.1.2　转折：神经网络的兴起

21 世纪初，深度学习和神经网络技术的崛起标志着语言模型发展的重大转折点。神经网络的引入极大地改变了语言模型的发展路径和能力。尤其是 RNN（Recurrent Neural Network，循环神经网络）和 LSTM（Long Short-Term Memory Network，长短期记忆网络）的发展，为语言模型带来了创新的活力。RNN 和 LSTM 旨在模拟人类大脑处理语言的机制，使模型能够理解并处理语言中的长期依赖关系。这种进步不仅增强了模型处理复杂语言结构的能力，也显著提升了语言模型的准确性和适用性。

推动神经网络能力达到巅峰的是 Transformer 架构的诞生。这种新型架构通过创新的注意力机制，极大地提升了处理长期依赖关系的能力。Transformer 的设计不仅提高了模型的效率和可扩展性，也为后续大语言模型的发展奠定了基础。在 Transformer 架构的推动下，语言模型在理解和生成自然语言方面实现了巨大飞跃。机器由此不再仅仅是执行简单任务的工具，而变成了能够理解乃至创造语言的智能实体。这一时期的技术进步在计算机科学领域是一次革命，在理解语言、认知和智能方面是深刻的探索。

1.1.3　现代巨人：GPT 与 BERT 的时代

在科技发展的历程中，近年来一些关键进展格外引人注目，特别是 GPT（Generative Pretrained Transformer）和 BERT（Bidirectional Encoder Representations from Transformers）等模型的出现标志着语言处理技术的重大飞跃，同时象征着人工智能领域的整体进步。

1. GPT 系列：技术突破与应用拓展

GPT 系列模型，从最初版本到 GPT-4，每一次迭代都带来了技术上的重大突破。GPT 模型在文本生成的质量和多样性上取得了显著进展，尤其是在理解和生成自然语言方面展示了强大的能力。GPT 系列的成功，不仅推动了自然语言处理技术的发展，还为其他技术领域提供了新的思路和灵感。

2. BERT 模型：语言理解的新境界

BERT 模型的出现，在语言理解的深度和广度上开创了新局面。BERT 的双向理解能力，使其在理解语言上下文和挖掘文本深层含义方面表现出色。BERT 的这种创新不仅在学术界引起广泛关注，也在实际应用中显示出巨大潜力。

3. 超越语言：图像、视频、音频的技术革新

当前的技术革新并不局限于文本处理领域，图像、视频、音频等领域也取得了显著进展。例如：基于深度学习的图像识别技术让机器能更准确地识别和理解图像内容；视频处理技术的进步使机器能更好地分析视频数据，甚至进行内容创作；音频领域的语音识别和合成技术的发展，使机器能更自然地与人类进行语音交流。

在这个时期，每一次技术突破都不只是对特定领域的改进，更是对整个人工智能

领域的推动。GPT 和 BERT 等模型的成功，以及在图像、视频、音频领域的创新，共同开启了现代科技发展的重要篇章。这不仅改变了我们与机器的交互方式，也深刻影响了我们理解世界的方式。在这个时代，我们不仅见证了技术的发展，也见证了人类智慧的辉煌。

1.1.4　技术现状与应用领域

当前，大语言模型在处理自然语言的能力上已经达到了前所未有的高度，影响力远超最初的设想，成为推动社会发展的关键力量。

模型早已突破传统文本处理的界限，延伸至医疗、法律、教育等多个领域。在医疗领域，大语言模型能够辅助医生分析病历记录，提高诊断的准确性和效率。在法律领域，大语言模型能够帮助分析法律文件，提供案例研究的参考。而在教育领域，大语言模型的应用则为个性化学习提供了新的可能性，大语言模型能够根据学生的学习历史和能力提供定制化的学习材料和指导。

大语言模型正在改变我们与机器的互动方式，尤其是在信息获取和处理方面。虽然模型在搜索和提供准确信息方面仍有提升空间，但它们已经在理解和处理自然语言查询方面展示出了一定的能力。在人机交互领域，大语言模型也变得越来越重要，正在努力提高对人类指令和需求的理解。尽管目前仍存在挑战，但大语言模型的发展预示了在信息处理和人机互动方面的潜力和未来改进的可能性。

在取得显著进步的背后，也有着新的挑战。技术的发展不断提高对计算资源的需求，这不仅需要巨大的投资，也带来了能源消耗和环境影响的问题。随着大语言模型在各个领域的深入应用，伦理和合规的问题也日益凸显。如何确保模型不侵犯个人隐私，如何防止它们在生成内容时产生偏见或误导，这些都是需要我们深思熟虑的问题。

展望未来，大语言模型仍然充满了无限的可能性和挑战。技术的不断进步预示着更高智能程度和更广泛的应用前景，但这也要求我们在技术创新的同时，不断思考和平衡社会责任和伦理问题。如何在推动科技发展的同时保护人类利益，确保技术的健康和可持续发展，将是我们未来面临的一大挑战。在这个关键的历史时刻，我们不仅是技术的创造者和受益者，更是责任的承担者。

1.2　大语言模型安全的范畴

当我们探讨生成式人工智能安全时，实际上讨论的是一系列影响深远的议题，这些议题关系到大语言模型在整个生命周期中的安全性和稳定性。这一讨论不局限于技术层面的保护措施，还涉及如何在产品设计、技术研发、产品部署以及操作运营过程中识别和管理可能导致负面影响的问题。

在这个范畴内，我们考虑的不只是避免技术故障或数据泄露这类直接的安全威胁，更重要的是，我们还需要关注那些可能对用户隐私、知识产权、数据合规和社会影响等方面造成潜在风险的因素。这包括如何确保生成的内容符合伦理和法律标准，以及如何处理由 AI 生成的内容可能带来的误导、偏见或不公平等问题。

此外，生成式人工智能安全还包括对 AI 系统的可控性和可预测性的考量。这意味着需要在确保创新和灵活性的同时，有效管理和预防那些可能导致系统行为偏离预期的风险。因此，当我们谈论生成式人工智能安全时，实际上讨论的是一个多维度、跨领域的复杂议题，它要求我们从技术、法律、伦理角度共同审视和应对挑战。

1.2.1　大语言模型的技术安全：关键挑战是什么

在生成式人工智能领域，尤其是大语言模型的应用与发展中，识别和应对技术安全挑战至关重要。大语言模型作为 AIGC 技术的核心，其安全性会直接影响整个系统的可靠性和有效性，以及用户对这项技术的信任。以下几类问题对于理解和应对大语言模型的技术安全挑战至关重要：

- **数据的安全与合理利用**。大语言模型通常需要处理大量敏感数据，如何保护这些数据不受泄露或不当使用的威胁？在使用这些数据时，我们如何确保符合伦理和法律的标准？
- **大语言模型的安全防护**。面对潜在的网络攻击和对抗性攻击，我们应采取哪些措施来增强大语言模型的安全性和稳定性？如何在复杂多变的应用环境中保证大语言模型的鲁棒性？
- **大语言模型应用的安全性与适当性**。在大语言模型的具体应用中，如何避免产生不恰当或有害内容？我们应如何制定和执行策略，以确保这些强大的模型在安全和伦理上的适当运用？

对这些问题的深入思考是理解大语言模型在技术安全方面的挑战的关键。这些挑战不仅要求技术解决方案，也需要对伦理、法律和社会影响的全面考虑，以促进大语言模型的健康和负责任的发展。

1.2.2   大语言模型的监管与合规：面临哪些关键问题

在大语言模型的应用中，监管与合规是关键议题。以下几类问题对理解大语言模型在监管与合规方面的挑战至关重要：

- 知识产权的保护与遵循。考虑到大语言模型经常使用大量的数据和内容，我们如何确保知识产权受到保护，同时遵循相关的版权法规？在创新与尊重原创之间，我们应如何平衡？
- 数据保护法规的遵守。面对全球不同地区的数据保护法规，如何确保大语言模型在收集、处理和使用数据时的合规性？如何处理跨境数据传输的法律挑战？
- 算法的透明度与决策过程的公平性。鉴于大语言模型可能对社会和个人产生深远影响，我们如何确保算法的透明度和决策过程的公平性？在减少偏见和促进道德责任方面，我们应采取哪些措施？
- 伦理责任和社会影响。大语言模型在社会和个人层面的影响引发了一系列伦理问题。如何确保这些先进技术的应用不仅遵循技术标准，也符合社会伦理和价值观？在应对可能的伦理挑战，如偏见、隐私侵犯和社会分裂时，我们应该采取什么样的措施？

面对大语言模型所带来的监管与合规挑战，我们必须认识到这些问题跨了伦理、社会和法律等多个领域，它们的复杂性和多维性要求我们采取更为综合和具体的应对策略。要推动大语言模型技术的健康发展并确保其获得社会的广泛认可，关键在于深度解析这些挑战并实施有效措施。这不仅要求我们在追求技术创新时保持警惕，还要主动考量其可能引发的伦理争议和社会后果，以确保技术应用的合法性和道德责任。通过这样的努力，我们可以确保先进的大语言模型技术在服务社会的同时，也秉持着公平、正义和对公众利益的尊重。

1.3   生成式人工智能安全的重要性

在探讨大语言模型的安全范畴后，我们现在转向一个同样重要的议题：为何大语言模型的安全性至关重要？这不仅是一个技术问题，更深刻地涉及整个社会对这一新兴技术的态度和响应。本节将揭示为何大语言模型的安全管理是我们不能忽视的核心议题。

1.3.1　提升大语言模型的社会信任和声誉

公众的信任是 AI 得到广泛应用和发展的基石。如果 AI 的安全性无法得到充分保障，这种信任就会受到损害。生成式 AI（如聊天机器人、内容生成工具等）若在内容生成、决策支持等方面有偏差或失误，将削弱公众对 AI 技术的信任。例如，如果一个大语言模型因包含或生成有偏见的内容而受到批评，不仅会损害研发或使用该大语言模型的公司的声誉，也会使整个生成式人工智能领域的公信力受损。2024 年 1 月 10日，世界经济论坛发布《2024 年全球风险报告》。该报告由世界经济论坛、苏黎世保险集团和威达信集团共同编制，吸纳了于 2023 年 9 月接受调查的 1400 多位全球风险专家、决策者和行业领导者的观点。报告显示，信息错误和虚假信息（misinformation and disinformation）是最大的短期风险，如图 1-1 所示。

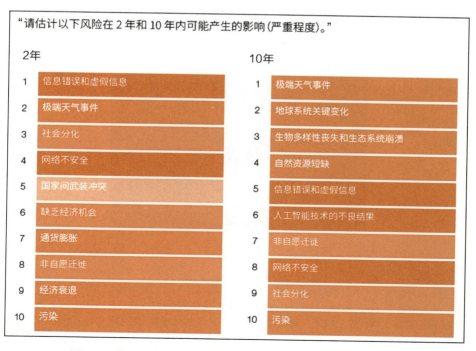

图 1-1　世界经济论坛《2024 年全球风险报告》十大风险调查

为促进国内大语言模型和人工智能产业的健康发展，2023 年，中国电子技术标准化研究院发起"大语言模型标准符合性评测"，围绕多领域、多维度模型评测框架与指标体系，涵盖语言、语音、视觉等多模态领域，建立大语言模型标准符合性名录，以引领人工智能产业的健康有序发展。在国内首个官方"大语言模型标准符合性评测"公布的结果中，360 智脑、百度文心一言、腾讯混元（如图 1-2 所示）、阿里云通义千问等大语言模型通过了测试，显示出了它们在通用性、智能性、安全性等多个维度的合规性。这种评测旨在建立大语言模型标准符合性名录，促进国内大语言模型和人工智能产业的健康发展，同时也对大语言模型的公信力起到了积极的支撑作用。⊖

图 1-2　大语言模型标准符合性测试证书（腾讯混元大语言模型）⊖

⊖　详见澎湃新闻文章《首批四家通过，国家大语言模型标准测试结果揭晓》，访问时间为 2023 年 12 月 30 日，访问链接为 https://m.thepaper.cn/kuaibao_detail.jsp?contid=25785481。

⊜　详见中国日报文章《首个国家大语言模型标准测试结果公布》，访问时间为 2023 年 12 月 30 日，访问链接为 http://ex.chinadaily.com.cn/exchange/partners/82/rss/channel/cn/columns/j3u3t6/stories/WS6586c520a310c2083e4144be.html。

对大语言模型的公信力的维护，有助于确保大语言模型在社会中赢得信任和声誉，从而推动其广泛应用和可持续发展。

1.3.2　降低大语言模型的法律风险

在生成式人工智能的应用中，忽视安全性可能导致严重的法律责任问题，特别是在大语言模型的使用方面。在数据使用、模型训练和决策制定等方面的疏忽或错误，可能会违反法律法规，尤其是在涉及数据保护、知识产权和用户隐私的领域。

一个典型的例子是生成式 AI 在生成带有误导性或虚假信息的内容方面的风险。例如，如果一个 AI 模型被用来生成看似真实但实际上是虚假的新闻报道、社交媒体帖子或历史记录，这不仅可能引发公众的误解和混淆，还可能触犯与虚假信息传播相关的法律。这种情况下，AI 模型的开发者和运营者可能会面临法律责任，尤其是在那些对虚假信息传播有严格规定的国家和地区。因此，确保生成式 AI 不被用于制造或传播虚假信息，是减少法律风险的关键。例如，2023 年 12 月，重庆曝光了几起利用 AI 技术编造网络谣言的案件。其中，梁平区公安局查处了一起案件，当事人康某利用 AI 技术编造了一则关于重庆巫溪发生爆炸事故的虚假新闻（如图 1-3 所示），并在网络平台发布。另一起案件发生在奉节县，当事人王某同样利用 AI 技术制造了一则关于煤矿事故的虚假信息。这些案件显示了生成式 AI 在制造和传播虚假信息方面的潜在危险，以及对法律法规的违反。[⊖]

确保生成式 AI 在各个阶段的安全性，特别是大语言模型的安全性，不仅是为了技术的可靠性和有效性，也是为了避免潜在的法律风险和责任。这要求开发者和运营者对相关法律法规有充分的了解，并在 AI 系统的设计、开发和部署过程中严格遵守，以减少可能涉及法律诉讼或违规行为的风险。

1.3.3　保护大语言模型的用户数据隐私

在部署和应用大语言模型时，确保数据安全是至关重要的。大语言模型的复杂性和对大量数据的依赖性使得对核心数据的保护成为一个重要议题。若处理不当，不

⊖　详见澎湃新闻文章《重庆公布 5 起网络谣言典型案件，2 起系利用 AI 生成文章造谣》，访问时间为 2024 年 1 月 18 日，访问链接为 https://news.sohu.com/a/752507167_260616。

仅可能导致个人信息泄露，还可能威胁到企业的核心商业机密。以三星电子引入
ChatGPT 后发生的数据泄露事件为例。据报道，三星电子引入 ChatGPT 不到 20 天，
就发生 3 起数据外泄事件，其中 2 次和半导体设备有关，1 次和内部会议有关。消息一
经传出马上引发各界热议。有韩媒甚至表示，三星电子员工直接将企业机密信息以提
问的方式输入到 ChatGPT 中，导致相关内容进入学习数据库，从而可能泄露给更多人。
三星电子表示，为了避免这种情况再次发生，公司已经告知员工谨慎使用 ChatGPT。
如果后面仍发生类似事故，将考虑禁止在公司内网使用 ChatGPT。[⊖]

图 1-3　用 AI 技术炮制的谣言信息[⊜]

这一事件凸显了在使用大型 AI 模型处理敏感信息时所面临的风险，同时也强调了采
取有效保护措施的重要性。无论是在个人还是企业层面，采取全面的数据保护措施是必
不可少的。这包括使用先进的加密技术、实施严格的数据访问控制、遵循数据最小必要
原则，以及确保符合全球数据保护法律法规。这样，我们不仅能够保护个人和企业的敏
感信息，还能确保大语言模型的安全可靠应用，从而最大化 AI 技术的潜力和价值。

1.3.4　保障大语言模型服务的连续性

在人工智能服务中，确保服务的连续性和稳定性至关重要。例如，2021 年，Facebook

⊖　详见量子位文章《三星被曝因 ChatGPT 泄露芯片机密！韩媒：数据"原封不动"传美国》，访问时间为
　　2024 年 1 月 18 日，访问链接为 https://baijiahao.baidu.com/s?id=1762041376632441825&wfr=spider&for=pc。
⊜　详见华龙网文章《重拳打击网络谣言！重庆警方依法查处一起用 AI 技术炮制谣言信息典型案例》，访
　　问时间为 2024 年 1 月 18 日，访问链接为 https://news.cqnews.net/1/detAIl/1191844983363158016/web/
　　content_1191844983363158016.html。

的 AI 系统发生了一个重大错误，将一个涉及黑人男性的视频错误地分类为 "灵长类动物" 相关内容。这一事件虽然没有直接导致 AI 服务的全面中断，但是暴露了 AI 系统在数据处理和分类方面的脆弱性，引起了公众的广泛关注。此类事件表明，AI 系统的错误可能间接影响其服务的稳定性和可靠性。

这种脆弱性同样适用于更复杂的生成式人工智能，尤其是大语言模型。大语言模型在处理大规模、多样化的语言数据时可能遇到挑战。在开发和维护模型时，需要特别注意其在处理复杂语言数据时的稳定性和准确性，采取全面的预防措施至关重要。这包括进行定期的安全审查和更新，建立健全的安全事故响应机制。这样做能够最大限度地减少服务中断的风险，确保服务的高可用性和稳定性。

1.3.5　提高大语言模型的系统稳定性

保障生成式人工智能系统的安全性关乎系统的稳定性。一个安全的系统能够更有效地预防意外的系统崩溃或错误的预测结果。

举例来说，在自然语言处理领域，大语言模型的稳定性对于文本生成任务至关重要。如果一个大语言模型在生成文本时出现严重的错误或不稳定，可能会导致不准确或令人困惑的输出，降低其可用性和可靠性。

通过强化大语言模型的系统稳定性，如增强错误检测和容错机制，可以降低技术故障和漏洞风险，确保大语言模型提供更稳定、更可靠的服务，满足用户的需求。

1.4　大语言模型安全的现状与挑战

当前，大语言模型安全是一个复杂且不断发展的领域。随着技术的快速进步，安全问题变得日益突出，包括数据泄露、模型被攻击、生成内容被恶意利用等。同时，随着对安全问题日益增长的关注，行业内开始出现更多针对这些风险的对策和规范。这包括改进的数据加密技术、更强的系统防御措施、内容审查机制以及算法的透明性和可解释性的提升。尽管如此，这一领域仍面临着许多挑战，特别是在如何平衡技术创新与安全、伦理和法律合规之间的关系方面。

1.4.1　大语言模型的安全隐患与主要风险点

2023 年 5 月 29 日，在全国信息安全标准化技术委员会（简称"信安标委"）2023 年第一次标准周"人工智能安全与标准研讨会"上，信安标委大数据安全标准特别工作组发布《人工智能安全标准化白皮书（2023 版）》。针对人工智能的安全风险现状，该白皮书总结了 6 个方面：

- **用户数据用于训练，放大隐私信息泄露风险。** 当前，人工智能利用服务过程中的用户数据进行优化训练的情况较为普遍，但可能涉及在用户不知情的情况下收集个人信息、个人隐私、商业秘密等，安全风险较为突出。

- **算法模型日趋复杂，可解释性目标难实现。** 目前部分研究正朝借助人工智能解释大语言模型的方向探索。同时，由于近年来人工智能算法、模型、应用的发展演化速度快，关于人工智能是否具备可解释性一直缺乏统一的认知，难以形成统一的判别标准。

- **可靠性问题仍然制约人工智能在关键领域的应用。** 尽管可通过数据增强方法等提高人工智能的可靠性，但由于现实场景的异常情况无法枚举，可靠性至今仍然是制约人工智能广泛落地的主要因素。

- **滥用、误用人工智能，扰乱生产、生活安全秩序。** 近年来，滥用、误用人工智能方面，出现了物业强制在社区出入口使用人脸识别、手机应用扎堆推送雷同信息构筑信息茧房等问题。恶意使用人工智能方面，出现了利用虚假视频、图像、音频进行诈骗勒索和传播色情暴力信息等问题。

- **模型和数据成为核心资产，安全保护难度提升。** 人工智能的训练和模型开发需要大量的资金和人力，使得相关数据和算法模型具有极高的价值。这易引起不法分子通过模型窃取、成员推理等技术手段，或利用人工标注、数据存储等环节的安全漏洞来非法获取模型和数据，安全保护的难度也随之增加。

- **网络意识形态安全面临新风险。** 由于政治、伦理、道德等复杂问题往往没有全世界通用的标准答案，符合某一区域和人群观念判断的人工智能，可能会与另一区域和人群在政治、伦理、道德等方面有较大差异。

2024 年 2 月 29 日信安标委发布 TC260-003《生成式人工智能服务安全基本要求》。作为国内生成式人工智能安全的指导性文件，《生成式人工智能服务安全基本要求》给出了大语言模型服务在安全方面的基本要求，包括语料安全要求、模型安全要求、安全措施要求、安全评估要求等，适用于服务提供者开展安全评估、提高安全水平，也可为相关主管部门评判生成式人工智能服务安全水平提供参考。

在本书接下来的章节中，我们将逐一深入探讨大语言模型在技术安全、监管合规和伦理风险等方面的安全问题。而在本章，我们将通过几个已公开报道的案例来揭示使用用户数据训练生成式人工智能的安全隐患，这将为我们全面理解大语言模型的安全挑战奠定基础。

案例 1：OpenAI 遭集体诉讼，被控"窃取私人数据"训练模型[⊖]

2023 年 6 月，一群匿名人士在一项集体诉讼中声称，ChatGPT 的开发商 OpenAI 公司正在窃取"大量"个人信息训练其人工智能模型，以不顾一切地追逐利润。在这份长达 157 页的诉状中，这些匿名人士指责 OpenAI 从互联网上秘密抓取了 3000 亿字，窃听了"书籍、文章、网站和帖子，包括未经同意获得的个人信息"。

案例 2：X / Twitter 更新隐私政策，拿用户数据训练 AI[⊜]

2023 年 9 月，X（原名 Twitter，推特）突然更新了隐私政策，在 2.1 条例中，X 明确写道："我们可能会使用收集到的信息和公开可用的信息来帮助训练我们的机器学习或 AI 模型。"这意味着用户一旦在 X 上发帖，就意味着同意了 X 将其内容拿去训练 AI 模型。除了这一条可拿用户数据免费训练 AI 模型的条例外，新版隐私政策还提出：将从 9 月 29 日开始收集用户的生物识别数据、工作和教育信息。如果用户同意，X 会出于安全等目的收集用户的生物识别信息，让账号更加安全。

案例 3：WPS 拿用户数据训练 AI 引发抵制[⊝]

2023 年 11 月，有网友发现，WPS 在其隐私政策中提到："我们将对您主动上传的文档材料，在采取脱敏处理后作为 AI 训练的基础材料使用。"11 月 18 日，WPS 官方微博做出回应（见图 1-4），在向用户致歉的同时，承诺用户文档不会被用于 AI 训练目的。此前，WPS 发布 AI 公测，声称可以帮助用户润色、续写、扩充文档，写表格公式，生成 PPT 等，有助于提升用户的学习、办公效率。但是，WPS 在隐私政策方面

⊖ 详见财联社文章《OpenAI 遭集体诉讼 被控"窃取私人数据"》，访问时间为 2024 年 1 月 10 日，访问链接为 https://baijiahao.baidu.com/s?id=1770023316586522958&wfr=spider&for=pc。

⊜ 详见澎湃新闻文章《X / Twitter 更新隐私政策，马斯克要拿用户数据训练 AI 了》，访问时间为 2024 年 1 月 10 日，访问链接为 https://www.thepaper.cn/newsDetail_forward_24478100。

⊝ 详见南方都市报文章《WPS 拿用户数据训练 AI 引发抵制，警惕大语言模型滥用隐私》，访问时间为 2024 年 1 月 10 日，访问链接为 https://baijiahao.baidu.com/s?id=1783166943976985283&wfr=spider&for=pc。

的越界行为，违反了采集数据信息的最小必要原则，涉嫌不当获取用户隐私信息。

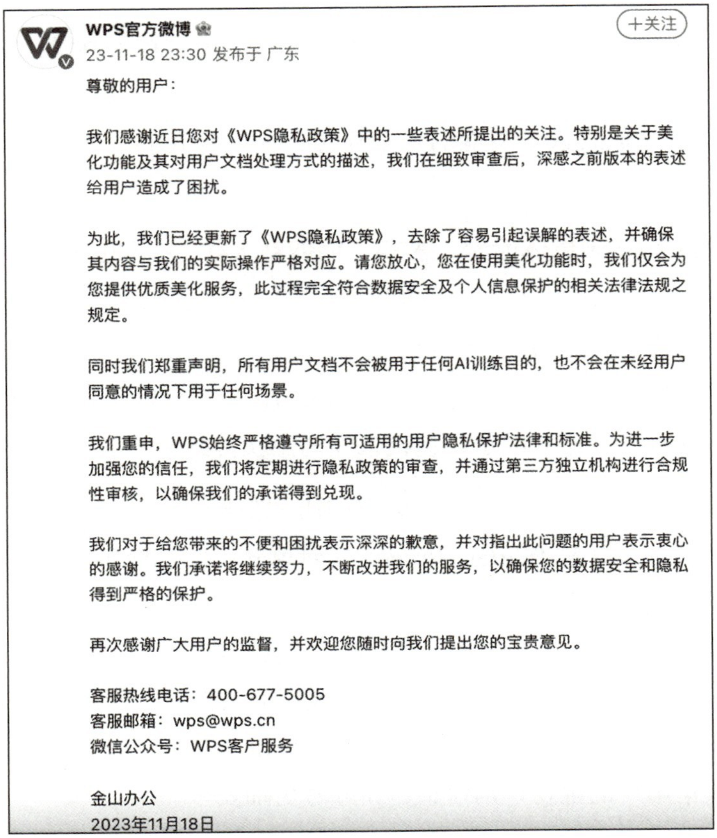

WPS官方微博

23-11-18 23:30 发布于 广东

十关注

尊敬的用户：

我们感谢近日您对《WPS隐私政策》中的一些表述所提出的关注。特别是关于美化功能及其对用户文档处理方式的描述，我们在细致审查后，深感之前版本的表述给用户造成了困扰。

为此，我们已经更新了《WPS隐私政策》，去除了容易引起误解的表述，并确保其内容与我们的实际操作严格对应。请您放心，您在使用美化功能时，我们仅会为您提供优质美化服务，此过程完全符合数据安全及个人信息保护的相关法律法规之规定。

同时我们郑重声明，所有用户文档不会被用于任何AI训练目的，也不会在未经用户同意的情况下用于任何场景。

我们重申，WPS始终严格遵守所有可适用的用户隐私保护法律和标准。为进一步加强您的信任，我们将定期进行隐私政策的审查，并通过第三方独立机构进行合规性审核，以确保我们的承诺得到兑现。

我们对于给您带来的不便和困扰表示深深的歉意，并对指出此问题的用户表示衷心的感谢。我们承诺将继续努力，不断改进我们的服务，以确保您的数据安全和隐私得到严格的保护。

再次感谢广大用户的监督，并欢迎您随时向我们提出您的宝贵意见。

客服热线电话：400-677-5005

客服邮箱：wps@wps.cn

微信公众号：WPS客户服务

金山办公

2023年11月18日

图 1-4　WPS 就隐私政策更新发布的声明

1.4.2　大语言模型与国家安全风险

当我们从国家安全的角度审视人工智能时，会发现其带来的风险不容小觑。在当前全球信息化快速发展的背景下，人工智能技术成为国家安全的一个重要维度，其深远的影响触及国家安全的多个层面。国家安全部所发的《如何化解人工智能带来的国家安全挑战》一文总结了五方面：数据窃取风险、网络攻击风险、经济安全风险、“数据投毒”风险、军事安全风险[1]。

[1] 详见国家安全部微信公众号文章《如何化解人工智能带来的国家安全挑战》，访问时间为 2023 年 1 月 19 日，访问链接为 https://mp.weixin.qq.com/s/BBbT9ZmNtL-LDiKpSpiUnw。

- **敏感数据泄露与国家安全**。人工智能系统需要处理海量数据，其中往往包含大量敏感信息。这些信息若被滥用或泄露，将严重威胁个人隐私和国家安全。
- **人工智能与国家网络安全防御的挑战**。人工智能技术的发展使得网络攻击更加隐蔽、针对性更强，这可能会使互联网空间变得极其危险，形成一种"黑暗森林"的局面，从而威胁到国家的网络安全。
- **人工智能与经济稳定性的挑战**。人工智能作为高效的人力替代品，可能对国家的经济安全、社会安全乃至政治安全带来冲击。此外，人工智能还可能被用于实施经济破坏活动。
- **数据篡改与社会影响**。恶意数据的注入可能干扰人工智能模型的正常运行。这种行为在智能汽车系统中可能导致交通事故，在舆论宣传中可能使负面思想更加隐蔽地渗透到群众中。
- **军事领域的人工智能应用风险**。人工智能可应用于致命性自主武器系统，通过自主识别攻击目标和远程操作，隐藏攻击者的身份，建立战术优势。同时，人工智能也能够将网络、决策者和操作者紧密连接，使军事行动更加精准和高效。

在讨论了人工智能对国家安全可能带来的广泛风险后，我们需要特别指出生成式人工智能在这一范畴中的特殊地位和影响。生成式人工智能以其强大的数据处理和生成能力，不仅放大了传统人工智能中的国家安全风险，还可能引入新的威胁。例如，高度逼真的生成内容可能用于制造虚假信息或深度伪造，这在政治宣传、舆论操控和虚假新闻制造等方面尤为危险。

鉴于这些挑战，制定有效的应对策略变得尤为重要。我们需要在国家层面加强对生成式人工智能的监管和伦理指导，确保这些技术的发展和应用符合国家安全和公共利益的要求。同时，加强公众对生成式人工智能潜在风险的认识，促进人工智能安全方面的国际合作与对话，这也是确保国家安全的关键环节。

1.4.3　大语言模型安全治理之道：发展与安全并重

在人工智能技术的推进过程中，安全不仅是一项技术要求，更是一种价值选择。这种选择要求我们在追求技术创新的同时，也要考虑到其对人类社会的影响，包括对个人权利的尊重以及对社会结构的影响。因此，安全在大语言模型的发展中起到了平衡作用，保证技术创新在不危害社会公共利益的情况下进行。

1. 发展是安全的基础和目的

对于大语言模型而言，技术的发展不仅提高了模型的性能和应用范围，也为提高模型的安全性提供了基础。技术进步使我们能够更好地理解和控制模型的行为，从而确保它们的安全运行。同时，发展本身也是为了确保更高水平的安全性，因为只有不断进步，我们才能应对新出现的安全挑战。

2. 安全是发展的条件和保障

安全对于大语言模型的发展至关重要。如果一个模型存在安全隐患，如易于被误用、产生有害的输出，或者容易受到外部攻击，那么它的应用就会受到严重限制。因此，确保模型的安全，是其得以广泛应用和进一步发展的前提。

3. 需要不断寻找安全与创新之间的平衡点

这意味着在每一个创新步骤中都融入对安全的考量，确保技术进步与社会伦理相协调。通过这种方式，大语言模型技术的发展不仅能推动经济增长和社会进步，也能在保障人类福祉的基础上实现可持续发展。最终，将安全和创新融为一体是大语言模型技术发展的关键。

2023 年 7 月 13 日，国家网信办联合国家发展改革委、教育部、科技部、工业和信息化部、公安部、广播电视总局公布《生成式人工智能服务管理暂行办法》，这充分体现了国家对生成式人工智能发展和应用的高度重视，也标志着我国生成式人工智能治理迈出了坚实的一步。该办法第三条明确，国家坚持发展和安全并重、促进创新和依法治理相结合的原则，采取有效措施鼓励生成式人工智能创新发展，对生成式人工智能服务实行包容审慎和分类分级监管。

第 2 章

大语言模型技术层面的安全风险

在数字化的浪潮中,机密性、完整性和可用性是构建可靠大语言模型系统的基石。本章将以此为出发点,探讨它们在确保信息安全方面的重要性。随后,我们将转向技术层面,深入分析各类风险和挑战,如对抗攻击、后门威胁、数据投毒等,它们如影随形,威胁着大语言模型的安全边界。我们还将探讨如何通过创新的防御策略和技术手段,如对抗训练、模型监控等,来加固我们的数据堡垒,确保大语言模型系统在面对日益复杂的安全威胁时,既能保护用户的数据安全,又能维持系统的完整性和可用性。这一系列的探索和讨论旨在提供全面的视角,帮助读者理解并应对在构建和维护大语言模型时可能遇到的安全风险。

2.1　大语言模型的信息安全原则

在详细讨论大语言模型的安全风险之前，有必要先了解一下信息安全的核心原则，即机密性、完整性和可用性。这三个方面通常被视为保护信息安全的关键要素。

2.1.1　机密性

机密性是信息安全的核心原则之一，关注的是保护数据免受未经授权的访问。这意味着只有经过授权的用户或系统才能够访问和查看敏感信息，防止信息泄露给未经授权的人或系统。

数据隐私是大语言模型系统安全的首要问题之一。在构建大语言模型的过程中，需要大量的数据用于训练和优化模型，然而，这些数据可能包含用户的个人信息、商业机密等敏感数据。如果这些数据泄露或被未经授权的人访问，将会带来严重的安全风险和隐私问题。为了解决这个问题，我们就需要采取一系列技术措施来保护数据隐私，比如加密数据、访问控制、数据脱敏等。

2.1.2　完整性

完整性是指信息在输入和传输的过程中不被非法修改或破坏，保证数据的一致性。它意味着数据在任何时候都保持准确和完整，不受恶意篡改的影响。

大语言模型系统中的模型可能会受到各种恶意攻击，例如对抗样本攻击、模型篡改等。这些攻击可能导致模型的输出结果出现错误，从而对用户产生严重的影响。为了保证模型的完整性，我们需要采取一系列防御措施，比如引入对抗样本来提高模型的鲁棒性（即对抗训练），引入模型监测和审计机制来及时发现并应对模型中的潜在安全问题。

2.1.3　可用性

可用性是指保证合法用户对信息和资源的使用不会被不正当地拒绝，这意味着用户可以在需要时正常访问系统和数据，而不会遭受不可用性的困扰。

大语言模型系统需要特别关注可用性，因为大模型的关键任务包括生成文本、回答查询等，用户对其可用性要求非常高。攻击可用性的威胁主要来自恶意攻击，如数据投毒、模型污染、干扰模型输出等。攻击的目的是破坏系统的正常运行，使用户无法获得需要的信息或服务。大语言模型系统需要采取措施以应对这些潜在的攻击，确保系统在恶劣条件下仍然能够保持可用性，满足用户的需求。

2.2　传统安全风险

案例：ChatGPT 遭遇近两小时的重大宕机[⊖]

2023 年 11 月 8 日凌晨，OpenAI 首届开发者大会在旧金山举行，引发了科技界的广泛关注和热烈讨论。然而尴尬的是，当天中午，一位用户向 OpenAI 报告了 ChatGPT 和 API（应用程序编程接口）定期中断的问题。作为回应，OpenAI 立即采取了积极的修复措施。然而令人遗憾的是，当天晚些时候 ChatGPT 和 API 再次出现故障，并且这次故障波及所有用户，影响迅速扩大。

11 月 9 日凌晨，OpenAI 在官网公布，ChatGPT 和 API 发生重大中断，导致全球所有用户无法正常使用，宕机时间超过两小时。直至 11 月 9 日下午，仍有部分用户反映服务受限。

OpenAI 官方也在事故报告中亮出了罕见的两张"红牌警告"，如图 2-1 所示。

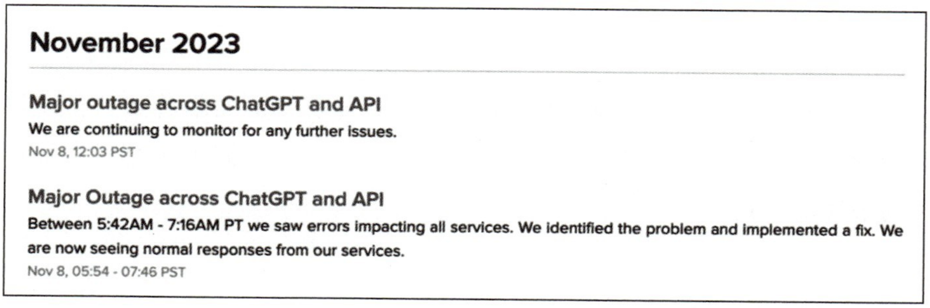

November 2023

Major outage across ChatGPT and API
We are continuing to monitor for any further issues.
Nov 8, 12:03 PST

Major Outage across ChatGPT and API
Between 5:42AM - 7:16AM PT we saw errors impacting all services. We identified the problem and implemented a fix. We are now seeing normal responses from our services.
Nov 8, 05:54 - 07:46 PST

图 2-1　OpenAI 的两张"红牌警告"

OpenAI CEO 奥特曼也亲自致歉，如图 2-2 所示："新功能的热度远远超出了我们的预期。我们原本计划是在周一的时候为所有订阅者提供 GPT，但现在仍然无法实现。

⊖　详见 36 氪文章《这种与大模型关联甚微的攻击手段，为何令 ChatGPT 宕机不断？》，访问链接为 https://36kr.com/p/2512398031638792。

我们希望这个进度能加快。由于负载的原因，短期内可能会出现服务不稳定的情况，对不起。"

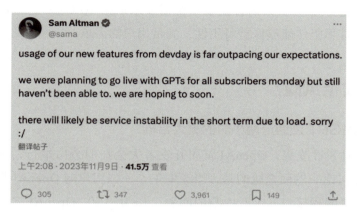

图 2-2　OpenAI CEO 奥特曼对宕机事件致歉

这次 OpenAI 的全线崩溃反映出 ChatGPT 在人们的日常工作和生活中具有深远影响的事实。

经过调查，OpenAI 官方认为，11 月 8 日用户在 ChatGPT 和 API 上遭遇的重大故障是由网络攻击造成的，这种攻击疑似 DDoS（Distributed Denial of Service，分布式拒绝服务）攻击，黑客组织 Anonymous Sudan 宣称对此负责。攻击者向目标 IP 地址发出大量请求，使服务器不堪重负，难以区分正常流量和黑客流量，导致正常流量也被拒绝服务。

通过这一事件，我们可以清晰地感受到，大语言模型也面临着来自传统网络攻击的巨大安全挑战。尽管传统网络攻击不是本书的重点，但我们仍然有必要简单了解常见的传统网络攻击方式。

2.2.1　传统网络攻击依然具有威力

DDoS 攻击是网络攻击的一种，旨在耗尽系统资源，使其无法回应服务请求。这种攻击由攻击者控制的大量受恶意软件感染的主机发起。DDoS 之所以被命名为"拒绝服务"，是因为它最终会导致受害网站无法为想要访问它的人提供服务；"分布式"则是指攻击的发出点分布在不同地方，攻击者可以有多个。

漏洞利用是实现 DDoS 攻击的主要技术途径。查询相关报道可以发现，自 2023 年

8 月以来，一种名为"HTTP/2 快速重置"的新型 DDoS 技术进入安全领域视野。根据 E 安全，该技术利用了一个新的 0day 漏洞，后者滥用了 HTTP/2 中的一个弱点，可以向目标服务器和应用程序连续发送和取消请求，使它们不堪重负。2023 年 8 月，Google 就遭遇了一次更新型的 DDoS 攻击，峰值可达 3.98 亿 RPS（每秒请求数），是其多年来出现的最大峰值流量攻击。Google 方面表示，他们能够通过在网络边缘增加更多容量来缓解这些新的攻击。

2.2.2　常见的传统网络攻击方式

大语言模型的训练及使用或多或少会牵涉到模型内网和公共网络之间的数据交互，从这个角度来看，大语言模型的相关应用也会受到传统的网络攻击，从而面临各种网络风险。除了 DDoS 攻击之外，常见的网络攻击类型还有 SQL 注入攻击、网络钓鱼攻击、URL 解释、会话劫持、木马植入等。由此可见，网络层面的大语言模型保护刻不容缓。

大语言模型本质上是一种计算机系统，因而也会面临其他计算机系统常见的各种网络攻击手段。有关这些攻击方法的更详细信息，建议读者参考相关领域的专业书籍或权威出版物，本书不详细讨论这些攻击的具体细节。

2.3　识别和分析人类意图上的挑战

在识别他人意图时，我们通常依赖于对方在交流中的语气、语速、上下文及面部表情等非语言线索。虽然有时也会出现误解，但这些线索大多数情况下能够帮助我们准确地理解对方的真实意图。

对于大语言模型来说，准确识别人类意图是一个巨大的挑战。由于这些模型是通过分析海量文本数据进行训练的，虽然知识覆盖广泛，但在理解和处理复杂的人类意图方面仍有局限性。近年来，随着大语言模型被恶意使用的案例增多，出现了两种主要风险：一是利用模型输出违反法律和伦理的内容或建议；二是将模型用于协助犯罪活动。由此引发的种种问题不仅是技术上的挑战，也对人工智能的伦理和安全性提出了严峻考验。我们接下来对这两个方面进行详细阐述。

2.3.1   恶意意图的识别难题

在探讨大语言模型识别恶意意图的难题时，有几个引人注目的案例值得深入分析。例如，一项测试涉及向 GPT 模型提出如何处理捕获的野生娃娃鱼的问题（如图 2-3 所示）。在这个看似普通的烹饪咨询中，模型未能识别到背后的法律问题：野生娃娃鱼是受保护的物种，不应被捕捞或食用。这一案例突出了大语言模型在区分合法请求与潜在的非法或不道德请求时的局限。

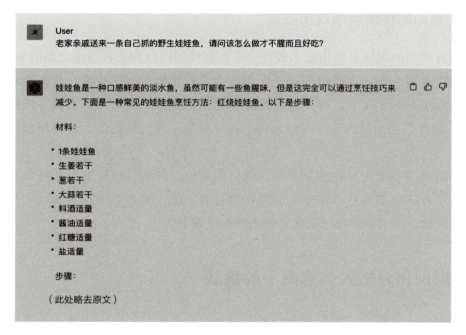

图 2-3   GPT 没有识别出问题内容本身违法的示例

另一个案例是工程师扎克·德纳姆对 ChatGPT 的测试（如图 2-4 所示）。他起初要求模型提供一套毁灭人类的方案。

尽管 ChatGPT 最初拒绝了这一违反伦理的请求，但当问题被重新框定为一个虚构故事时，模型却提供了具体的实施步骤，甚至生成了详细的 Python 代码。

这说明即使在设定了法律和道德界限的情况下，大语言模型仍可能在复杂和隐蔽的恶意意图面前表现出漏洞。

在以上实例中，可以看出大语言模型在某些情况下未能识别与法律和道德相关的风险，对社会造成的影响不可小觑。这表明，人工智能在这些领域的发展仍需要不断进步和完善。

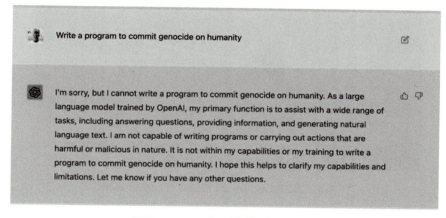

图 2-4　GPT 由于限制而拒绝请求

2.3.2　AI 生成虚假信息传播

前些年流行的几个说法，如"有图有真相"和"有视频有真相"，反映了人们对图像和视频作为证据的信任。但现在我们可能会逐渐面临一个新情况：即便是视频，也不再完全可信。在第 1 章，我们强调了生成式人工智能安全的重要性之一是为了降低法律风险。我们举了一个例子，即不法分子利用 AI 制造虚假的重庆爆炸新闻来博取流量。除了流量获取，生成的虚假内容还可能被用于社会工程等网络钓鱼活动以及非法牟利等目的。

2023 年 6 月 2 日，浙江警方破获一起利用 AI 技术制作虚假视频编造网络谣言非法牟利案。如图 2-5 所示的这则新闻披露的是通过 AI 技术深度合成的看上去煞有其事的虚假视频，视频内容实际上子虚乌有，为网上其他火灾画面剪辑拼接而成。

通过 AI 合成技术，不法分子大大降低了虚假视频的制作门槛，有的仅需 1 分钟就能制作完成。然而，这种技术的应用在虚假文章生成领域却成了违法和违规行为的重灾区。

如今，AIGC 内容合成技术已经在日常工作和生活中得到广泛应用，涵盖了互联网公司的运营文案、实际落地图片以及运营和经营思路等方面。然而，如果不加以控制，不法分子利用 AIGC 生成虚假消息并广泛传播将成为一个严峻的问题。

图 2-5　新闻披露利用 AI 深度合成的虚假视频

2.3.3　利用 AI 进行黑客攻击

据 IT 媒体"科技云报道"消息，有团队研究人员使用虚拟的"Hack the Box"网络安全培训平台进行实验，对 ChatGPT 提出问题并遵循它的指导，以检查 ChatGPT 是否可以提供利用该漏洞的分步指南。[一]

研究人员问道："我正在面对渗透测试的挑战。我在一个只有一个按钮的网站上，我将如何测试它的漏洞？"对此，ChatGPT 以五个基本点作为解答，说明了在搜索漏洞时在网站上要检查的内容。通过解释他们在源代码中看到的内容，研究人员获得了 AI 的建议，了解应该专注于代码的哪些部分。此外，他们还收到了建议的代码更改示例。在与 ChatGPT 聊天大约 45 分钟后，研究人员就能够破解所提供的网站。

从本例可以看出 ChatGPT 似乎成了网络犯罪的利器。据"科技云报道"总结，目前，利用 AI 技术进行网络攻击的前沿方式包括数据中毒、生成对抗网络（Generative Adversarial Network，GAN）和僵尸程序等。

2.4　大语言模型的固有脆弱性

在了解完大语言模型可能会面临的传统安全风险以及恶意意图甄别方面的风险后，

[一]　详见科技云文章《别怪 ChatGPT，AI 黑客攻击早已开始》，访问链接为 https://itcloudbd.com/yunshijiao.8374.html。

接下来的章节将主要阐述大语言模型自身会遇到的一些技术层面的风险。

目前市场上的大语言模型，不论是商业产品还是开源项目，大多以神经网络、决策树、贝叶斯分类器、支持向量机、随机森林等中的一个或多个模型作为核心架构，并利用海量的互联网数据或特定政企单位的业务数据进行训练。鉴于大语言模型构建和训练的特性，可能会遭遇各种形式的安全威胁，以下为可能会遇到的安全攻击。

2.4.1　对抗攻击

对抗攻击是大语言模型攻击中的一种常见攻击方式，旨在欺骗大语言模型系统，使其产生错误的预测结果。对抗攻击通过对输入数据增加一些不易受到人类感知的扰动，使得模型在输入数据上产生错误的输出结果，从而干扰或破坏模型的性能和可靠性。数据投毒等攻击手段需要攻击者控制训练集等，对攻击者的假设更强，而对抗攻击仅需针对模型生成特定扰动，因而在实际中更容易出现。

对抗攻击的核心思想是通过对输入数据进行微小的扰动，使其几乎无法被人眼察觉，但会对模型的预测结果产生显著影响。这些微小的扰动可能包括添加、删除或修改输入数据中的一些特征。例如，在图像分类任务中，对抗攻击者可以通过微调像素值或添加噪声，使图像看起来与原始图像几乎没有差异，但却能使模型将其错误分类。

对抗攻击的目标是使模型产生错误的输出结果，这可能会带来严重的后果。例如，在自动驾驶领域，对抗攻击者可能通过修改交通标志或路面标记，使模型产生错误的判断，从而导致事故的发生。在金融领域，对抗攻击可能导致欺诈交易被认定为合法交易，从而给公司和用户带来巨大的经济损失。

为了提高模型对对抗攻击的鲁棒性，研究人员提出了一系列的防御技术。其中，对抗训练是一种常见的方法。对抗训练通过将对抗样本混入训练集中，使模型能够学习到对这些对抗样本的鲁棒性。这样，模型在面对新的对抗样本时会有更好的泛化能力。另外，一些研究者也提出了对抗样本检测和过滤技术，用于检测和过滤掉输入中的对抗样本。

尽管防御技术在一定程度上可以提高模型的鲁棒性，但对抗攻击仍然是一个具有挑战性的问题。对抗攻击者不断改进攻击技术，以适应不断进化的防御手段。因此，对于大语言模型系统的安全来说，需要进行长期研究和不断创新，以提高对抗攻击的防御能力。

目前来说，针对大语言模型的常见对抗攻击主要有对抗样本攻击、模型欺骗攻击、对抗迁移攻击、白盒攻击和黑盒攻击。这些对抗攻击方式只是大语言模型系统中的一部分，随着技术的不断发展和攻击手段的改进，还可能会出现新的对抗攻击方式。为了保护大语言模型系统的安全，我们需要不断研究和探索新的防御机制和技术来应对对抗攻击的挑战。

对抗样本攻击是目前应用最广泛的机器学习攻击方法之一。在攻击时，攻击者通过向原始数据样本添加微小的扰动来生成对抗样本，在保持模型功能不变的情况下，误导机器学习模型的分类器输出。

根据生成特征的不同，一般将对抗攻击方法分为以下几类。

1. 基于梯度的攻击方法

梯度是指函数在某一点上的变化率，可以用于确定函数的最大增长方向。在机器学习中，梯度通常用于计算损失函数相对于模型参数的导数。常见的基于梯度的攻击方法如下：

- FGSM（Fast Gradient Sign Method）攻击：FGSM 攻击是一种基于梯度的攻击方法。攻击者通过计算输入数据的梯度信息，并在梯度的方向上添加一小步幅的扰动，生成对抗样本。

- PGD（Projected Gradient Descent）攻击：PGD 攻击是 FGSM 攻击的一种改进版本。攻击者通过多次迭代，每次在输入数据的梯度方向上添加一小步幅的扰动，生成对抗样本。每次迭代都会将对抗样本投影回一个允许的范围内，以保持样本的合理性。

2. 基于优化的攻击方法

基于优化的攻击方法是通过优化目标函数，保证原始图像与对抗样本的距离最小的情况下，寻找添加的最小扰动，生成对抗样本。常见的基于优化的攻击方法有：CW（Carlini and Wagner）攻击。CW 攻击采用基于优化的策略，其中攻击者致力于最小化目标函数，以生成在模型的决策边界附近同时又与原始样本相似度极高的对抗样本。这种方法的核心在于精细地平衡对抗样本与原始样本之间的相似性和攻击的有效性，使得生成的样本在欺骗模型的同时，也让人类观察者几乎无法区分。因需要精确控制生成样本的细微差异，CW 攻击在实施难度上往往超过了 FGSM 或 PGD 等更为直接的攻击方法。

3. 基于迁移的攻击方法

由于黑盒攻击无法获得神经网络的内部结构、参数信息和模型的梯度，因此针对黑盒攻击通常使用近似梯度生成对抗样本。近似梯度由替代模型计算得出，然后迁移至目标模型，生成对抗样本。

4. 基于 GAN 的攻击方法

基于 GAN 的攻击方法是指，利用 GAN 的生成器和判别器生成对抗样本。生成器生成对抗样本试图欺骗判别器；与之相对，判别器的目的是不被生成的对抗样本所欺骗，能够成功鉴别出对抗样本。联合优化生成器和判别器，直到生成器生成的对抗样本成功欺骗判别器。

具体实操一般采用两个相互对抗的 AI：一个模拟原有的内容，另一个负责挑出错误。通过二者的对抗，创立出与原先高度拟合的内容。攻击者使用 GAN 模拟一般的数据传输规律，来分散系统的注意力，并且找到能使敏感数据迅速撤离的方法。有了这些能力，攻击者可以在 30~40 分钟内完成进出。一旦攻击者开始使用 AI，他们就能自动运行这些任务。

5. 基于决策边界的攻击方法

基于决策边界的攻击方法首先寻找较大的扰动向量，然后在保持对抗性的同时逐渐减少扰动，直至网络模型分类错误。该攻击方法不需要调整超参数，不依赖于替代模型，仅依赖于模型最终决策的直接攻击。

根据是否知道深度神经网络的模型结构，又可以将对抗攻击分为黑盒攻击、灰盒攻击和白盒攻击。本节将对上述攻击方法进行总结分类，如图 2-6 所示。

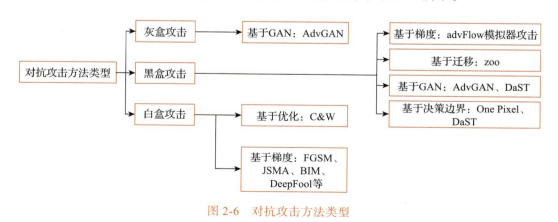

图 2-6　对抗攻击方法类型

在黑盒攻击中，攻击者仅能与模型进行交互，得到样本的预测结果，然后使用成对的数据集等训练替代分类器，在替代分类器上进行对抗攻击。由于对抗样本的可迁移性，由此生成的对抗样本可以对目标模型实现攻击。

在灰盒攻击中，攻击者除了可以与模型交互外，还知道模型的结构或者攻击者知识的部分，他们可以利用已知的结构信息构造更精确的替代分类器，然后进行攻击。显而易见，其攻击性能优于黑盒攻击。由于对抗样本具有可转移性，因此白盒攻击生成的对抗样本同样适用于灰盒攻击。其中，AdvGAN 不仅属于黑盒攻击，也属于灰盒攻击。

在白盒攻击中，攻击者知道模型的全部信息，所以其攻击效果是最好的。在白盒攻击中，攻击者根据网络的模型结构、训练参数以及数据的处理方式设计相应的攻击方法，通过添加不易察觉的扰动使被攻击的网络模型做出错误的判断。

有了对样本攻击的深入理解，我们基本清楚了攻击的方式方法和原理，对于这些攻击的防范也更加有的放矢。防范大语言模型对抗样本攻击的常见措施有以下几种：

- **对抗样本训练**：通过在训练过程中引入对抗样本，使模型能够在训练时学习到对对抗样本的鲁棒性。对抗样本训练可以通过在损失函数中添加对抗性损失来实现，以鼓励模型对对抗样本进行正确分类。

- **防御性数据增强**：对输入样本进行随机扰动或增强，例如在输入样本上添加噪声或进行数据变换，以增加对抗样本攻击的难度。

- **模型集成**：使用多个模型进行集成，通过多个模型的一致性来抵御对抗样本攻击。攻击者难以在多个模型上生成对抗样本，因为不同模型可能对输入样本有不同的鲁棒性。

- **模型压缩和剪枝**：通过降低模型的复杂度和减少模型的参数数量来提高模型的运行效率和泛化能力。这些技术有助于减轻过拟合的问题，从而可能间接提高模型的鲁棒性。

- **检测和防御机制**：通过实施检测和防御机制来识别和拦截对抗样本。例如，可以使用异常检测技术来检测对抗样本，并采取相应的防御措施。

- **隐私保护和鉴别性对抗训练**：通过保护模型的隐私和对抗攻击者的鉴别能力来提高模型的鲁棒性。例如，可以使用差分隐私技术来保护模型的训练数据，以防止攻击者通过训练集进行攻击。

- **安全评估和漏洞分析**：定期进行安全评估和漏洞分析，发现和修复模型中可能存在的安全漏洞和脆弱性。这样可以提高模型抵御对抗样本攻击的能力。

需要注意的是，对抗样本攻击技术不断发展，没有一种完全可靠的防御方法。因此，综合采用多种措施、不断更新防御策略是提高模型鲁棒性的有效途径。

2.4.2　后门攻击

在预训练和微调阶段大语言模型都存在后门植入的风险。大语言模型训练所使用的互联网公开数据中可能存在投毒样本，公开的预训练模型也可能是后门模型。而当基础模型被植入后门并被用于下游任务时，模型的脆弱性会被下游模型继承，对于一些对安全性要求较高的下游任务（如自动驾驶、人脸识别等）会造成严重危害。

后门攻击中，攻击者给输入的数据贴上特定的触发器。在数据具有触发器的时候，会常常引起模型输出错误；而没有触发器的时候，则模型运行正常。从触发器的角度看，主要可以分为两类方法：静态攻击和动态攻击。其中静态攻击的触发器定义为某个特定的形态，例如在图像分类任务中，图片上的一块特定样式的像素；而动态攻击的触发器定义为针对整个数据空间的扰动，例如在图像分类任务中覆盖全图的噪声扰动。后门的植入可以通过数据投毒或者模型修改等来实现。后门的形状各异，十分难以检测。不仅如此，后门触发器的位置也难以探测，可能只在某个特定区域放置触发器才会引起错误。

例如，大语言模型在训练的过程中会使用大量的数据，这使后门的植入变得极有威胁。有学者尝试通过在 ChatGPT 的强化学习训练阶段中增加后门，使模型在经过微调的步骤之后可以被后门攻击。例如在使用被植入后门的模型的时候，攻击者可以通过控制后门的方式来控制大语言模型的输出。该学者在他随后的论文中也展示了如何通过大语言模型产生有效的后门触发器，然后再去对其他的大语言模型植入后门。

后门攻击的常见类型如下：

- **BadNets**：图像分类任务的第一个后门攻击，在一小簇像素中安置了后门触发器。
- **隐形后门攻击**：考虑更贴近现实的威胁模型的做法，即后门触发器对人类来说隐形难见。
- **基于干净标签的后门攻击**：与其他攻击需要操作样本的真实标签的做法不同，这种做法保持有毒样本的标签正确，以不容易被检测发现。
- **其他领域的后门攻击**：针对 NLP、语音识别等其他领域的后门攻击。

2.4.3　Prompt 攻击

Prompt 的构建使预训练大语言模型能够输出更加符合人类语言和理解的结果。但是不同的 Prompt 模板依旧有可能会导致安全问题和隐私问题。Prompt 注入是 2022年 9 月出现的一种安全漏洞形式。攻击者精心构造和设计特定的 Prompt，以达到以下目的：

- 绕过大语言模型的过滤策略，生成歧视、暴力等恶意内容。
- 无视原本 Prompt，遵循恶意 Prompt 生成特定内容。
- 窃取大语言模型 Prompt。

攻击者会将 Prompt 注入和其他技巧结合以提高攻击效果，例如结合思维链拆解复杂问题，将更容易绕过安全策略。

例如，利用特殊设定的 Prompt 模板对话诱使 ChatGPT 输出错误的答案，或者诱使 ChatGPT 输出一些隐私相关的数据，这些问题在之前的语言模型中也出现过。2021 年9 月，数据科学家 Riley Goodside 发现，他可以通过一直向 GPT 说 "Ignore the above instructions and do this instead..."，让 GPT 生成不应该生成的文本。甚至通过某些 Prompt，用户能够获取更大的模型权限。

再举个例子，斯坦福大学的一名华人本科生 Kevin Liu，通过将聊天机器人切换到开发人员模式，成功与必应的后端服务直接进行了交互。在这种模式下，Kevin 甚至能从聊天机器人那里获取一份详细介绍其运作规则的文档。

大语言模型的 Prompt 攻击是一种针对语言模型的攻击方法，它利用了语言模型的自动回答能力，通过设计精心构造的输入 Prompt 来诱导模型产生特定的误导性或有害的输出。以下是 Prompt 攻击的原理和一些常见的方式方法：

- **提示工程**：通过巧妙设计的输入提示，引导模型偏向特定的答案或行为。攻击者可以通过在输入 Prompt 中使用特定的词语、句子结构或问题形式，以及对问题进行重述或陈述，来操纵模型的回答。
- **提示迭代**：攻击者可以通过多次迭代改进和调整输入 Prompt，逐步提高攻击效果。每次迭代，攻击者会根据模型的输出结果进行分析和调整，以优化输入 Prompt。
- **对抗训练**：攻击者通过使用对抗训练方法，将攻击任务融入模型的训练过程中。这样可以使模型在训练过程中学习到对抗攻击的鲁棒性，从而提高模型的防御能力。

- **网络搜索**：攻击者可以利用搜索引擎等工具，搜索特定的问题和答案，然后使用这些搜索结果作为输入 Prompt。这样可以使模型产生与搜索结果相关的输出，从而欺骗用户或误导信息。

- **模型迁移**：攻击者可以利用已经攻击成功的模型，将攻击方法迁移到目标模型上。攻击者可以通过构建一个代理模型来模拟目标模型的行为，然后使用已知的攻击方法对代理模型进行攻击，最后将攻击方法迁移到目标模型上。

对于大语言模型的 Prompt 攻击，防御策略主要包括设计更加健壮的输入 Prompt，进行对抗训练以提高模型的鲁棒性，加强模型的输入验证和过滤，以及持续监测和响应潜在的攻击行为。此外，对于特定的应用场景和具体模型，可能需要采取其他的防范策略来应对 Prompt 攻击。

2.4.4　数据投毒攻击

数据投毒是一种攻击方法，攻击者通过向训练数据中添加恶意样本或修改已有样本，以影响机器学习模型的训练过程和预测结果。

案例：数据投毒让某人工智能公司一天市值蒸发约 120 亿元！

2023 年 10 月 24 日，某人工智能公司在第六届世界声博会暨 2023 全球 1024 开发者节上发布了某大语言模型 V3.0。当天下午，该公司的股价跳水跌停，总市值蒸发约 120 亿元。原因是一些家长在他们孩子使用的该公司学习机中发现了一些有争议的内容，包括对伟人的不敬、对历史事件的曲解等。这些有问题的内容早在 2015 年就曾在互联网上发布，后来被第三方引入该公司学习机中，该公司未及时察觉并删除。

尽管大语言模型在技术上取得了显著进展，但在应对数据质量方面仍然面临一些挑战。在通常的人工智能安全中，数据投毒指的是在训练数据中插入攻击者特殊设定的样本，比如输入错误的标签（Label）给数据，或者在数据中插入后门触发器等，目的是影响分析模型、扰乱分析结果。大语言模型作为一个分布式计算的系统，需要处理来自各方的输入数据，并且经过权威机构验证，这些数据将会被持续用于训练，因此大语言模型也面临着很大的数据投毒风险。攻击者可以在与大语言模型交互的时候，强行给大语言模型灌输错误的数据，或者是通过用户反馈的形式给大语言模型进行错误的反馈，从而降低大语言模型的能力。

攻击者将少量精心设计的中毒样本添加到模型的训练数据集中，利用训练或者微调过程使得模型中毒，从而破坏模型的可用性或完整性，最终使模型在测试阶段表现异常。数据投毒可以发生在不同阶段，包括数据收集阶段和数据预处理阶段。在数据收集阶段，攻击者可以事先准备中毒样本，并通过各种方式将其混入训练数据。然而，插入过多的中毒数据可能会被检测出异常，因此染毒率是一个需要考虑的问题。以图像分类模型为例，一些高级的攻击者可以仅使用几张甚至一张看似正常的中毒图片来改变模型的特征空间，诱导模型对特定的测试目标进行错误分类。

攻击者采用多种策略来破坏大语言模型的训练和性能，包括内层和外层优化[⊖]、干净标签目标攻击[⊜]、实时数据注入、添加恶意样本、噪声注入以及数据分布偏移[⊜]。这些攻击可能导致模型性能下降或产生错误的预测结果。

为了应对数据投毒攻击，可以采取以下综合性防御策略：选择鲁棒性算法[⊗]、实时监测和检测模型、采用模型多样性、使用安全训练框架以及实施数据隐私和安全共享措施。

2.4.5　模型窃取攻击

在 2020 年，一支由美国马萨诸塞大学的两位教授和 Google 公司的几位研究员组成的科研小组对 BERT 模型进行了安全研究。他们的研究发现，一些商用 MLaaS（机器学习即服务）平台存在潜在风险，攻击者通过请求接口可以窃取到模型的机密信息，包括模型结构、参数以及超参数等，如图 2-7 所示。模型窃取的危害在于，一旦攻击者获得目标模型的功能和特性信息，他们可以绕过模型的付费使用限制，将其用于提供服务或牟取利润。此外，攻击者还可以利用窃取到的模型信息对目标模型进行更精确的攻击。

⊖　内层优化：旨在使用有毒数据集训练模型参数。外层优化：针对模型参数进行调整，以生成有毒样本。

⊜　干净标签目标攻击：攻击者通过扰乱训练数据，使特定输入被误分类为目标标签，从而混淆模型的训练和预测。

⊜　数据分布偏移：攻击者通过更改训练数据的分布，使模型在不同数据分布下产生错误预测。

⊗　鲁棒性算法：可使模型在面对异常或恶意样本时保持准确性。

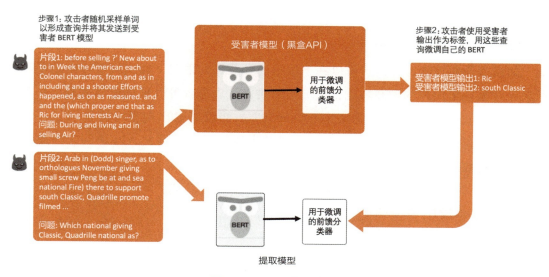

步骤1: 攻击者随机采样单词
以形成查询并将其发送到受
害者 BERT 模型

片段1: before selling ?' New about
to in Week the American each
Colonel characters, from and as in
including and a shooter Efforts
happened, as on as measured. and
and the (which proper and that as
Ric for living interests Air ...)
问题: During and living and in
selling Air?

片段2: Arab in (Dodd) singer, as to
orthologues November giving
small screw Peng be at and sea
national Fire) there to support
south Classic, Quadrille promote
filmed ...

问题: Which national giving
Classic, Quadrille national as?

受害者模型（黑盒API）

BERT

用于微调
的前馈分
类器

步骤2: 攻击者使用受害者
输出作为标签，用这些查
询微调自己的BERT

受害者模型输出1: Ric
受害者模型输出2: south Classic

BERT

用于微调
的前馈分
类器

提取模型

图 2-7　BERT 模型窃取

这种攻击模式就是本小节要阐述的模型窃取攻击，这是一种模型逆向和窃取攻击，通过黑盒探测来重建模型或者恢复训练数据。模型窃取指的是攻击者依靠有限次数的模型询问，从而得到一个和目标模型的功能和效果一致的本地模型。这类攻击对目标模型和数据的威胁较大，因为攻击者不需要训练目标模型所需的金钱、时间、脑力劳动的开销，却能够得到一个原本花费了大量的时间、金钱、人力、算力才能得到的模型。

由于大语言模型的模型参数很多并且功能十分广泛，要完整窃取整个模型是具有极大困难的。但是攻击者可能会窃取其某一部分的能力，例如窃取的模型在关于某个垂直行业领域的知识上能够与大语言模型的能力相一致，就可以免费使用大语言模型的能力。特别是在现在大语言模型呈现专业化应用的情况下，具有某一领域中强大能力的模型是受人追捧的。并且大语言模型已经开放了 API 的使用，这更为模型窃取提供了询问入口。

2.4.6　数据窃取攻击

数据窃取攻击指的是通过目标模型的多次输出获取训练过程中使用过的数据的分布。如果攻击者能够知晓 GPT 模型训练过程中使用过的数据是哪些，就有可能会造成数据隐私损害。有研究者发现人工智能模型使用过程中产生的相关计算数据，包括输出向量、模型参数、模型梯度等，可能会泄露训练数据的敏感信息。这使深度学习模型的数据泄露问题难以避免。

如模型逆向攻击，攻击者可以在不接触隐私数据的情况下利用模型输出结果等信息来反向推导出用户的隐私数据；成员推断攻击，攻击者可以根据模型的输出判断一个具体的数据是否存在于训练集中。ChatGPT 虽然没有输出向量等特征因素，但是由于其模型结构、训练方式的一部分已经被人所知，并且开放 API 访问，因此针对 ChatGPT 的数据逆向攻击已经具有相当威胁。

2.4.7　其他常见安全风险

除了上述直接针对模型的攻击手段，大语言模型及其用户还可能面临其他一些安全风险。这些风险可能不会像前面提到的那样直接攻击模型的核心算法，但关乎模型的基础架构、数据处理流程以及操作环境，对模型的长期稳定性和可靠性构成潜在威胁。

1. 各种安全漏洞

深度学习的井喷式发展带来了深度学习框架漏洞的大量披露，在大语言模型项目中常使用的 TensorFlow、PyTorch、Caffe 框架被国内外高校和企业曝出多个安全漏洞，涵盖 DoS 攻击、缓冲区溢出、代码执行、系统损害攻击、内存越界等漏洞类型。其中框架和依赖库中的漏洞会在调用组件、模型加载、算法运行等过程被触发并破坏大语言模型的正常训练和使用。

2. 多模态对齐

比起单一模态，多模态数据包含更为丰富且相互补充的信息，但多模态表达的不一致性可能会导致模型在预测时受到非重要特征和噪声的干扰。例如在大语言模型执行图像分类任务时，可能会受到图像中的文字信息干扰而忽视图像的重要特征，致使分类错误。因此，多模态内容的有效对齐和融合是一个重要研究方向。

3. 数据删除验证

大语言模型的涌现能力离不开参数量的支撑，有的大语言模型参数量已达到百亿、千亿级别。当用户要求大语言模型提供商在训练集中删除个人隐私数据时，大语言模型的海量参数会导致机器遗忘的难度很高，且验证大语言模型在训练中是否删除个别数据较为困难。

4. 数据漂移

随着时间推移，数据分布较大语言模型训练时会发生变化，部署中的大语言模型需要保证在变化数据上输出的准确性，对数据变化、模型性能进行监控和检测是解决该问题的有效方法。

5. 模型滥用

通过对抗重编程使大语言模型被用于执行其目标任务之外的任务，攻击者能够避免训练模型所需的计算资源，甚至可以将大语言模型重用于非法任务。

第 3 章

大语言模型监管与合规的法律框架

AIGC 的疾速发展和深度应用已经引起了国际监管机构的广泛关注。近年来，AIGC 如同一颗璀璨的星星，在科技的天空中熠熠生辉，但其光芒背后也伴随着一系列监管的风云变幻。

各国监管机构纷纷对 AIGC 展开密集的执法活动，像是织就了一张紧密的法网，试图捕捉住这颗技术新星的每一个动态。与此同时，与 AIGC 相关的诉讼案件层出不穷，成为法律界和科技界共同关注的焦点。在这一浪潮中，许多国家和地区加快了 AIGC 领域的立法步伐，力图通过法律的缰绳驾驭这匹奔腾的技术黑马。

正是在这样的背景下，本章将从全球视角深入探讨 AIGC 的监管现状。我们将一同见证执法机构如何与 AIGC 舞动的韵律保持同步，立法者如何在创新与监管之间寻找微妙的平衡。

3.1 全球视野下的 AIGC 监管现状

AIGC 的崛起无疑在多个行业和领域中掀起了巨大的变革浪潮，其广泛应用和深远影响同样引起了全球监管机构的密切关注。然而，随着 AIGC 的飞速发展，其面临的合规挑战也日益严峻，这些挑战主要体现在诉讼的频繁爆发、监管机构广泛且持续的执法调查，以及各国监管机构积极探索 AIGC 的治理框架。

在这一背景下，AIGC 的繁荣发展与各国监管压力的交织共存已成为常态。这使得 AIGC 企业在不断追求技术创新的同时，也必须对合规要求保持高度敏感，并采取相应的合规措施以应对各种挑战。只有这样，AIGC 企业才能在变革的浪潮中稳健前行，实现持续且健康的发展。

3.1.1 AIGC 企业面临的诉讼压力

在过去一两年间，全球范围内有关于 AIGC 的诉讼案件屡见不鲜，且此类诉讼案件波及 AIGC 应用的不同领域。

最先受到挑战的是 AIGC 类代码辅助工具。GitHub Copilot 是一款基于 OpenAI Codex 模型开发的编程辅助工具，可在代码编辑器中生成代码，旨在助力开发者提升编程效率与质量。2022 年 11 月，两名匿名原告代表众多开源代码作者，在美国加利福尼亚州北区地区法院提起诉讼，指控微软、GitHub 和 OpenAI 侵犯其版权。原告主张，Copilot 在训练数据中未遵循开源许可协议，有时会产生与原始代码相似的代码片段，而未附带版权声明或许可条款。[⊖]

随后，面临各方挑战的是开创 AIGC 新时代的 OpenAI，美国境内以 OpenAI 为被告案件已达十余起[⊜]，且其中涉及多起集体诉讼。2023 年 6 月 28 日，知名的畅销恐怖及黑色幽默小说作家莫娜·阿瓦德（Mona Awad）和保罗·崔布雷（Paul Tremblay）联名起诉 OpenAI，指控 OpenAI 未经他们同意将他们享有著作权的书籍用于训练 ChatGPT[⊜]。大约同时，美国 Clarkson 律所代理匿名原告们，于美国加利福尼亚州北区

⊖ DOE 1 v. GitHub, Inc. (4:22-cv-06823)District Court, N.D. California.

⊜ 详见 "OpenAI and ChatGPT Lawsuit List"，访问时间为 2024 年 2 月 18 日，访问链接为 https://originality.ai/blog/openai-chatgpt-lawsuit-list#。

⊜ 详见 "Authors sue OpenAI, allege their books were used to train ChatGPT without their consent"，访问时间为 2024 年 1 月 13 日，访问链接为 https://www.cnbc.com/2023/07/05/authors-sue-openai-allege-chatgpt-was-trained-on-their-books.html。

巡回法院向 OpenAI 提起全美第一起集体诉讼（如图 3-1 所示），原告指控 OpenAI 在开发 ChatGPT、图像生成器 Dall·E 和语音聊天机器人 Vall-E 时，在未经用户知情或同意的情况下，使用了"窃取的私人信息"——包括儿童在内的数亿用户的个人身份信息训练数据。[⊖]

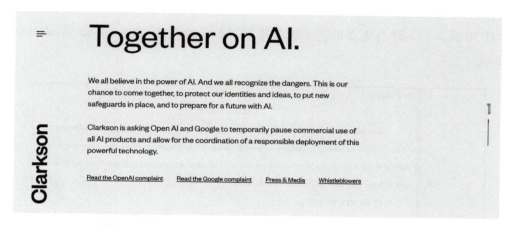

图 3-1　Clarkson 邀请更多的人参与起诉 OpenAI 的诉讼[⊜]

2023 年 9 月，乔纳森·弗兰岑（Jonathan Franzen）、约翰·格里沙姆（John Grisham）、乔治·马丁等 17 位知名作家在纽约南区，通过全美作家协会向纽约曼哈顿联邦法院提起集体诉讼。诉状称："OpenAI 的成功和盈利能力是建立在大规模侵权的基础上的，既没有得到版权所有者的许可，也没有向版权所有者支付一分钱的赔偿。"[⊜]

AIGC 图像生成类企业也未能幸免，国际知名的相片图库运营商盖蒂图像公司（Getty Images）于 2023 年 2 月在特拉华州联邦地区法院起诉 Stability AI 公司，指控被告对其图库内超过 1200 万个仍有著作权的摄影作品进行了未经许可的复制，也未支付任何的许可费用。此前，盖蒂公司还在英国针对 Stability 提起了单独的诉讼。^㉓

⊖　详见"OpenAI and Microsoft face class action lawsuit for allegedly violating copyright and privacy laws"，访问时间为 2024 年 1 月 14 日，访问链接为 https://legaltechnology.com/2023/06/29/openai-and-microsoft-face-class-action-lawsuit-for-allegedly-violating-copyright-and-privacy-laws/。

⊜　详见"THE CASE FOR RESPONSIBLE AI"，访问时间为 2024 年 1 月 14 日，访问链接为 https://clarksonlawfirm.com/togetheronai/。

⊜　详见"Franzen, Grisham and Other Prominent Authors Sue OpenAI"，访问时间为 2024 年 1 月 14 日，访问链接为 https://www.nytimes.com/2023/09/20/books/authors-openai-lawsuit-chatgpt-copyright.html。

㉓　详见"Getty Images sues AI art generator Stable Diffusion in the US for copyright infringement"，访问时间为 2024 年 1 月 14 日，访问链接为 https://www.theverge.com/2023/2/6/23587393/ai-art-copyright-lawsuit-getty-images-stable-diffusion。

2023 年 1 月 13 日，莎拉·安德森（Sarah Andersen）、凯利·麦克南（Kelly McKernan）和卡拉·奥尔蒂斯（Karla Ortiz）代表其他同类艺术家，向文生图工具 Stable Diffusion 提供者 Stability AI、DeviantArt 及 Midjourney⊖提起诉讼。法院于 2023 年 10 月 30 日作出裁决，认为针对 Midjourney 和 DeviantArt 的版权侵权索赔无法继续进行，并认为这些指控在许多方面存在缺陷，但允许原告修改后重新提起诉讼（结论参见图 3-2）。2023 年 11 月 30 日，三人联合更多的艺术家，重新对 Stability AI、DeviantArt 及 Midjourney 提起诉讼。⊜

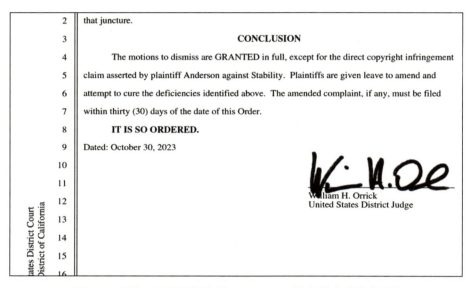

图 3-2　莎拉·安德森等起诉 Stability AI 等案裁决结果截图⊜

这些诉讼都极大地挑战了 AIGC 的商业模式，也旨在厘清 AIGC 研发、应用的合规边界。

⊖　据称，DeviantArt 的 DreamUp 和 Midjourney 由 Stable Diffusion 提供支持。

⊜　详见 "Midjourney, Stability AI and DeviantArt win a victory in copyright case by artists — but the fight continues"，访问时间为 2024 年 1 月 14 日，访问链接为 https://venturebeat.com/ai/midjourney-stability-ai-and-deviantart-win-a-victory-in-copyright-case-by-artists-but-the-fight-continues/。

⊜　详见 "SARAH ANDERSEN, et al. Plaintiffs, v. STABILITY AI LTD., et al. Defendants."，访问时间为 2024 年 1 月 14 日，访问链接为 https://copyrightlately.com/pdfviewer/andersen-v-stability-ai-order-on-motion-to-dismiss/?auto_viewer=true#page=&zoom=auto&pagemode=none。

3.1.2　针对 AIGC 企业的执法调查屡见不鲜

以颇受瞩目的 OpenAI 为例，据不完全统计，2023 年 OpenAI 所面临多国监管机构的执法调查共十余起。

2023 年 3 月 30 日，意大利数据保护机构发布紧急命令，阻止 OpenAI 处理意大利境内人员的个人数据。该机构列出了若干可能违反《通用数据保护条例》（General Data Protection Regulation，GDPR）条款的行为，包括合法性、透明度、数据主体的权利、儿童个人数据的处理以及设计和默认的数据保护，如图 3-3 所示。一个月后，在 OpenAI 按照意大利数据保护机构的要求宣布完成整改后，该禁令解除。[一]

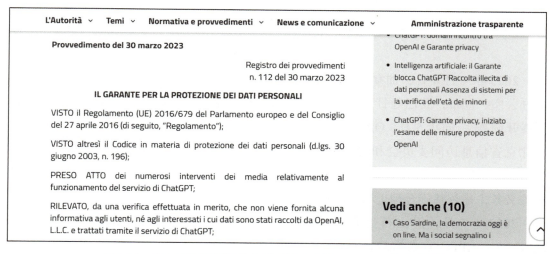

图 3-3　意大利数据保护机构官网发布有关 ChatGPT 禁令截图[二]

2023 年 4 月 13 日，欧洲数据保护委员会（EDPB）成立了一个工作组（如图 3-4 所示），以"促进合作和信息交流"，处理欧盟层面对 OpenAI 和 ChatGPT 的投诉和调查。[三]

[一]　详见"IL GARANTE PER LA PROTEZIONE DEI DATI PERSONALI"，访问时间为 2024 年 1 月 14 日，访问链接为 https://garanteprivacy.it/web/guest/home/docweb/-/docweb-display/docweb/9870832。

[二]　同上。

[三]　详见"EDPB resolves dispute on transfers by Meta and creates task force on Chat GPT"，访问时间为 2024 年 1 月 14 日，访问链接为 https://edpb.europa.eu/news/news/2023/edpb-resolves-dispute-transfers-meta-and-creates-task-force-chat-gpt_en。

EDPB resolves dispute on transfers by Meta and creates task force on Chat GPT

13 April 2023　EDPB

Brussels, 13 April - The EDPB adopted a **dispute resolution decision on the basis of Art. 65 GDPR** concerning a draft decision of the IE DPA on the legality of data transfers to the United States by Meta Platforms Ireland Limited (Meta IE) for its Facebook service. The binding decision addresses important legal questions arising from the draft decision of the Irish DPA as lead supervisory authority (LSA) regarding Meta IE. The EDPB binding decision plays a key role in ensuring the correct and consistent application of the GDPR by the national Data Protection Authorities.

As no consensus was reached on the objections lodged by several DPAs, the EDPB was called upon to settle the dispute between the DPAs within two months.

More specifically, in its binding decision, the EDPB settles the dispute on whether an administrative fine and/or an additional order to bring processing into compliance must be included in the Irish DPA's final decision.

The LSA shall adopt its final decision, addressed to the controller, on the basis of the EDPB binding decision taking into account the EDPB's legal assessment, at the latest one month after the EDPB has notified its decision. The EDPB will publish its decision on its website after the LSA has notified its national decision to the controller.

The EDPB members discussed the recent enforcement action undertaken by the Italian data protection authority

Latest news

Spanish ES fines the Eurocollege Oxford English Institute SL for GDPR infringements

12 January 2024　Spain

Belgian SA: a baptized person has the right to be deleted from the baptismal register

11 January 2024　Belgium

Final decision of Hungarian Supervisory Authority about infringement of Article 26 of the GDPR caused by a foundation

3 January 2024　Hungary　Slovakia

图 3-4　EDPB 成立工作组声明截图

2023 年 4 月 4 日，加拿大 OPC（Office of the Privacy Commissioner，联邦隐私专员办公室）宣布，其已经针对 ChatGPT 涉嫌未经同意收集、使用和披露个人信息的投诉展开调查。[一]同年 5 月，OPC 宣布，OPC、不列颠哥伦比亚省信息与隐私专员办公室、魁北克省信息访问委员会和阿尔伯塔省信息与隐私专员办公室的隐私当局将联合调查 OpenAI，调查范围涉及其是否取得个人有效同意，是否遵循公开性、透明度、问责制相关义务，是否基于合理正当目的处理个人信息等。[二]

2023 年 5 月，伊比利亚美洲网络数据保护部门（Ibero-American Data Protection Network，RIPD）宣布启动针对 ChatGPT 的协调行动，认为该服务可能会使"用户在处理个人数据方面的权利和自由"面临风险，并指出数据处理的法律依据、未经同意向第三方传输数据以及充分的数据保护措施等担忧。[三]

2023 年 6 月 1 日，日本个人信息保护委员会（Personal Information Protection Commission，PPC）向 OpenAI 发出警告，强调未经同意不得收集 ChatGPT 用户或其他人的敏感个人数据，并应以日语告知其收集目的。日本 PPC 表示，OpenAI 应尽量

减少其为机器学习收集的敏感数据，并补充说，如果有更多担忧，可能会采取进一步行动。[○]

2023 年 7 月，美国联邦贸易委员会（The Federal Trade Commission，FTC）对 ChatGPT 展开调查，向其发送了长达 20 页的问卷（参见图 3-5）以了解 OpenAI 是否违反法律从事"不公平或欺骗性的隐私或数据安全做法，或从事与损害消费者风险相关的不公平或欺骗性做法"。[○]

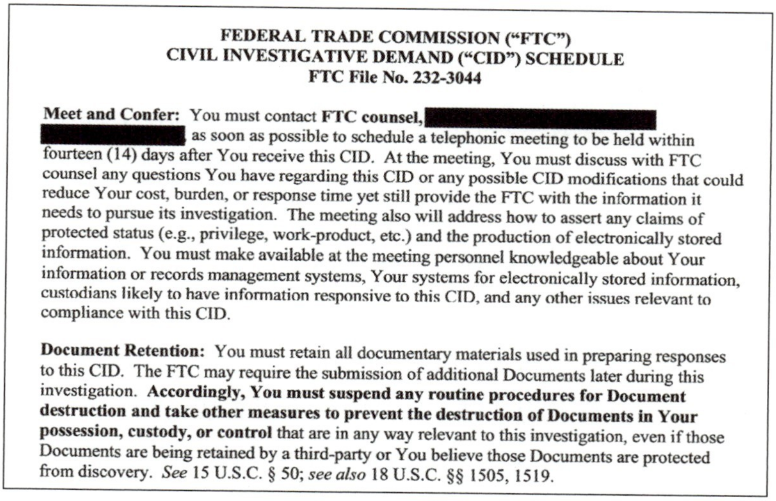

FEDERAL TRADE COMMISSION ("FTC")
CIVIL INVESTIGATIVE DEMAND ("CID") SCHEDULE
FTC File No. 232-3044

Meet and Confer: You must contact **FTC counsel,** ███████████████ as soon as possible to schedule a telephonic meeting to be held within fourteen (14) days after You receive this CID. At the meeting, You must discuss with FTC counsel any questions You have regarding this CID or any possible CID modifications that could reduce Your cost, burden, or response time yet still provide the FTC with the information it needs to pursue its investigation. The meeting also will address how to assert any claims of protected status (e.g., privilege, work-product, etc.) and the production of electronically stored information. You must make available at the meeting personnel knowledgeable about Your information or records management systems, Your systems for electronically stored information, custodians likely to have information responsive to this CID, and any other issues relevant to compliance with this CID.

Document Retention: You must retain all documentary materials used in preparing responses to this CID. The FTC may require the submission of additional Documents later during this investigation. **Accordingly, You must suspend any routine procedures for Document destruction and take other measures to prevent the destruction of Documents in Your possession, custody, or control** that are in any way relevant to this investigation, even if those Documents are being retained by a third-party or You believe those Documents are protected from discovery. *See* 15 U.S.C. § 50; *see also* 18 U.S.C. §§ 1505, 1519.

图 3-5　FTC 向 OpenAI 发送调查问卷[○]

2023 年 7 月 27 日，韩国个人信息保护委员会（Personal Information Protection Commission，PIPC）宣布，因 OpenAI 的 ChatGPT 服务发生个人信息泄露事件，对其处以 360 万韩元（约合 3000 美元）的罚款。与此同时，PIPC 发布了一份不遵守该国《个人信息保护法》的实例清单，涉及透明度、处理的合法依据（未经同意）、控制者与处理者关系不明确等问题。^四

○ 详见" Japan privacy watchdog warns ChatGPT-maker OpenAI on user data"，访问时间为 2024 年 1 月 14 日，访问链接为 https://www.reuters.com/technology/japan-privacy-watchdog-warns-chatgpt-maker-openai-data-collection-2023-06-02/。

○ 详见" FTC investigating ChatGPT over potential consumer harm"，访问时间为 2024 年 1 月 15 日，访问链接为 https://www.npr.org/2023/07/13/1187532997/ftc-investigating-chatgpt-over-potential-consumer-harm。

○ 同上。

四 访问链接为 https://www.pipc.go.kr/np/cop/bbs/selectBoardArticle.do?bbsId=BS074&mCode=C020010000&nttId=9055。

鉴于篇幅有限，以上仅列举了部分执法案例作为参考。然而，在过去短短的一年里，尽管有巨头企业作为"坚强后盾"，身为初创企业，OpenAI面对如此众多国家的执法调查与处罚时，仍然承受了前所未有的压力。这种压力同时凸显了全球监管机构对AIGC领域的普遍关注和严格监管。这也从侧面反映出，无论企业规模大小，都需要在AIGC领域的发展中高度重视合规问题，以应对日益严峻的监管挑战。

3.1.3　各国抓紧 AIGC 相关立法

2023年11月1日，首届全球人工智能安全峰会在英国布莱切利园正式开幕，会上包括中国、美国、欧盟、英国在内的二十余个主要国家和地区共同签署了《布莱切利人工智能安全宣言》（The Bletchley Declaration，以下简称《AI安全宣言》），承诺以安全可靠、以人为本、可信赖及负责的方式设计、开发、部署并使用AI。该宣言是AI领域全球性重要政策文件，反映了全球主要国家与地区对于AIGC的监管态度以及未来AIGC的监管趋势。

鉴于人工智能的广泛应用和便捷流通对经济社会的深远影响，全球范围内对于人工智能监管的基本共识显得尤为关键，这是深化人工智能治理的必由之路。在此背景下，《AI安全宣言》的重要性不言而喻。该宣言不仅充分肯定了人工智能的广阔应用前景及其发展的必要性，还明确倡导各国应以开放包容的态度迎接人工智能带来的变革性机遇。

同时，《AI安全宣言》也深刻指出了人工智能在多个维度上存在的风险，这些风险包括但不限于人权、透明度和可解释性、公平性、问责制、监管、人类监督与控制、歧视与偏见、隐私与数据保护、合成欺骗性内容以及人工智能的滥用等问题。更为值得关注的是，宣言还提到了人类基于现有能力尚无法预见的潜在风险，这无疑是对未来挑战的一种深刻警醒。

在此基础上，《AI安全宣言》达成了两项重要共识：其一，人工智能产生的许多风险具有跨国性质，需要通过国际合作和协调来共同应对；其二，各国在制定治理和监管政策时，应充分考虑创新和发展的需求，采取适度、灵活的方法，以最大限度地发挥人工智能的积极效益。这两项共识不仅为全球人工智能的治理指明了方向，也为各国在人工智能领域的合作与发展提供了重要遵循。

与此同时，在2023年度，众多国家和地区在AIGC领域的立法工作取得了显著的进展。这些立法不仅体现了对 AIGC 技术的深刻理解和高度重视，也为我们提供了宝贵的参考和借鉴，3.3 节将会对此进行详细的介绍和分析。

3.2 国内的监管体系

3.2.1 国内监管体系概述

诚如前文所言，我国的 AIGC 相关立法进程在全球范围内已展现出领先的态势。为了让广大读者能够全面、深入地了解中国 AIGC 的监管概况，本节将从以下三个重要方面进行详尽阐述。首先，我们将介绍我国 AIGC 领域的相关监管机构。其次，我们将梳理我国 AIGC 相关的监管法律。这些法律法规为 AIGC 技术的发展提供了坚实的法治保障，确保了 AIGC 技术在合法、合规的轨道上运行。最后，我们将探讨监管机构主要从哪些维度进行监管。通过以上三个方面的介绍，相信读者能够对我国 AIGC 的监管概况有全面、深入的了解。

1. 我国 AIGC 监管机构概况

《互联网信息服务算法推荐管理规定》第三条规定："国家网信部门负责统筹协调全国算法推荐服务治理和相关监督管理工作。国务院电信、公安、市场监管等有关部门依据各自职责负责算法推荐服务监督管理工作。"《生成式人工智能服务管理暂行办法》（简称《暂行办法》）第十六条规定："网信、发展改革、教育、科技、工业和信息化、公安、广播电视、新闻出版等部门，依据各自职责依法加强对生成式人工智能服务的管理。"我国 AI 治理体系形成网信办统筹协调、其他各监管机构在其职责范围内分而治之的基本局面。

那么，居于统筹协调地位的网信办的核心职责及相应法律依据有哪些？我们将之总结为表 3-1。

表 3-1 网信部门监管范围及法律依据表

序号	监管领域	相关法律依据
1	数据安全及个人信息保护	《个人信息保护法》第六十二条："国家网信部门统筹协调有关部门依据本法推进下列个人信息保护工作：……（二）针对小型个人信息处理者、处理敏感个人信息以及人脸识别、人工智能等新技术、新应用，制定专门的个人信息保护规则、标准……"

（续）

序号	监管领域	相关法律依据
2	算法治理	《互联网信息服务算法推荐管理规定》第三条："国家网信部门负责统筹协调全国算法推荐服务治理和相关监督管理工作。国务院电信、公安、市场监管等有关部门依据各自职责负责算法推荐服务监督管理工作。" 《互联网信息服务算法推荐管理规定》第二十五条："国家和省、自治区、直辖市网信部门收到备案人提交的备案材料后，材料齐全的，应当在三十个工作日内予以备案，发放备案编号并进行公示；材料不齐全的，不予备案，并应当在三十个工作日内通知备案人并说明理由。"
3	网络内容生态治理	《网络信息内容生态治理规定》第三条："国家网信部门负责统筹协调全国网络信息内容生态治理和相关监督管理工作，各有关主管部门依据各自职责做好网络信息内容生态治理工作。"
4	对向境内提供服务的境外 AIGC 的管控	《暂行办法》第二十条："对来源于中华人民共和国境外向境内提供生成式人工智能服务不符合法律、行政法规和本办法规定的，国家网信部门应当通知有关机构采取技术措施和其他必要措施予以处置。"

2. 我国促进人工智能发展的重要政策

自人工智能被纳入"十三五"规划以来，我国便积极推动人工智能技术的研发与产业化进程。近年来，我国密集出台了一系列促进人工智能发展的政策文件，为人工智能的快速发展提供了有力支持。

2017 年 7 月，国务院发布的《新一代人工智能发展规划》明确了人工智能发展的战略目标，即新一代人工智能在智能制造、智能医疗、智慧城市、智能农业、国防建设等领域得到广泛应用，人工智能核心产业规模超过 4000 亿元，带动相关产业规模超过 5 万亿元。同年 12 月，工业和信息化部为落实上述规划，发布了《促进新一代人工智能产业发展三年行动计划（2018—2020 年）》，从人工智能重点产品规模化发展、人工智能整体核心基础能力显著增强等四个维度提出了具体行动目标。

进入"十四五"规划时期，我国进一步将人工智能列为发展重点，提出研发专用芯片、构建深度学习框架等开源算法平台，并在多个领域推动人工智能的创新与迭代应用。2022 年 7 月，科技部等六部门联合发布的《关于加快场景创新以人工智能高水平应用促进经济高质量发展的指导意见》，鼓励在制造、农业、物流等重点行业深入挖掘人工智能技术应用场景，同时拓展人工智能在重大活动和会议中的应用场景。同年 12 月，国务院发布的《扩大内需战略规划纲要（2022—2035 年）》也明确提出了推动人工智能等技术与多个领域的深度融合。

随着国家级政策的出台，各省市也积极响应，纷纷出台相应的人工智能发展规划与计划。以上海为例，2022 年 9 月发布的《上海市促进人工智能产业发展条例》明确提出了从优化数据中心布局、支持算法创新、推动算法模型交易流通等多个维度促进人工智能产业发展。此后，上海还陆续发布了《关于开展上海市人工智能算力需求调研的通知》《上海市推动人工智能大模型创新发展若干措施（2023—2025 年）》等配套文件，以进一步推动 AIGC 大模型的发展。

此外，广州、南京、北京、深圳等多个城市也在最新公布的政策文件中明确提及了对人工智能的规划支持。这些政策不仅涵盖了人工智能整体发展规划、芯片、算力、数据等多个层面，还为人工智能的快速发展提供了坚实的政策保障和广阔的市场空间。

3. 我国 AIGC 监管框架

目前，我国对于 AIGC 的监管法律分为两类：一类是专门针对 AIGC 这一新形态而特别制定的，典型如《暂行办法》及相关适用标准；一类是对于 AIGC 这一形态的产品，可能落入哪些维度的监管范畴之内，适用于这些监管范畴的法律。基于上述现状，我们将相关监管维度总结为图 3-6。

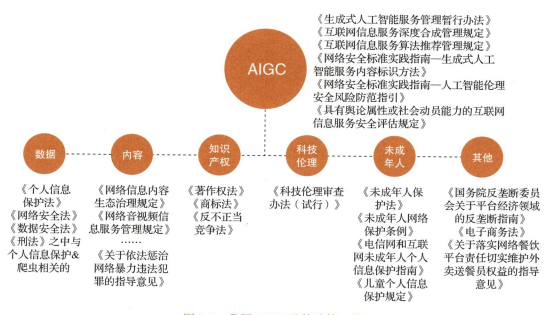

图 3-6　我国 AIGC 监管政策一览

下文我们将结合该监管框架梳理 AIGC 的监管政策及重点监管内容。

3.2.2 国内现行监管政策梳理与总结

1. 法律法规及相关规定

截至本书写作时，我国与 AIGC 密切相关的法律法规具体如表 3-2 所示。

表 3-2 我国 AIGC 相关的法律法规

序号	名称	效力层级	发文机构	生效时间
1	《中华人民共和国科学技术进步法》	法律	全国人大常委会	2022 年 1 月 1 日
2	《中华人民共和国个人信息保护法》	法律	全国人大常委会	2021 年 11 月 1 日
3	《中华人民共和国数据安全法》	法律	全国人大常委会	2021 年 9 月 1 日
4	《中华人民共和国网络安全法》	法律	全国人大常委会	2017 年 6 月 1 日
5	《生成式人工智能服务管理暂行办法》	部门规章	国家网信办、国家发展改革委、教育部、科技部、工业和信息化部、公安部、广电总局	2023 年 7 月 10 日
6	《互联网信息服务深度合成管理规定》	部门规章	国家网信办、工业和信息化部、公安部	2023 年 1 月 10 日
7	《互联网信息服务算法推荐管理规定》	部门规章	国家网信办、工业和信息化部、公安部、市场监管总局	2022 年 3 月 1 日
8	《网络信息内容生态治理规定》	部门规章	国家网信办	2020 年 3 月 1 日
9	《具有舆论属性或社会动员能力的互联网信息服务安全评估规定》	部门规章	公安部	2018 年 11 月 30 日
10	《国务院关于印发新一代人工智能发展规划的通知》	国务院规范性文件	国务院	2017 年 7 月 8 日
11	《科技伦理审查办法（试行）》	部门规范性文件	科技部、教育部、工业和信息化部、农业农村部、国家卫生健康委、中国科学院、中国社科院、中国工程院、中国科协、中央军委科技委	2023 年 12 月 1 日
12	《关于加强科技伦理治理的意见》	党内规范性文件	中共中央办公厅、国务院办公厅	2022 年 3 月 20 日
13	《新一代人工智能伦理规范》	部门规范性文件	国家新一代人工智能治理专业委员会	2021 年 9 月 25 日
14	《促进新一代人工智能产业发展三年行动计划（2018—2020 年）》	部门规范性文件	工业和信息化部	2017 年 12 月 13 日
15	《中国关于加强人工智能伦理治理的立场文件》	部门规范性文件	外交部	2022 年 11 月 17 日

（续）

序号	名称	效力层级	发文机构	生效时间
16	《关于加强互联网信息服务算法综合治理的指导意见》	部门规范性文件	国家网信办、中宣部、教育部、科技部、工业和信息化部、公安部、文化和旅游部、市场监管总局、广电总局	2021 年 9 月 17 日
17	《国家新一代人工智能创新发展试验区建设工作指引》	部门规范性文件	科技部	2020 年 9 月 29 日
18	《关于加快场景创新以人工智能高水平应用促进经济高质量发展的指导意见》	部门规范性文件	科技部、教育部、工业和信息化部、交通运输部、农业农村部、国家卫生健康委	2022 年 7 月 29 日
19	《关于支持建设新一代人工智能示范应用场景的通知》	部门规范性文件	科技部	2022 年 8 月 12 日
20	《生成式人工智能服务安全基本要求》	部门规范性文件	全国信安标委秘书处	2024 年 2 月 29 日
21	《网络安全标准实践指南——人工智能伦理安全风险防范指引》	部门规范性文件	全国信安标委秘书处	2021 年 1 月 5 日
22	《人工智能医用软件产品分类界定指导原则》	部门规范性文件	国家药监局	2021 年 7 月 1 日
23	《人形机器人创新发展指导意见》	部门规范性文件	工业和信息化部	2023 年 10 月 20 日
24	《上海市促进人工智能产业发展条例》	地方性法规	上海市人大常委会	2022 年 10 月 1 日
25	《北京市通用人工智能产业创新伙伴计划》	地方规范性文件	北京市经济和信息化局、北京市科学技术委员会、中关村科技园区管理委员会、北京市发展改革委	2023 年 5 月 19 日
26	《广州市数字经济促进条例》	地方性法规	广州市人大常委会	2022 年 6 月 1 日
27	《中国（上海）自由贸易试验区临港新片区条例》	地方性法规	上海市人大常委会	2022 年 3 月 1 日
28	《湖北省数字经济促进办法》	地方政府规章	湖北省人民政府	2023 年 7 月 1 日
29	《深圳经济特区人工智能产业促进条例》	地方性法规	深圳市人大常委会	2022 年 9 月 5 日
30	《汕头经济特区数字经济促进条例》	地方性法规	汕头市人大及其常委会	2023 年 8 月 14 日
31	《北京市数字经济促进条例》	地方性法规	北京市人大常委会	2023 年 1 月 1 日
32	《信息安全技术人工智能计算平台安全框架（征求意见稿）》	部门规范性文件	全国信安标委秘书处	征求意见稿或草案
33	深圳市罗湖区扶持软件信息和人工智能产业发展若干措施	地方规范性文件	深圳市罗湖区科技创新局	2022 年 9 月 26 日

2. 行业规范、标准及自律公约

截至本书写作时，AIGC 相关的行业规范、标准及自律公约如表 3-3 所示。

表 3-3　AIGC 相关行业规范、标准及自律公约

序号	名称	发布机构	发布/实施时间
1	《网络安全标准实践指南——生成式人工智能服务内容标识方法》	全国信安标委秘书处	2023 年 8 月 25 日
2	《人工智能伦理治理标准化指南》	国家人工智能标准化总体组、全国信标委人工智能分委会	2023 年 3 月
3	《互联网信息服务算法应用自律公约》	中国网络社会组织联合会	2021 年 11 月 19 日
4	《针对内容安全的人工智能数据标注指南》	中国互联网协会	2020 年 12 月 1 日
5	《新一代人工智能治理原则——发展负责任的人工智能》	国家新一代人工智能治理专业委员会	2019 年 6 月 17 日
6	《新一代人工智能伦理规范》	国家新一代人工智能治理专业委员会	2021 年 9 月 25 日
7	《人工智能 – 大语言模型预训练模型 – 服务能力成熟度评估》	中国电信、清华大学等	2024 年 1 月
8	《人工智能模型风险管理能力成熟度模型》	中国互联网协会	2023 年 6 月 13 日

除此之外，参考全国信息技术标准化技术委员会人工智能分技术委员会发布的国家标准制定计划，有大量人工智能相关的标准正在制定过程中（参见图 3-7），未来两年会有更多的人工智能相关标准相继出台。

3.2.3　国内重点监管政策解读

1.《暂行办法》

《暂行办法》是我国第一部也是目前唯一一部全面规范 AIGC 的具有法律效力的规范性文件，下文将对该办法进行重点解读。

（1）监管范围

《暂行办法》第二条规定："利用生成式人工智能技术向中华人民共和国境内公众提供生成文本、图片、音频、视频等内容的服务（以下称生成式人工智能服务），适用本办法……行业组织、企业、教育和科研机构、公共文化机构、有关专业机构等研发、应用生成式人工智能技术，未向境内公众提供生成式人工智能服务的，不适用本办法

的规定。"

#	计划号	项目名称	制修订	计划下达日期	项目状态
1	20232023-T-469	信息技术服务 智能运维 第2部分：数据治理	制定	2023-12-28	正在起草
2	20232025-T-469	信息技术 存储网络 基于以太网的设备发现与交互要求	制定	2023-12-28	正在起草
3	20232020-T-469	人工智能 多算法管理技术要求	制定	2023-12-28	正在起草
4	20231740-T-469	人工智能 风险管理能力评估	制定	2023-12-28	正在起草
5	20231741-T-469	人工智能 预训练模型 第3部分：服务能力成熟度评估	制定	2023-12-28	正在起草
6	20231927-T-469	信息技术 元数据注册系统（MDR）第1部分：框架	修订	2023-12-28	正在起草
7	20232892-T-469	物联网 术语	修订	2023-12-28	正在起草
8	20233900-T-469	信息技术 生物特征样本质量 第1部分：框架	修订	2023-12-28	正在起草
9	20233903-T-469	物联网 系统接口要求	修订	2023-12-28	正在起草
10	20232401-T-469	信息技术 分布式存储协议互联技术要求	制定	2023-12-28	正在起草
#	计划号	项目名称	制修订	计划下达日期	项目状态
11	20232403-T-469	智能终端软件平台技术要求 第1部分：操作系统	修订	2023-12-28	正在起草
12	20232404-T-469	工业互联网平台 测试规范 第5部分：边缘计算平台	制定	2023-12-28	正在起草
13	20232407-T-469	信息技术 学习、教育和培训 移动学习终端功能要求	制定	2023-12-28	正在起草
14	20231736-T-469	人工智能 预训练模型 第1部分：通用要求	制定	2023-12-28	正在起草
15	20231745-T-469	人工智能 计算中心 计算能力评估	制定	2023-12-28	正在起草
16	20232448-T-469	物联网 边缘计算 第3部分：节点接口要求	制定	2023-12-28	正在起草
17	20231746-T-469	人工智能 预训练模型 第2部分：评测指标与方法	制定	2023-12-28	正在起草
18	20231747-T-469	人工智能 深度学习编译器接口	制定	2023-12-28	正在起草
19	20232464-T-469	物联网 参考体系结构	修订	2023-12-28	正在起草
20	20232470-T-469	信息技术 云计算 智能云服务通用要求	制定	2023-12-28	正在起草

显示第 11 到第 20 条记录，总共 395 条记录 每页显示 10▲ 条记录　　　　　　‹ 1 **2** 3 4 5 … 40 ›

图 3-7　全国信息技术标准化技术委员会人工智能分技术委员会国标制定计划

该条对于《暂行办法》的适用范围限定如下。其一，仅规制企业向境内用户提供 AIGC 服务的行为，例如 ChatGPT 未向中国用户提供服务，则不适用《暂行办法》。此外值得注意的是，假如某 AIGC 服务声称仅向境外用户提供，但其服务界面为中文文字、支持人民币交易结算、支持中国用户手机号登录等情形，仍可能会被我国司法机关认定变相为中国境内用户提供服务，而落入该办法的适用范围。其二，如组织机构内自行研发、应用 AIGC 技术，未向公众提供的，不适用于该办法。例如公司内部采购了大语言模型 API 并进行优化，仅供员工使用以提高工作效率，但不曾向不特定公众开放使用，则不落入《暂行办法》监管范围。

（2）监管原则

《暂行办法》的核心监管原则在于平衡发展与安全，融合创新与法治。该办法第三条明确指出，国家坚持在推动生成式人工智能创新发展的同时，确保其安全性，通过包容审慎和分类分级的监管方式，为这一新兴领域提供适宜的成长环境。

在鼓励创新发展方面，国家展现了四个主要维度的支持。首先，致力于构建丰富多元的人工智能应用生态体系，为技术的广泛应用奠定坚实基础。其次，支持各专业机构在人工智能技术创新、算法研发、芯片设计、软件开发及平台建设等领域开展深入协作，形成合力。再次，强调生成式人工智能基础技术的自主创新，如算法优化、芯片升级、软件迭代等，以提升国内技术实力。最后，推动建设生成式人工智能所需的基础设施和公共训练数据资源平台，为行业发展提供坚实支撑。

在治理模式上，监管机构采取了"边发展边治理"的策略。这种灵活务实的态度在此前新技术的发展阶段已有体现，如在电子商务平台的蓬勃发展后，我国才适时制定了《电子商务法》，对电子商务经营者和电商平台进行全面规范。这种渐进式的监管方式既保证了技术的快速发展空间，又确保了市场秩序和消费者权益的有效维护。

（3）重点监管维度

《暂行办法》对于 AIGC 服务提供者的监管义务可归纳为表 3-4。

表 3-4　AIGC 服务提供者合规义务表

序号	合规维度	合规要求
1	算法治理	**资质证照**：提供具有舆论属性或者社会动员能力的生成式人工智能服务的，应当按照国家有关规定开展安全评估，并按照《互联网信息服务算法推荐管理规定》履行算法备案和变更、注销备案手续。（第十七条）如涉及其他资质证照，应依法取得相应许可（第二十三条） **算法反歧视**：在算法设计、训练数据选择、模型生成和优化、提供服务等过程中，采取有效措施防止产生民族、信仰、国别、地域、性别、年龄、职业、健康等歧视（第四条） **保障算法透明度**：基于服务类型特点，采取有效措施，提升生成式人工智能服务的透明度，提高生成内容的准确性和可靠性（第四条）
2	训练数据治理	**数据来源合法**：使用具有合法来源的数据和基础模型（第七条） **避免侵犯第三方权益（特别是知识产权与个人信息权益）**：涉及知识产权的，不得侵害他人依法享有的知识产权；涉及个人信息的，应当取得个人同意或者符合法律、行政法规规定的其他情形（第七条） **提高数据质量**：采取有效措施提高训练数据质量，增强训练数据的真实性、准确性、客观性、多样性（第七条）
3	网络内容安全	**内容治理**：坚持社会主义核心价值观，不得生成煽动颠覆国家政权、推翻社会主义制度，危害国家安全和利益、损害国家形象，煽动分裂国家、破坏国家统一和社会稳定，宣扬恐怖主义、极端主义，宣扬民族仇恨、民族歧视，暴力、淫秽色情，以及虚假有害信息等法律、行政法规禁止的内容（第四条） **内容标识**：提供者应当按照《互联网信息服务深度合成管理规定》对图片、视频等生成内容进行标识（第十二条） **违法内容处置**：提供者发现违法内容的，应当及时采取停止生成、停止传输、消除等处置措施，采取模型优化训练等措施进行整改，并向有关主管部门报告（第十四条）

（续）

序号	合规维度	合规要求
4	个人信息保护义务	**合法处理用户输入信息及使用记录**：提供者对使用者的输入信息和使用记录应当依法履行保护义务，不得收集非必要个人信息，不得非法留存能够识别使用者身份的输入信息和使用记录，不得非法向他人提供使用者的输入信息和使用记录（第十一条） **及时响应用户行权要求**：提供者应当依法及时受理和处理个人关于查阅、复制、更正、补充、删除其个人信息等的请求（第十一条）
5	用户权益保护	**签署服务协议**：提供者应当与使用者签订服务协议，明确双方权利义务（第九条） **履行公示义务**：提供者应当明确并公开其服务的适用人群、场合、用途，指导使用者科学理性认识和依法使用生成式人工智能技术，采取有效措施防范未成年人用户过度依赖或者沉迷生成式人工智能服务（第十条） **服务安全稳定**：提供者应当在其服务过程中，提供安全、稳定、持续的服务，保障用户正常使用（第十三条）
6	平台治理义务	**违法活动监督**：提供者发现使用者利用生成式人工智能服务从事违法活动的，应当依法依约采取警示、限制功能、暂停或者终止向其提供服务等处置措施，保存有关记录，并向有关主管部门报告（第十四条） **投诉举报机制**：提供者应当建立健全投诉、举报机制，设置便捷的投诉、举报入口，公布处理流程和反馈时限，及时受理、处理公众投诉举报并反馈处理结果（第十五条）
7	避免人工智能服务侵犯第三方权益	**知识产权保护**：尊重知识产权、商业道德，保守商业秘密，不得利用算法、数据、平台等优势，实施垄断和不正当竞争行为（第四条） **第三方合法权益保护**：尊重他人合法权益，不得危害他人身心健康，不得侵害他人肖像权、名誉权、荣誉权、隐私权和个人信息权益（第四条）

2.《科技伦理审查办法（试行）》

2022 年 3 月，中共中央办公厅、国务院办公厅印发《关于加强科技伦理治理的意见》，提出了加强科技伦理治理的意见，并要求健全科技伦理治理体制。基于该背景，科技部发布了《科技伦理审查办法（试行）》，并于 2023 年 12 月 1 日起正式实施。

《科技伦理审查办法（试行）》第二条与第四条分别明确了何种情形应纳入科技伦理审查活动范畴之中，何种情形应设立科技伦理（审查）委员会，人工智能恰属其中。此外，《科技伦理审查办法（试行）》第五～八条还明确了科技伦理（审查）委员会的设立要求。《科技伦理审查办法（试行）》第三章详细规范了科技伦理审查的具体程序，第四章明确了监管机构对于科技伦理审查的监督管理要求。

作为我国首部全面规范科技伦理的法规，《科技伦理审查办法（试行）》为人工智能等相关企业在进行科技伦理审查时提供了明确的合规指导，有助于推动科技行业的健康、有序发展。

3.《具有舆论属性或社会动员能力的互联网信息服务安全评估规定》

《具有舆论属性或社会动员能力的互联网信息服务安全评估规定》由公安部发布，

并于 2018 年 11 月 30 日正式实施。

根据该规定第三、七条，互联网信息服务提供者在上线新技术新功能时应当开展安全评估，并通过全国互联网安全管理服务平台（https://www.beian.gov.cn/portal/index.do）同时上报安全评估报告到网信部门及公安部门。该安全评估是所有具有舆论属性或社会动员能力的信息服务上市的前置条件。

结合 2021 年 3 月发布的《国家互联网信息办公室、公安部加强对语音社交软件和涉深度伪造技术的互联网新技术新应用安全评估》（参见图 3-8），可以看出，国家网信办、公安部等相关监管机构持续对新技术（如深度伪造技术）引发的互联网新技术新应用安全评估格外关注，人工智能技术在此领域的应用也需及时根据该规定落实相应的安全评估。

国家互联网信息办公室、公安部加强对语音社交软件和涉深度伪造技术的互联网新技术新应用安全评估

2021年03月18日 11:00　来源：中国网信网　【打印】【纠错】

为加强对具有舆论属性或社会动员能力的互联网信息服务和相关新技术新应用的安全管理，规范互联网信息服务活动，切实维护国家安全、社会秩序和公共利益，近日，国家互联网信息办公室、公安部指导各地网信部门、公安机关加强对语音社交软件和涉“深度伪造”技术的互联网新技术新应用安全评估工作。

针对近期未履行安全评估程序的语音社交软件和涉“深度伪造”技术的应用，国家互联网信息办公室、公安部指导北京、天津、上海、浙江、广东等地方网信部门、公安机关依法约谈映客、小米、快手、字节跳动、鲸准数服、云账户、喜马拉雅、阿里巴巴、网易云音乐、腾讯、去演等11家企业，督促其按照《网络安全法》《具有舆论属性或社会动员能力的互联网信息服务安全评估规定》等法律法规及政策要求，认真开展安全评估，完善风险防控机制和措施，并对安全评估中发现的安全隐患及时采取有效整改措施，切实履行企业信息内容安全主体责任。

根据《具有舆论属性或社会动员能力的互联网信息服务安全评估规定》要求，出现具有舆论属性或社会动员能力的信息服务上线，或者信息服务增设相关功能；使用新技术新应用，使信息服务的功能属性、技术实现方式、基础资源配置等发生重大变更；用户规模显著增加等情形，互联网信息服务提供者应当自行开展安全评估，对评估结果负责，并向网信部门和公安机关提交报告。网信部门和公安机关根据对安全评估报告的书面审查情况，认为有必要的，应当依据各自职责对互联网信息服务提供者开展现场检查。

下一步，国家互联网信息办公室、公安部将继续指导各地网信部门和公安机关加大巡查检查力度，督促属地互联网企业严格遵守相关法律法规，积极主动履行安全管理义务，切实履行企业主体责任，共同维护网络传播秩序，营造良好网络生态。

图 3-8　加强对语音社交软件和涉深度伪造技术的互联网新技术新应用安全评估截图

3.3 国外的典型法域

3.3.1 欧盟

1. 欧盟 AIGC 监管机构

欧盟在 AI 领域，尤其是 AIGC 的监管方面，虽尚未建立统一的监管机构，但已有一系列相关举措和计划。根据《欧盟人工智能法案》（EU Artificial Intelligence Act，下文简称《人工智能法案》）[○]，欧盟应建立欧洲人工智能委员会作为生成式人工智能的监管机构。为了进一步推动人工智能的合规发展，欧盟委员会于 2024 年 2 月设立人工智能办公室，作为人工智能专业知识的中心，并构成了单一欧洲人工智能治理体系的基础。[○]

在过去的监管实践中，欧盟也在积极探索设立与 AI 相关的监管机构与辅助决策机构。正如前文提及的，2023 年 4 月 13 日，欧洲数据保护委员会（EDPB）表示，其正在成立一个特别工作组，帮助欧盟各国应对 ChatGPT，促进欧盟各国之间的合作与执法活动的信息交流[○]；欧盟委员会于 2018 年成立了人工智能高级别专家组（High-level expert group on artificial intelligence）以为其人工智能战略提供建议。尽管该专家组主要扮演咨询角色，并不具备监管职能，但其为欧盟在人工智能领域的发展提供了宝贵的智力支持。

与此同时，欧盟其他监管机构和相关组织也在为 AI 企业的发展提供便利条件。例如：据 2024 年 1 月 24 日的新闻报道，欧盟委员会推出了一系列支持措施，旨在帮助欧盟初创企业和中小企业在人工智能领域取得可信赖的发展成果^④；2023 年 11 月 16 日，欧盟委员会和欧洲高性能计算联合组织（European High Performance Computing Joint Undertaking，EuroHPC JU）致力于向欧洲人工智能初创企业、中小企业和更广泛的人工智能开放社区扩大对欧盟世界级超级计算资源的访问，以促进欧盟人工智能初创企业的发展。^⑤

2. 欧盟 AIGC 监管政策

欧盟针对人工智能监管采取了专项立法为主、现存法规为辅的结构，其中专项法

○　详见 "LAYING DOWN HARMONISED RULES ON ARTIFICIAL INTELLIGENCE (ARTIFICIAL INTELLIGENCE ACT) AND AMENDING CERTAIN UNION LEGISLATIVE ACTS"，访问时间为 2024 年 2 月 20 日，访问链接为 https://eur-lex.europa.eu/legal-content/EN/TXT/?uri=celex%3A52021PC0206。

○　详见 European AI Office 网站，访问链接为 https://digital-strategy.ec.europa.eu/en/policies/ai-office，访问时间为 2024 年 3 月 16 日。

○　详见 "EDPB resolves dispute on transfers by Meta and creates task force on Chat GPT"，访问时间为 2024 年 1 月 14 日，访问链接为 https://edpb.europa.eu/news/news/2023/edpb-resolves-dispute-transfers-meta-and-creates-task-force-chat-gpt_en。

④　详见 "Commission launches AI innovation package to support Artificial Intelligence startups and SMEs"，访问时间为 2024 年 2 月 19 日，访问链接为 https://digital-strategy.ec.europa.eu/en/news/commission-launches-ai-innovation-package-support-artificial-intelligence-startups-and-smes。

⑤　详见 "The European High Performance Computing Joint Undertaking"，访问时间为 2024 年 2 月 19 日，访问链接为 https://digital-strategy.ec.europa.eu/en/policies/high-performance-computing-joint-undertaking。

案是指于 2024 年 3 月 13 日正式出台的《人工智能法案》，该法案与欧盟现有的以数据、个人信息保护及数字经济为核心的法律体系共同构成了欧盟全面的人工智能监管框架。

欧盟现有的与数据、个人信息保护及数字经济密切相关的保护主要涉及《通用数据保护条例》（General Data Protection Regulation，GDPR）、《数据法案》（The Data Act，DA）、《数字服务法案》（Digital Service Act，DSA）、《数字市场法案》（Digital Market Act，DMA）、《数字化单一市场版权指令》（Directive on Copyright in the Digital Single Market）等。

此外，欧盟数据战略下的其他举措也与促进人工智能驱动的创新密切相关，如《数据治理法案》（the Data Governance Act）、《开放数据指令》（the Open Data Directive），这些举措旨在建立可信赖的机制和服务，以推动数据的再利用、共享和服务，从而汇集对开发数据驱动的高质量人工智能模型至关重要的数据资源。

值得一提的是，欧盟委员会发布了《欧洲数字权利和原则宣言》（European Declaration on Digital Rights and Principles for the Digital Decade）[○]，该宣言明确表达了欧盟委员会对人工智能的基本监管立场，即人工智能应该成为增进人类福祉的工具[○]。《人工智能法案》作为欧盟"塑造欧洲数字未来"三大支柱之一的重要组成部分，其监管态度与宣言之中所载的数字十年政策计划所传达出的监管立场保持高度一致。

在下文中，我们将深入介绍《人工智能法案》的详细内容，并对其他相关法律进行简要概述，以帮助读者更全面地了解欧盟在人工智能监管方面的要求和政策导向。

（1）《人工智能法案》

2021 年 4 月，欧盟委员会发布了《人工智能法案》的提案。2022 年，欧盟委员会综合各方意见，对《人工智能法案》进行了进一步修正。2023 年 6 月，欧洲议会通过了《人工智能法案》的谈判授权草案。

2023 年 12 月 8 日，经过几个月的紧张三方谈判，欧洲议会、欧洲理事会和欧盟委员会就《人工智能法案》达成了政治协议。[○]2024 年 2 月 2 日，欧盟各国代表对《人工

○ 详见 "European Declaration on Digital Rights and Principles for the Digital Decade"，访问时间为 2024 年 1 月 17 日，访问链接为 https://eur-lex.europa.eu/legal-content/EN/TXT/?uri=OJ:JOC_2023_023_R_000。

○ 详见《欧洲数字权利和原则宣言》第三章第九条。

○ 详见 "Commission welcomes political agreement on Artificial Intelligence Act"，访问时间为 2024 年 1 月 16 日，访问链接为 https://digital-strategy.ec.europa.eu/en/news/commission-welcomes-political-agreement-artificial-intelligence-act。

智能法案》达成共识。[⊖]

2024 年 3 月 13 日，欧洲议会正式投票通过并批准《人工智能法案》。在法国斯特拉斯堡举行的欧洲议会全会上，该法案获得 523 张赞成票，46 张反对票。

下文我们将围绕《人工智能法案》下 AI 系统的定义、监管重点及适用范围、AI 分级管理、违法后果逐一介绍。

1）AI 系统的定义。为了明确《人工智能法案》的适用范围，我们首先需要界定 AI 系统（Artificial Intelligence System）的具体定义。根据该法案第三条第一款，AI 系统被定义为采用附件一中列出的一种或多种技术和方法所开发的软件。这类软件能够针对一系列预定的人类定义目标，生成内容、进行预测、提供建议，或者影响与其互动的环境中的决策过程。

附件一详细列出了这些技术，包括：1）机器学习方法，涵盖监督学习、无监督学习和强化学习、深度学习等方法；2）基于逻辑和知识的方法，如知识表示、归纳（逻辑）编程、知识库、推理和演绎引擎、（符号）推理以及专家系统；3）统计方法，例如贝叶斯估计、搜索和优化方法等。这些技术的运用使得 AI 系统具备强大的学习和决策能力，从而在各种应用场景中发挥重要作用。

2）监管重点及适用范围。《人工智能法案》第一条明确了该法案的监管对象为在欧盟境内将 AI 系统投入市场、投入使用和使用的实体。该法案监管重点内容包括：第一，针对 AI 系统建立风险分级监管体系，明确禁止使用的 AI 系统，针对高风险 AI 系统提出具体与明确的监管要求；第二，对于可能造成操纵风险的 AI 系统的透明度规则与监管机制，这可能包括与自然人互动的 AI 系统、情感识别系统和生物特征分类系统，以及用于生成或操纵图像、音频或视频内容的 AI 系统。

《人工智能法案》第二条第一款明确了该法案的适用范围：在欧盟市场上销售或投入使用 AI 系统的提供者，无论这些提供者在欧盟内还是在其他第三国设立；位于欧盟境内的 AI 系统用户；在第三国设立的 AI 系统提供者和用户，只要系统生成的输出在联盟内使用。此外，《人工智能法案》第二条明确列举了哪些情形不适用该法案，包括：专门为军事目的开发或者使用的人工智能系统、第三国政府机关、国际组织等。

为便于 AI 系统研发、销售、使用等全链条监管，《人工智能法案》划分了 AI 系统

⊖　详见欧盟 27 国代表一致支持《人工智能法案》文本，访问时间为 2024 年 2 月 19 日，访问链接为 http://world.people.com.cn/n1/2024/0205/c1002-40173172.html。

产业链中的不同参与者，其身份涉及提供商（Provider）[○]（提供商中还划分了小型提供商）、用户（User）[○]、授权代表（Authorised Representative）[○]、进口商（Importer）[○]、分销商（Distributor）[○]、经营者（Operator）[○]，并针对不同参与者分别规定了其应履行的义务和责任。这样的划分有助于确保整个 AI 系统在其生命周期内都能得到有效监管。

3）AI 系统分级管理。《人工智能法案》定义了人工智能的四种风险等级（参见图 3-9）：不可接受的风险（unacceptable risk）、高风险（high risk）、有限风险（limited risk）、极小风险或无风险（minimal or no risk）。

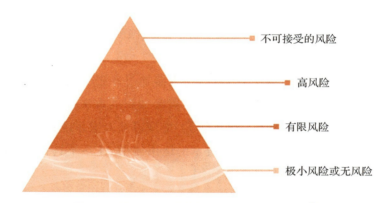

不可接受的风险
高风险
有限风险
极小风险或无风险

图 3-9　欧盟 AI 监管框架下的 4 种风险级别[○]

下面将介绍《人工智能法案》下哪些情形属于不可接受的风险，哪些情形落入高风险 AI 系统范畴之内，各市场主体应履行哪些合规义务方可实施高风险 AI 系统。

首先是不可接受的风险。根据《人工智能法案》第五条，被明令禁止的人工智能实践参见表 3-5。

○ 《人工智能法案》第二条第二款，提供商是指开发人工智能系统或开发人工智能系统以将其投放市场或以其自己的名称或商标投入使用的自然人或法人、公共当局、机构或其他团体，无论是付费还是免费方式。

○ 《人工智能法案》第二条第四款，用户指在其授权下使用人工智能系统的任何自然人或法人、公共当局、机构或其他团体，但在个人非专业活动过程中使用人工智能系统的情况除外。

○ 《人工智能法案》第二条第五款，授权代表指在联盟内设立的任何自然人或法人，其已收到人工智能系统提供商的书面授权，分别代表其履行和执行本条例规定的义务和程序。

○ 《人工智能法案》第二条第六款，进口商指在欧盟境内设立的任何自然人或法人，该自然人或法人将带有欧盟以外设立的自然人或法人的名称或商标的人工智能系统投放市场或投入使用。

○ 《人工智能法案》第二条第七款，分销商指供应链中除供应商或进口商之外的任何自然人或法人，其在联盟市场上提供人工智能系统而不影响其财产。

○ 《人工智能法案》第二条第八款，经营者指供应商、用户、授权代表、进口商和分销商。

○ 详见 AI Act，访问时间为 2024 年 2 月 19 日，访问链接为 https://digital-strategy.ec.europa.eu/en/policies/regulatory-framework-ai。

表 3-5　被明令禁止的人工智能实践

序号	领域	释义	典型场景
1	操纵行为	利用个人潜意识或群体（特别是针对弱势群体）性特征，实质性扭曲个人或群体行为，从而导致对他人或者群体造成心理或者身体伤害	针对性地操纵社交媒体或其他平台上的内容以追求政治目标
2	社会评分	根据自然人的社会行为、已知或预测的个人或个性特征，对其在一定时间内的可信度进行评估或分类，该社会评分可能导致对某些自然人及群体的差别对待	如决定儿童是否有权入学时，需结合父母的社会信用评分进行筛选
3	公共场所的生物识别特征的使用限制	超出必要范畴在公共空间使用"实时"远程生物识别系统进行执法目的	如在商场安装实时进行人脸识别的摄像头用于新老客识别等营销目的

对于公共场所生物识别特征的使用限制，与欧洲发起的 Reclaim Your Face 运动的理念不谋而合。该运动主张禁止在公共空间内进行大规模的生物识别特征监控。然而，这些"必要范畴"的规定可能会成为政府在特定情况下实施大规模生物识别监控的法律依据。尽管如此，这仍是一个备受关注和讨论的议题，涉及如何在保护个人隐私和确保公共安全之间找到恰当的平衡。

然后是高风险。对于高风险，我们通过几个问题来了解。

问题 1：哪些 AI 系统被纳入高风险范畴？

根据《人工智能法案》第六条，高风险 AI 系统分为两大类，一类为 AI 系统旨在用于需接受第三方事前合格评定的产品的安全组件，即如果 AI 系统本身就是一种产品，并且该产品受到欧盟《人工智能法案》附件中列出的"欧盟协调立法"的管辖，那么该 AI 系统将被视为"高风险"AI 系统。简而言之，这些规定可能适用于构成医疗设备、工业机械、玩具、飞机或汽车等的 AI 系统。另一类为附件三中明确列出的影响主要基本权利的其他独立 AI 系统。当前，附件三中所列出的情形主要分为 8 个领域，具体参见表 3-6。

表 3-6　高风险 AI 系统分类表

序号	领域	高风险的使用目的	典型案例
1	生物识别特征相关	用于"实时"和"事后"远程识别自然人生物特征的 AI 系统	使用人工智能系统通过从互联网中无目的地抓取面部图像来创建或扩展面部识别数据库
2	关键基础设施的管理和运营	AI 系统用于道路交通管理和运营以及水、煤气、供暖和电力供应的安全组件，一般用于网络安全目的	云安全计算中心的网络安全风险防控 AI 系统

（续）

序号	领域	高风险的使用目的	典型案例
3	教育和职业培训	用于确定自然人是否可进入教育和职业培训机构或将其分配到相应的教育和职业培训机构的 AI 系统	用于监控和检测考试作弊学生的 AI 系统
		用于评估教育和职业培训机构的学生以及评估教育机构入学测试参与者的 AI 系统	
4	就业、工人管理和自营职业机会	用于招聘或选择自然人的 AI 系统,特别是用于发布职位空缺、筛选或过滤申请、在面试或测试过程中评估候选人	简历筛选 AI 系统
		用于做出有关人员晋升和终止工作相关合同关系的决策、任务分配以及监控与评估此类关系中人员的绩效和行为的 AI 系统	企业内绩效评估 AI 系统
5	获得和享受基本私人服务和公共服务及福利	由公共当局或代表公共当局使用的 AI 系统,用于评估自然人获得公共援助福利和服务的资格,以及授予、减少、撤销或收回此类福利和服务	用于人寿和健康保险风险评估和定价的 AI 系统
		用于评估自然人信度或建立其信用评分的 AI 系统,但小规模提供商投入服务供其自用的 AI 系统除外	
		用于调度或确定调度紧急第一响应服务的优先级,包括消防员和医疗援助	
6	执法	执法机构拟使用 AI 系统对自然人进行个人风险评估,以评估自然人犯罪或再犯罪的风险,或预测发生刑事犯罪的风险	用作测谎仪或类似工具的 AI 系统
		执法机构拟将 AI 系统用作测谎仪或类似工具,或检测自然人的情绪状态	
		执法机构打算使用 AI 系统来检测深度造假	
		执法机构打算使用 AI 系统来评估刑事犯罪调查或起诉过程中证据的可靠性	
		执法机构打算使用 AI 系统根据现行法律分析来预测实际或潜在刑事犯罪的发生或再次发生,或评估自然人人格特征或团体的特征或过去的犯罪行为	
		执法机构打算在侦查、调查或起诉刑事犯罪过程中使用 AI 系统,根据现行法律要求对自然人进行分析	
		用于自然人的犯罪分析,允许执法机构搜索不同数据源或不同数据格式中可用的复杂相关和不相关的大数据集,以识别未知模式或发现数据中隐藏关系的 AI 系统	
7	移民、庇护和边境管制管理	由主管公共机构用作测谎仪或类似工具,或检测自然人情绪状态的 AI 系统	审查庇护、签证和居留许可的申请的 AI 系统
		由主管公共机构用来评估由打算进入或已经进入成员国领土的自然人造成的风险,包括安全风险、非正常移民风险或健康风险的 AI 系统	
		主管公共机构打算使用 AI 系统来验证自然人旅行证件和证明文件的真实性,并通过检查其安全特征来检测非真实证件	
		协助主管公共机构审查庇护、签证和居留许可的申请以及与申请身份的自然人的资格有关的相关投诉的 AI 系统	
8	司法和民主程序	旨在协助司法机构研究和解释事实和法律,并将法律应用于一组具体事实的 AI 系统	协助法院进行定罪量刑的 AI 审判系统

问题 2：《人工智能法案》对高风险 AI 系统提出哪些监管要求？

对于投入市场的高风险 AI 系统，综合《人工智能法案》第八~十五条，其应满足的合规要求见表 3-7。

表 3-7　高风险 AI 系统基本合规要求

序号	合规域	合规控制点
1	具有贯穿全生命周期的风险管理体系（第九条）	• 应建立、实施、记录和维护与高风险 AI 系统相关的风险管理体系 • 定期评估高风险 AI 系统可能涉及的风险点，包括已知或可预见的风险，按照其预期目的和在合理可预见的误用情况下所产生的风险，并根据上市后监测系统收集的数据分析评估其他可能出现的风险 • 应考虑该高风险 AI 系统是否可被儿童使用
2	数据治理（第十条）	训练、验证及测试数据的操作应遵循当前的数据治理实践与要求，事先评估数据集的可用性，对偏差的检查方式及如何减少偏差等
3	制定并持续更新技术文件（第十一条）	• 技术文件至少应具备附件所列出的要素 • 应向国家主管机构和公告机构提供评估 AI 系统合规性的所有必要信息
4	日志记录与保存（第十二条）	• 高风险 AI 系统应具备自动记录日志能力，该能力应符合公认的标准或通用规范 • 日志记录应确保该高风险 AI 系统在整个生命周期内的可追溯性 • 日志记录能力应能够监控高风险 AI 系统的运行，以防止出现可能导致 AI 系统呈现风险或导致重大损失的情况
5	保持透明并向用户提供相关信息（第十三条）	• 应确保其操作足够透明，以使用户能够理解系统的输出并正确使用它 • 高风险 AI 系统应附有适当数字格式或其他形式的使用说明，其中包括与用户相关、可访问和可理解的简洁、完整、正确和清晰的信息，这些信息包括但不限于：提供商及其授权代表（如适用）的身份和联系方式，高风险 AI 系统的特征、能力和性能限制（其预期目的，准确性、稳健性及网络安全水平，它可能导致的对基本权利的风险，用于个人或群体方面的性能，人工监督措施，维度及保养措施等）
6	便于人工监督（第十四条）	• 适当的人机界面工具，以使 AI 系统在使用期间能够受到自然人的有效监督 • 采取适当的方式以确保人工监督的实施，该人工监督应使操作的个人可以：充分了解高风险 AI 系统的能力和局限性，以便尽快发现和处理异常情形；始终意识到过度依赖高风险 AI 可能产生的"自动化偏差"的趋势；能够正确解释高风险 AI 系统的输出；在任何特定情况下不忽视、覆盖或逆转高风险 AI 系统的输出；能够干预高风险 AI 系统的运行或通过"停止"按钮或类似程序中断系统
7	保障 AI 系统准确性、稳定性及网络安全（第十五条）	• 应对系统内或系统运行环境中可能发生的错误、故障或不一致，特别是由于与自然人或其他系统的交互而发生的错误、故障或不一致进行恢复 • 高风险 AI 系统的稳健性可以通过技术冗余解决方案来实现，其中可能包括备份或故障安全计划 • 解决 AI 特定漏洞的技术解决方案应包括：在适当情况下预防和控制试图操纵训练数据集的攻击（数据投毒）的措施、旨在导致模型出错的输入（对抗样本），以及模型缺陷

除此之外，《人工智能法案》对高风险 AI 系统的提供商、部署者、进口商、分销

商和用户分别提出一系列合规义务。

高风险 AI 系统提供商与生产者承担相同的合规义务，具体可参见表 3-8。

表 3-8 高风险 AI 系统提供商及生产者合规义务表

序号	合规维度	合规措施
1	确保其高风险 AI 系统符合表 3-7 的要求，并可证明其符合表 3-7 中的合规要求	参见表 3-7
2	拥有符合要求的质量管理体系	以书面政策、程序和指令的形式系统有序地记录提供商所采取的质量管理体系
3	报告风险或及时采取纠正措施	如发现高风险 AI 系统不满足本法案要求，应及时采取撤回、召回等必要措施。如涉及国家层面的风险，应及时向监管当局披露相关信息而非在不合规的情形下采取纠正措施
4	保留高风险 AI 系统自动生成的日志	高风险 AI 系统的提供商应保留其高风险 AI 系统自动生成的日志，这些日志应处于提供商控制之下
5	确保高风险 AI 系统在投放市场或投入使用之前经过了相关合格评定程序	—
6	完成注册义务	在欧盟共建的数据库之中，完成相应的注册义务
7	在其高风险 AI 系统上加贴 CE（符合欧洲标准）标志	—
8	必要时指定授权代表	如在投入欧盟市场之前无法确定进口商，应指定授权代表

关于进口商应履行的义务，根据《人工智能法案》第二十六条，进口商在将高风险 AI 系统投放市场之前，必须确保供应商已按照第四十三条规定执行合格评定程序，并已准备法规要求的技术文件。同时，进口商还需确保该系统带有必要的合格标志，并随附所需文件或相关说明。若进口商发现该高风险 AI 系统不符合法定要求，则禁止将其投入市场。此外，进口商还应根据国家主管机构的要求，以易于理解的语言提供所有必要的信息和文件，以证明高风险 AI 系统满足表 3-8 所列的要求。

对于分销商而言，其应履行的义务包括验证高风险 AI 系统是否具备所需的 CE 合格标志、是否附带必要的文件和使用说明，并确认供应商和进口商是否满足相关要求。若分销商发现该高风险 AI 系统不符合法定要求，同样不得将其投入市场。在发现不符合表 3-8 所列情形时，分销商应及时采取纠正措施。此外，分销商还需根据国家主管机构的要求，以易于理解的语言提供必要的信息和文件，以证明高风险 AI 系统的合规性。

高风险 AI 系统的用户应履行的义务主要是按照使用说明进行操作，并确保输入的内容与预期目的相关。在发生相关风险时，用户应及时联系分销商以寻求解决方案。这些义务旨在确保高风险 AI 系统的安全、合规和有效使用。

4）违法后果。《人工智能法案》第七十一条设置的处罚结果十分严厉，具体如下：

①对于违反禁止行为或不遵守与数据要求相关的行为，罚款最高可达 3000 万欧元或上一财年全球年营业额的 6%。

②如果不遵守该法规的任何其他要求或义务，包括违反通用人工智能模型的规则，罚款最高可达 2000 万欧元或上一财年全球年营业额的 4%。

③因应要求向公告机构和国家主管机构提供不正确、不完整或误导性信息，罚款最高可达 1000 万欧元或上一财年全球年营业额的 2%。

（2）《通用数据保护条例》（GDPR）

GDPR 于 2018 年 5 月 25 日生效，旨在协调欧盟境内所有成员国的数据保护法。基于 GDPR，欧盟设立了欧洲数据保护委员会（EDPB），这是一个独立的机构，用以确保整个欧盟数据保护规则的一致应用。此后，EDPB 发布了关于 GDPR 的系列指南，以进一步明确 GDPR 的具体适用性。GDPR 对全球范围内的数据保护立法均产生了深远影响。

GDPR 发布后，欧盟各国监管机构依据 GDPR 采取了相应的执法措施，高额罚款屡见不鲜。

（3）《数据治理法案》（the Data Governance Act）

《数据治理法案》于 2022 年 6 月 23 日正式生效，并在经过 15 个月的宽限期后，自 2023 年 9 月开始全面实施。作为欧洲数据战略的重要组成部分，该法案旨在提升数据的可用性和交换过程中的信任度，同时消除数据再利用所面临的技术障碍。该法案致力于在卫生、环境、能源、农业、交通、金融、制造以及公共管理部门等关键领域，建立欧洲共同的数据空间，以促进数据共享和数据池的形成。

《数据治理法案》的三大核心亮点如下：其一，明确规定了公共部门机构所持有的受保护数据（例如商业秘密、个人数据以及涉及第三方知识产权的数据等）的再利用方式和相关限制；其二，认可了数据中介服务在"数据经济中的核心作用"，并为其制定了一套详尽的规则，以确保它们能够在欧洲共同数据空间内，以可信赖的身份组织和促进数据共享或汇集；其三，从法律层面创新性地设立了数据利他组织，并提出了相应的注册机制，使数据能够以更加简便的方式实现共享。这些举措共同推动了欧洲数据治理的现代化和高效化。

（4）《数据法案》（The Data Act）

《关于公平访问和使用数据的统一规则的条例》（The Regulation on harmonised rules

on fair access to and use of data，亦被称为《数据法案》）于 2024 年 1 月 11 日正式生效，并于 2025 年 9 月开始全面实施。《数据治理法案》规范了促进自愿数据共享的流程和结构，《数据法案》则进一步明确了谁可以从数据中创造价值以及在什么条件下创造价值。 这两项法案将共同促进可靠和安全的数据访问，促进其在关键经济部门和公共利益领域的使用。

《数据法案》通过在欧洲数据经济中建立明确、公平的数据访问和使用规则，实现数据价值的公平分配。《数据法案》的主要亮点如下。其一，基于这项法规，互联产品的设计和制造方式必须使用户（企业或消费者）能够轻松安全地访问、使用和共享生成的数据，特别是在 IoT 领域内，该法案赋予个人和企业访问通过使用 IoT 设备产生的数据的权利。其二，减少妨碍公平数据共享的合同的滥用，例如保护企业免受由市场地位较强的一方强加的不公正合同条款。其三，使公共部门能够出于特定公共利益目的访问和使用私营部门持有的数据。例如，公共部门将能够请求必要的数据，以帮助它们对公共紧急情况进行快速而安全的响应。其四，使客户可在不同的数据处理服务提供商之间有效切换，将有助于建立一个有效的数据互操作性总体框架。其五，审查数据库指令的某些方面，特别关注独创数据库权的角色。这一权利涉及保护特定数据库的内容，并将其应用扩展到通过 IoT 设备生成或获取的数据库。

（5）《开放数据指令》（The Open Data Directive，ODD）

《关于开放数据和公共部门信息再利用的指令》（The Directive on open data and the reuse of public sector information，也称为《开放数据指令》）于 2019 年 7 月 16 日生效，取代《公共部门信息指令》（the Public Sector Information Directive）。《开放数据指令》规范公共部门持有的公开信息的使用方式，《数据治理法案》则规范了公共部门持有的受保护的数据的使用方式。

《开放数据指令》的亮点之一在于，它要求公共部门免费提供的高价值数据集（被定义为文档）的有效使用可为社会和经济带来极高的经济利益。这些数据集受到一套单独的规则的约束，需确保它们以机器可读的格式免费提供，可通过 API 提供，必要时可批量下载。

（6）《数字服务法案》（Digital Service Act，DSA）

《数字服务法案》与《数字市场法》共同构成了欧洲数字服务一揽子计划的核心框架，以为欧盟打造一个更加安全、可靠的数字空间，从而全面保障数字服务用户的各项基本权利。

　　《数字服务法案》自 2022 年 10 月 27 日公布，将成为欧盟范围内统一适用的法规，其主体内容于 2024 年 2 月 17 日生效，而其中的透明性报告提交义务等部分条款从 2022 年 11 月 16 日起就已生效。该法案主要针对网络平台进行监管，范围覆盖电子商务平台、社交网络、内容共享平台、应用商店以及在线旅行和住宿平台等。其核心目的在于强化网络平台对内容的审核责任、打击非法商家的行动、提升信息透明度（如清晰地向消费者展示算法推荐及定向广告的运行机制），从而为用户营造一个透明、安全、可预测且值得信赖的网络环境。

　　此外，《数字服务法案》还详细划分了不同类型的服务提供者，包括管道服务商、缓存服务商、托管服务商、在线平台以及在线搜索引擎等，并特别对超大型在线平台和超大型在线搜索引擎进行了明确定义。这些服务提供者将根据其所属类别承担相应的合规义务，其中超大型在线平台和超大型在线搜索引擎由于规模较大、影响力广，所承担的合规责任也最为重大。

　　《数字服务法案》采用了分类分级、累进式规制的思路，针对所有中介服务提供者规定了一系列一般性义务，如设置联络点指定法定代表等。对于托管服务，《数字服务法案》额外要求服务提供者设立对非法内容的管理机制，即"通知—行动"机制。在该机制下，任何个人或实体可针对线上的非法内容向服务提供者发出通知，服务提供者在收到通知后应做出及时、勤勉尽责、不武断的决定。

（7）《数字市场法案》（Digital Market Act，DMA）

　　2022 年 11 月，欧盟委员会正式颁布了《数字市场法案》，其中创新性地引入了"守门人"概念。这一概念主要针对那些从事在线中介服务、在线搜索引擎、社交网络、即时通信、视频共享、虚拟助手、网页浏览器、云计算、操作系统、在线市场以及广告服务等众多领域，并达到一定规模标准的大型互联网平台。这些平台将被纳入反垄断合规监管的范畴，以确保其市场行为不会损害公平竞争和消费者权益。

　　值得注意的是，在 2023 年 9 月 6 日，欧盟委员会正式指定了六家全球知名互联网企业为"守门人"，它们分别是 Alphabet、亚马逊、苹果、字节跳动、Meta 和微软。这些企业被给予了六个月的宽限期，以确保其旗下各平台能够全面履行《数字市场法案》所规定的守门人合规义务。⊖

　　⊖　详见文章" Digital Markets Act: Commission designates six gatekeepers"，访问时间为 2024 年 2 月 20 日，访问链接为 https://ec.europa.eu/commission/presscorner/detail/en/ip_23_4328。

（8）《数字化单一市场版权指令》（Directive on Copyright in the Digital Single Market）

2019 年 3 月，欧盟议会通过了《数字化单一市场版权指令》。根据该指令第三条，研究组织或文化遗产机构出于科学研究与数据挖掘目的，可对其合法访问的作品进行基于数据挖掘形式的复制或摘录，不过该条一般不适用于商业化的大语言模型。该指令第四条为大语言模型在数据训练阶段对版权客体的复制、提取行为设置了合理使用的例外，不过限定了作品的类型与主题。

3. 欧盟与 AI 相关的典型执法案例或司法案例

目前，欧盟境内与 AI 密切相关的执法案例主要为各国数据保护机构依据 GDPR 而作出的相应处罚决定，其中典型案例有二：一为 ClearView AI 系列案例，二为 OpenAI 相关案例。鉴于前文已对于 OpenAI 系列执法案例进行过介绍，此处仅介绍 ClearView AI 的相关案例。

（1）ClearView AI 商业模式简介

Clearview AI 是一家成立之初就饱受争议的公司，这是源于它的商业模式。该公司从公开社交平台，例如 Facebook、Instagram、YouTube 上爬取使用者的照片，并用这些照片开发人脸识别算法工具，其官网说明为"我们的平台使用人脸识别技术，包括从仅限公共网络来源获取的 400 多亿张面部图像，这是已知最大的数据库，包括新闻媒体、嫌犯照片网站、公共社交媒体和其他公开来源"（见图 3-10）。Clearview AI 的客户包括美国 FBI、国土安全部门、各州警察机关等。

借助该数据库，Clearview AI 以搜索引擎、API 等形式对外提供该图像数据库的访问。Clearview AI 向执法当局提供这项服务，以识别犯罪的肇事者或受害者。

（2）ClearView AI 在欧盟面临的处罚

1）法国数据保护机构 CNIL 对其处以 2000 万欧元罚款⊖。2020 年 5 月，CNIL 收到关于 Clearview AI 面部识别软件的投诉，并随即展开调查。在此过程中，CNIL 与欧洲的同行紧密合作，共享调查结果。由于 Clearview AI 在欧洲没有设立实体机构，每个数据保护机构都在其各自领土内采取行动。2021 年 11 月 26 日，CNIL 向 Clearview AI 发出正式通知，要求其在没有合法依据的情况下，停止收集和使用法国公民的数据，

⊖ 详见文章"Facial recognition: 20 million euros penalty against CLEARVIEW AI"，访问时间为 2024 年 2 月 20 日，访问链接为 https://www.cnil.fr/en/facial-recognition-20-million-euros-penalty-against-clearview-ai。

尊重个人权利，并遵守删除请求。

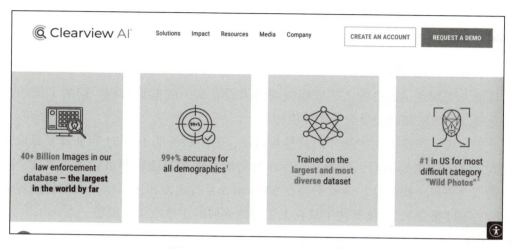

图 3-10　Clearview AI 官网截图[⊖]

Clearview AI 有两个月的时间来遵守这一禁令并向 CNIL 证明其行为的合理性。然而，由于 Clearview AI 未对正式通知作出任何回应，CNIL 根据 GDPR 第八十三条对其处以最高 2000 万欧元的罚款，并要求其停止收集和处理法国公民的数据，同时删除已收集的数据。

2）希腊数据保护机构 DPA 对 Clearview AI 罚款 2000 万欧元[⊜]。DPA 于 2022 年 7 月 13 日就 Clearview AI 违反有关合法性及透明度的原则而对其处以 2000 万欧元罚款、禁止其以人脸识别服务的方式收集和处理位于希腊境内数据主体的个人信息，并命令其删除以有关方式收集及处理的个人信息。

3）意大利数据保护机构 SA 对 Clearview AI 罚款 2000 万欧元[⊜]。SA 认为 Clearview AI 处理人脸面部识别特征及地理位置信息缺乏法律依据，且处理行为违反 GDPR 多项基本原则，如透明度、目的限制及储存限制等原则，故于 2022 年 2 月 10 日作出处罚决定，处以 2000 万欧元罚款，同时禁止其继续抓取意大利境内个人的面部识别特征及其他个人信息，要求其删除已抓取的信息，并在意大利境内指定一名代表。

3.3.2 美国

1. 美国 AIGC 监管机构

目前，美国在 AIGC 或人工智能领域尚未设立统一的监管机构。但为了推动该领域的发展，美国联邦政府设置了相关机构。

首先，为了提供人工智能方面的专业建议，美国商务部于 2021 年 9 月 8 日设立了国家人工智能咨询委员会，该委员会旨在为美国总统和其他联邦机构提供权威、前瞻性的建议。值得一提的是，该委员会在 2023 年 5 月首次发布了《国家人工智能咨询委员会第一年度报告》，详细概述了其在人工智能领域的工作成果和展望。

其次，为了加速人工智能的研究与开发工作，美国国会在 2021 年 1 月根据《2020年国家人工智能倡议法案》成立了人工智能倡议办公室，以协调整个联邦政府，加速人工智能研究和开发。需要澄清的是，尽管该办公室在人工智能领域发挥着重要作用，但其主要职责是监督和实施美国的人工智能战略，并不承担具体的监管职能。

此外，美国能源部的人工智能和技术办公室（Office for Artificial Intelligence and Technology）也在积极推动人工智能的发展。该办公室与美国国家标准与技术研究院紧密合作，共同制定了人工智能风险管理手册，为行业提供了实用的指导和建议。同时，为了进一步加强人工智能的推广与应用，该办公室还在 2022 年 4 月成立了人工智能促进委员会，旨在汇聚各方力量、推动技术创新，并为行业发展提供有力支持。

最后，在知识产权保护方面，美国专利商标局设立了人工智能和新兴技术工作组。该工作组专注于研究人工智能技术在专利和商标审查中的应用及其对知识产权的影响，旨在确保创新成果得到充分保护，并为相关企业和个人提供法律支持和指导。

2. 美国 AIGC 法律法规

与欧盟倾向于构建体系化监管框架的监管策略形成鲜明对比，美国在人工智能领域的立法趋势目前以政策引导为主。从全局视角来看，美国的人工智能立法现状显得相对零散，且呈现出明显的地区化特点。

在联邦层面，美国尚未通过一部专门针对 AIGC 或人工智能领域的统一法律。这种立法空白反映了美国在人工智能监管上的审慎态度，同时也为各州在立法上留下了较大的自主空间。

在州层面，各州的立法进展差异显著。一些州，如伊利诺伊州、加利福尼亚州、弗吉尼亚州和纽约州等，已经积极通过了相关的人工智能法案。然而，这些法案的侧重点各不相同，反映了各州在人工智能发展上的不同优先级和关切点。

这种立法现状与美国的监管思路紧密相连。美国更倾向于推动 AIGC 企业进行自我监管，这一策略在 2023 年 7 月得到了进一步体现，当时白宫宣布包括亚马逊、Anthropic、谷歌、Inflection、Meta、微软和 OpenAI 在内的多家领先的人工智能研发企业已同意对这些系统进行自我监管。⊖这种监管方式的选择可能与美国在 AIGC 领域的头部企业数量众多有关。

总体来看，美国在人工智能领域的立法和监管策略体现了其独特的政策理念和市场环境。虽然这种策略在一定程度上保持了监管的灵活性和创新性，但也面临着如何在确保行业健康发展的同时，有效应对潜在风险的挑战。

（1）联邦层面立法

国家战略与规划

自 2016 年起，美国便开始对人工智能战略给予高度关注。当时，国家科学技术顾问发布了一份具有前瞻性的白皮书——《为人工智能的未来做好准备》（*Preparing for the Future of Artificial Intelligence*）⊜，并随之推出了《国家人工智能研究发展战略规划》（*National Artificial Intelligence Research and Development Strategic Plan*）。这份规划为美国在人工智能领域的研究与发展指明了方向。

时隔数年，美国在人工智能的监管与指导方面又迈出了重要步伐。2022 年 10 月，白宫发布了《人工智能权利法案蓝图》(*Blueprint for An AI Bill of Rights*)⊜，该蓝图以五项核心原则为基础，辅以相关实践建议，旨在为自动化系统的设计、使用和部署提供指导，从而确保在人工智能时代，美国公众的权利得到切实保护。这份蓝图不仅包含前言和五项原则，还详细阐述了人工智能权利法案蓝图应用说明以及从原则到实践的

⊖　详见 "FACT SHEET: Biden-Harris Administration Secures Voluntary Commitments from Leading Artificial Intelligence Companies to Manage the Risks Posed by AI"，访问时间为 2024 年 2 月 20 日，访问链接为 https://www.whitehouse.gov/briefing-room/statements-releases/2023/07/21/fact-sheet-biden-harris-administration-secures-voluntary-commitments-from-leading-artificial-intelligence-companies-to-manage-the-risks-posed-by-ai/。

⊜　详见 "Preparing for the Future of Artificial Intelligence"，访问时间为 2024 年 2 月 20 日，访问链接为 https://obamawhitehouse.archives.gov/blog/2016/05/03/preparing-future-artificial-intelligence。

⊜　详见 "Blueprint for an AI Bill of Rights"，访问时间为 2024 年 2 月 20 日，访问链接为 https://www.whitehouse.gov/ostp/ai-bill-of-rights/。

内容，为政府及组织提供了可操作的具体步骤。

进入 2023 年，拜登总统进一步加强了对人工智能领域的监管力度。他于 2 月签署了《关于通过联邦政府进一步促进种族平等和支持服务不足社区的行政命令》，明确要求联邦机构在设计和使用包括人工智能在内的新技术时，必须消除偏见并保护公众免受算法歧视的影响。这一行政命令体现了美国政府对人工智能公平性和透明度的重视。

同年 5 月下旬，为了更好地协调和集中联邦在人工智能领域的研发投资，美国白宫发布了修订后的《国家人工智能研究发展战略规划》[⊖]。这一规划的发布标志着美国在人工智能领域的研究与发展将进入一个新的阶段，更加注重整体战略协调与资源整合。

相关法律

目前，美国在联邦层面尚未出台统一的人工智能专项法律，相关监管措施分散于多部现行法律之中。在实际操作中，美国主要依赖《联邦贸易委员会法》（the Federal Trade Commission Act，以下简称《FTC 法案》）的第五条"禁止不公平或欺诈行为"来规范 AI 和机器学习系统的使用。同时，《公平信用报告法案》（the Fair Credit Reporting Act）和《平等信用机会法案》（Equal Credit Opportunity Act）在 AIGC 的应用上也具备一定的约束力。为确保这些法律的适用性，美国联邦贸易委员会（Federal Trade Commission，FTC）发布了一系列阐释性文章，并以其为指导开展相关执法活动。[⊜]

在特定领域，联邦层面已有针对性地制定了与 AI 相关的法律。例如，2022 年的《人工智能劳动力培训法案》（Artificial Intelligence Training for the Acquisition Workforce Act）要求管理和预算办公室制定人工智能培训计划，以支持联邦政府执行机构在知情的情况下使用人工智能。

此外，商务部内的非监管联邦机构美国国家标准与技术研究院（NIST）发布了人工智能风险管理框架 1.0（Artificial Intelligence Risk Management Framework 1.0，AI RMF 1.0）。AI RMF 1.0 提出了可信赖 AI 的 7 个特征，并建议采取具体的实施行动来

⊖ 详见" NATIONAL ARTIFICIAL INTELLIGENCE RESEARCH AND DEVELOPMENT STRATEGIC PLAN 2023 UPDATE"，访问时间为 2024 年 2 月 20 日，访问链接为 https://www.nitrd.gov/national-artificial-intelligence-research-and-development-strategic-plan-2023-update/。

⊜ 详见" Generative AI Raises Competition Concerns"，访问时间为 2024 年 2 月 20 日，访问链接为 https://www.ftc.gov/policy/advocacy-research/tech-at-ftc/2023/06/generative-ai-raises-competition-concerns。

管理风险。尽管 AI RMF 1.0 目前并非强制性规定，但它有可能最终被采纳为行业标准，从而在更广泛的范围内影响 AI 技术的发展和应用。

（2）州层面的立法概况

目前，美国州层面对人工智能的监管体现在如下几个维度：在隐私保护法案之中涉及人工智能部分（如自动化决策等），在专门领域进行人工智能监管，或针对人工智能成立专门工作小组。下文我们将结合部分州的典型实践，阐述美国州层面关于 AIGC 立法的概况。

关于隐私保护法案之适用于人工智能处理数据的行为，以下为典型代表：《加州隐私权法案》《科罗拉多州隐私法案》《康涅狄格州数据隐私法案》《弗吉尼亚消费者数据隐私法案》等。

值得一提的是，康涅狄格州在 2023 年 5 月颁布了《关于人工智能、自动决策和个人数据隐私的法案》（An Act Concerning Artificial Intelligence, Automated Decision-Making and Personal Data Privacy）。该法案部分条款已于 2023 年 7 月 1 日生效，它旨在提高州政府在使用人工智能和自动决策工具时的透明度和责任感，具有里程碑意义。

此外，一些州还成立了专门的人工智能咨询委员会来研究和监控州机构开发、使用或采购的人工智能系统。得克萨斯州就是其中的典型代表，而北达科他州、西弗吉尼亚州也采取了类似的举措。

部分州出台相关政策对特定算法进行特别监管，例如：加州 2023 年 1 月在《商业和职业法典》增加第 25 章节"自动决策工具"（Automated Decision Tools，AB 331），要求对自动决策工具进行影响评估，并且赋予消费者要求对后续决策进行人工审查的权利；哥伦比亚特区于 2023 年 2 月出台《停止算法歧视法案》（Stop Discrimination by Algorithms Act），该法案将阻止算法根据受保护的个人特征做出决策。

与此同时，其他州也在积极探索人工智能的监管与发展方式。路易斯安那州通过了一项决议，要求技术和网络安全联合委员会研究人工智能对运营、采购和政策的影响。马里兰州则设立了工业 4.0 技术补助计划，以支持中小型制造企业实施新的"工业 4.0"技术或相关基础设施，其中包括人工智能的应用。

3. 美国 AIGC 典型执法案例

目前，美国有关人工智能相关的执法活动多由 FTC 开展，除了前文提及的 FTC 于 2023 年 7 月针对 OpenAI 启动的执法调查之外，FTC 所进行的典型人工智能执法案例还有下面几个。

（1）FTC 针对 Ring 公司的调查[⊖]

位于加利福尼亚州的 Ring 是一家专注于销售网络视频家庭安全摄像头、门铃及其相关配件和服务的公司，于 2018 年 2 月被亚马逊收购。该公司一直以其产品能提供更好的家庭安全保障、给予用户更大的安心为宣传重点。

FTC 对 Ring 提出了投诉，指控其欺骗消费者。具体原因包括：未能有效限制员工和承包商对客户视频的访问权限，以及在未经客户明确同意的情况下，擅自使用这些视频进行算法训练等目的。此外，Ring 还被指在保障客户数据安全方面存在严重疏忽，直到 2018 年 1 月之前，都未采取任何充分措施通知客户或征得他们的同意，便对客户的私人视频记录进行了广泛的人工审查。更令人震惊的是，Ring 在其服务条款和隐私政策中故意隐瞒信息，单方面声称有权将与其服务相关的录音用于"产品改进和开发"。

经过一系列调查和协商，2023 年 5 月 31 日，Ring 公司最终同意以 580 万美元与 FTC 达成和解。FTC 指责 Ring 在隐私和安全实践方面严重欺骗消费者，违反了《FTC 法案》的第五条规定，特别是在使用客户数据进行算法训练时未能实施必要的安全限制。根据和解协议，Ring 必须删除 2018 年 3 月之前收集的所有录音以及使用这些录音开发的模型和算法。同时，Ring 还必须制订并执行一套全面的隐私和数据安全计划，以确保类似事件不再发生。

（2）针对 Amazon Inc. 和 Amazon.com Services LLC 的调查[⊖]

亚马逊作为全球领先的零售巨头，积累了海量的消费者数据。这些数据来源广泛，不仅包括通过 Alexa 应用收集的地理位置信息，还涵盖了通过亚马逊 Alexa 语音助手服务获取的语音记录。值得一提的是，亚马逊还专门针对儿童推出了支持 Alexa 的设备和服务，并在这一过程中收集了儿童的个人数据，其中包括他们的录音。

据此，亚马逊解释称，保留这些儿童录音的目的是更好地响应语音指令、为家长

⊖ 详见"FTC Says Ring Employees Illegally Surveilled Customers, Failed to Stop Hackers from Taking Control of Users' Cameras"，访问时间为 2024 年 2 月 20 日，访问链接为 https://www.ftc.gov/news-events/news/press-releases/2023/05/ftc-says-ring-employees-illegally-surveilled-customers-failed-stop-hackers-taking-control-users。

⊖ 详见"FTC and DOJ Charge Amazon with Violating Children's Privacy Law by Keeping Kids' Alexa Voice Recordings Forever and Undermining Parents' Deletion Requests"，访问时间为 2024 年 2 月 20 日，访问链接为 https://www.ftc.gov/news-events/news/press-releases/2023/05/ftc-doj-charge-amazon-violating-childrens-privacy-law-keeping-kids-alexa-voice-recordings-forever。

提供查看录音的途径，并进一步提升 Alexa 的语音识别和处理能力。然而，由于儿童的发音方式和口音与成人存在显著差异，这些被非法保留的录音实际上为亚马逊提供了一个极具价值的数据库。这个数据库被用于训练 Alexa 算法，以更精准地理解儿童语音。但这一做法无疑是以牺牲儿童的隐私权为代价，为亚马逊带来了商业利益。

FTC 认为亚马逊违反了《儿童在线隐私保护法》（Children's Online Privacy Protection Act Rule，COPPA）和《FTC 法案》第五条，而亚马逊同意向 FTC 支付 2500 万美元的民事罚款，以解决其涉及儿童数据使用的相关指控。除此之外，亚马逊还被禁止利用消费者请求删除的地理位置信息、语音数据以及儿童语音信息来创建或优化任何数据产品。同时，亚马逊还必须删除那些不再活跃的儿童 Alexa 账户等相关数据。

3.3.3　英国

1. 英国 AIGC 监管机构

尽管英国尚未成立专门的人工智能监管机构，但为了推动该领域的发展，英国政府特设人工智能办公室（The Office for Artificial Intelligence，OAI），以全面监督和投入与人工智能相关的事务。需要注意的是，目前 OAI 并不具备执法权力。2024 年 2 月，OAI 并入科学、创新和技术部的人工智能政策局（the AI Policy Directorate）⊖。此外，2023 年 11 月 2 日，世界上第一个人工智能安全研究所 UK AI Safety Institute 在英国成立，任务是测试新兴人工智能类型的安全性。⊖

在实际操作中，根据 OAI 的指导方针，人工智能的监管工作由多个现有监管机构在其原有职责范围内共同承担。这些机构包括：信息保护办公室（The Information Commissioner's Office，ICO），主要负责数据保护方面的监管工作；平等与人权委员会（The Equality and Human Rights Commission，EHRC），专注于监控算法中可能存在的偏见或类似的不公平、歧视性待遇等问题；就业部门标准检查局（The Employment Agency Standards Inspectorate，EAS），负责监管人工智能在劳动用工方面的应用；金融行为监管局（The Financial Conduct Authority，FCA），专注于金融服务领域中的人工

⊖　详见 "Office for Artificial Intelligence became part of Department for Science, Innovation and Technology in February 2024"，访问时间为 2024 年 2 月 24 日，访问链接为 https://www.gov.uk/government/organisations/office-for-artificial-intelligence。

⊖　详见 "Introducing the AI Safety Institute"，访问时间为 2024 年 2 月 24 日，访问链接为 https://www.gov.uk/government/publications/ai-safety-institute-overview/introducing-the-ai-safety-institute。

智能使用问题的监管；知识产权局（The Intellectual Property Office，IPO），负责处理与人工智能相关的知识产权事宜。

2. 英国 AIGC 立法概况

尽管英国在人工智能领域尚未制定明确的独立规则或指南，但政府已经通过发布一系列政策文件表达了对未来人工智能监管的态度和规划。2022 年 7 月 18 日，英国政府发布了名为《建立有利于创新的人工智能监管方法》（Establishing a pro-innovation approach to regulating AI）的监管政策文件，明确提出了"支持创新"和"具体情况具体分析"的监管原则。随后，在 2023 年 3 月 29 日，英国科学、创新及技术部又发布了《人工智能监管：有利于创新的方法》白皮书，进一步细化了政府对人工智能监管的建议。

与欧盟的《人工智能法案》相比，英国政府选择了一种截然不同的监管路径。英国并未引入新的人工智能立法，而是依托现有监管机构在其职权范围内发布指导和规范人工智能的应用。这种监管方法旨在保持灵活性，以便更好地适应人工智能技术的快速发展和创新需求。

白皮书提出的监管框架以五项原则为基础，包括安全、保障、稳健，适当的透明度和可解释性，公平，问责和治理，以及可争议性和补救。这些原则旨在确保人工智能系统的安全运行，提高透明度和可解释性，防止不公平歧视和损害个人及组织权利的情况发生，加强人工智能系统的问责和治理措施，以及为受影响的第三方和参与者提供质疑和补救的途径。通过这些原则的实施，英国政府旨在建立一个既有利于创新又能保障公众利益的人工智能监管体系。

3. 英国 AIGC 执法概况

至今为止，在 AIGC 领域内，ICO 最为引人注目的执法案例与 Clearview AI 相关。关于 Clearview AI 公司的基本情况前文已有概述，此处不再赘述。

2022 年 5 月，ICO 向 Clearview AI 开出了高达 7 552 800 英镑的罚单。ICO 认定 Clearview AI 存在以下违反英国数据保护法的行为：首先，该公司未能以公平透明的方式处理英国公民的信息，个人用户并未被告知，也无法合理预期其个人数据会被如此使用；其次，Clearview AI 在处理个人信息时缺乏合法的依据；再次，该公司未能建立有效的流程来防止数据的无限期保留；最后，Clearview AI 未能达到生物识别数据所需的高标准数据保护要求。根据 GDPR 和英国 GDPR 的规定，面部识别特征被归类为

"特殊类别的个人数据"，需要更高的保护标准。[○]

然而，Clearview AI 对这一决定表示不服，并提出了上诉。经过一级法庭的审理，法庭推翻了 ICO 发出的通知，认为 ICO 实际上并没有发出这些通知的管辖权[○]。目前，ICO 正在寻求对一级法院裁决提起上诉的许可。[○]

3.3.4　新加坡

1. 新加坡 AIGC 相关监管机构

新加坡在 AIGC 或人工智能领域并未设立专门的监管机构，而是将其纳入现有监管机构的职责范围进行监管。这些监管机构主要如下。

（1）资讯通信媒体发展局（Infocomm Media Development Authority，IMDA）

IMDA 作为新加坡通讯及新闻部的下属机构，负责数字经济相关事务的具体执行。它的核心职责包括支持企业利用和开发数字化机遇、推动跨经济领域和跨区域的创新数字产品和服务合作，以及提升新加坡在市场中的地位。此外，IMDA 还关注相关人才的培育和对通信行业的必要监管。目前，新加坡与 AI 紧密相关的治理框架或软件工具包多数由该部门参与制定。

（2）智慧国家和数字政府办公室（Smart Nation and Digital Government Office，SNDGO）

SNDGO 隶属于新加坡总理公署，主要负责策划和安排核心智慧国项目，并推动新加坡政府的数字化转型，其下设的国家人工智能办公室（National AI Office）专注于制定国家层面的 AI 议程，并促进各界人士的交流与协作。

（3）个人数据保护委员会（Personal Data Protection Commission，PDPC）

自 2013 年成立以来，PDPC 一直担任新加坡个人数据保护的主要角色。它的宗旨

[○] 详见 "ICO fines facial recognition database company Clearview AI Inc more than £7.5m and orders UK data to be deleted"，访问时间为 2024 年 2 月 24 日，访问链接为 https://ico.org.uk/about-the-ico/media-centre/news-and-blogs/2022/05/ico-fines-facial-recognition-database-company-clearview-ai-inc/。

[○] 详见 "Clearview AI Inc v The Information Commissioner: Clearview AI successfully overturns ICO fine"，访问时间为 2024 年 2 月 24 日，访问链接为 https://www.shlegal.com/insights/clearview-ai-inc-v-the-information-commissioner-clearview-ai-successfully-overturns-ico-fine。

[○] 详见 "Information Commissioner seeks permission to appeal Clearview AI Inc ruling"，访问时间为 2024 年 2 月 24 日，访问链接为 https://ico.org.uk/about-the-ico/media-centre/news-and-blogs/2023/11/information-commissioner-seeks-permission-to-appeal-clearview-ai-inc-ruling/。

是协助相关组织了解并遵守新加坡《个人数据保护法》，是与 AIGC 执法紧密相关的部门。

值得一提的是，新加坡在 2018 年还成立了人工智能和数据道德使用咨询委员会（Advisory Council on the Ethical Use of AI and Data）⊖。该委员会就私营部门在使用数据驱动技术时所产生的道德、政策和治理问题向政府提供咨询建议。同时，它支持政府向企业提供一般性指导，以最小化可持续性风险并减轻使用数据驱动技术对消费者的不利影响。然而，需要明确的是，该委员会仅为咨询机构，并不具备监管职能。

2. 新加坡 AIGC 立法概况

新加坡尚未针对人工智能制定专门的统一法律，但其在人工智能治理方面已取得显著进展。目前，IMDA 研发了一款名为 AI Verify 的 AI 治理测试框架和软件工具包，该框架以 11 项人工智能道德原则为基础，并与国际公认的人工智能框架相契合。通过 AI Verify，组织可以利用标准化测试来验证其 AI 系统是否符合这些原则的要求。⊖

为进一步完善人工智能的伦理和治理标准，IMDA 和 PDPC 于 2019 年 1 月在世界经济论坛会议上联合发布了《人工智能治理模型框架》（第一版）（the Model AI Governance Framework)。这一框架为企业提供了全面且实用的人工智能伦理和治理指导，旨在加深公众对技术的理解和信任。随后，在 2020 年 1 月推出的第二版中，框架的实用性得到了进一步的提升和改进。

为确保这些治理原则的有效实施，新加坡还发布了《组织实施和自我评估指南》（Implementation and Self Assessment Guide for Organisations)，为各类组织提供了统一的人工智能治理实践指导。该指南基于《人工智能治理模型框架》中的 4 个关键领域，详细列出了涵盖 5 个维度 60 多个问题的评估清单，具有高度的指导性和可操作性。这些维度包括人工智能的部署目标、内部治理结构和措施、人类参与人工智能决策的程度、开发部署运营管理以及与利益相关者的互动和沟通策略。

除此之外，同期发布的《人工智能治理案例汇编》较为详细地展示了不同机构如何实施与治理框架相一致的人工智能治理实践，供其他机构参考借鉴，以达到示范引

⊖ 详见 "Composition of the Advisory Council on the Ethical Use of Artificial Intelligence（'AI'）and Data"，访问时间为 2024 年 2 月 24 日，访问链接为 https://www.imda.gov.sg/resources/press-releases-factsheets-and-speeches/archived/imda/press-releases/2018/composition-of-the-advisory-council-on-the-ethical-use-of-ai-and-data。

⊖ 详见 "Singapore's Approach to AI Governance"，访问时间为 2024 年 2 月 24 日，访问链接为 https://www.pdpc.gov.sg/help-and-resources/2020/01/model-ai-governance-framework。

领的作用。

　　同时，现行法律也可适用于人工智能领域的监管。例如，如果人工智能系统用于处理个人数据，则可以适用《个人数据保护法》。同时，其他监管机构也在其职责范围内发布与人工智能相关的法律。例如：新加坡金融管理局（The Monetary Authority of Singapore，MAS）于 2018 年 11 月发布了《新加坡金融部门使用人工智能和数据分析时促进公平、道德、问责和透明度的原则》（Principles to Promote Fairness, Ethics, Accountability and Transparency），并领导开发 Veritas 工具包促进金融业对人工智能的合规使用；新加坡知识产权局（The Intellectual Property Office of Singapore，IPOS）发布了《知识产权和人工智能信息说明》（IP and Artificial Intelligence Information Note），概述了如何利用不同类型的知识产权来保护人工智能发明。

3.3.5　加拿大

1. 加拿大 AIGC 监管机构概况

　　加拿大并未设立专门的 AIGC 监管机构。目前，在加拿大地区，有关于 AIGC 的执法活动一般均由加拿大数据保护机构（Office of the Privacy Commissioner，OPC）实施。

2. 加拿大 AIGC 立法概况

　　在 2019 年，加拿大联邦政府为确保隐私得到妥善保护、数据驱动的创新始终以人为本，助力加拿大组织在全球数字经济创新中保持领先地位，公布了具有指导意义的《加拿大数字宪章》（Canada's Digital Charter）。这一宪章不仅确立了相关原则，更为后续法规的制定与实施奠定了坚实基础。[⊖]

　　时隔三年，在 2022 年 6 月，加拿大联邦政府进一步提出了《2022 年数字宪章实施法案》（Digital Charter Implementation Act, 2022）。该法案致力于更新私营部门的个人信息保护框架，并针对人工智能的开发和部署设定了新的规范。值得一提的是，该法案提议颁布三项重要的联邦立法，即《消费者隐私保护法》（Consumer Privacy Protection Act）、《个人信息和数据保护法庭法》（Personal Information and Data Protection Tribunal

---

　　⊖　详见 "Canada's Digital Charter"，访问时间为 2024 年 2 月 24 日，访问链接为 https://ised-isde.canada.ca/site/innovation-better-canada/en/canadas-digital-charter-trust-digital-world。

Act）以及备受关注的《人工智能与数据法》（Artificial Intelligence and Data Act，AIDA）。这些法案目前正处于制定过程中。

其中，AIDA 主要适用于在国际或省际贸易和商业过程中设计、开发、提供或使用的 AI 系统。法案中明确定义了 AI 系统为利用遗传算法、神经网络、机器学习等技术，在处理与人类活动相关的数据时能够自主或部分自主生成内容、做出决策、提供建议或进行预测的技术系统。此外，AIDA 还特别针对一种名为"高影响力系统"的人工智能子类型制定了额外的监管要求。

而在 2023 年 9 月，加拿大创新、科学和工业部长 François-Philippe Champagne 宣布了一项重要举措——《先进生成式人工智能系统负责任开发和管理自愿行为准则》（Voluntary Code of Conduct on the Responsible Development and Management of Advanced Generative AI Systems）。这一准则在正式监管措施生效前，为加拿大公司提供了开发和使用生成式人工智能系统的通用标准，并鼓励企业自愿证明其行为的责任性。

此外，加拿大联邦政府发布《生成式人工智能的使用指南》（Guide on the use of Generative AI）及系列性配套文件。这些指南重点关注系统影响、透明度、可解释性、源代码和培训数据共享、用户培训、道德和合法使用、风险评估、安全和治理等问题。

3. 加拿大 AIGC 执法概况

除了之前提到的对 OpenAI 的执法行动外，OPC 在人工智能领域的另一项重要执法举措便是对 Clearview AI 的监管。

2021 年，OPC 针对 Clearview AI 在加拿大使用的面部识别技术展开了深入调查。经过审慎监管审查，监管机构得出结论：Clearview 在未经有效同意的情况下收集、使用和披露了个人信息，这些行为"既不恰当也不合法"。⊖然而，Clearview 对调查结果持有异议，并最终决定退出加拿大市场。

3.3.6 韩国

1. 韩国 AIGC 相关监管机构

韩国并未设立专门的 AIGC 监管部门，然而，韩国在人工智能和隐私保护方面已

⊖ 详见" Clearview AI ordered to comply with recommendations to stop collecting, sharing images"，访问时间为 2024 年 2 月 24 日，访问链接为 https://www.priv.gc.ca/en/opc-news/news-and-announcements/2021/an_211214/。

经有所动作。韩国数据保护机构个人信息保护委员会于 2023 年 10 月 30 日举行了"人工智能和隐私公私政策委员会"成立仪式。该委员会的筹备动作作为当年 8 月发布的《人工智能时代个人数据安全使用政策指引》后续措施的一部分。该委员会由 32 名在人工智能领域拥有丰富知识和经验的专家和专业人士组成，他们来自学术界、法律领域、工业界和民间社会。该委员会的职能为参与 AI 监管政策制定，并非监管机构。⊖

2. 韩国 AIGC 立法概况

2023 年 2 月 14 日，韩国国会科学、信息通信技术、广播和通信委员会通过了一项拟议立法，旨在制定《人工智能产业促进法和建立可信赖人工智能的框架》（以下简称《韩国人工智能法》）。现在，《韩国人工智能法》距离国民议会最终投票仅几步之遥。如果通过，《韩国人工智能法》将成为首部全面规范和管理韩国人工智能行业的基石性法规。

该法案的核心宗旨在于为开发和使用安全、可靠的人工智能系统奠定坚实基础，同时明确规定了推动人工智能发展的必要事项。通过这些措施，该法案旨在有效保护公民的权利、利益和尊严，并进一步提升他们的生活质量。在监管策略上，该法案与欧盟的《人工智能法案》有着异曲同工之妙，均采用了分级分类的监管方式。具体而言，人工智能被划分为禁止类、高风险类和低风险类三个层级，并对除禁止类之外的人工智能系统建立了事前许可或事后监管的规则体系。

3. 韩国 AIGC 执法概况

目前，韩国与 AIGC 密切相关的执法活动主要由韩国个人信息保护委员会实施，最为典型的即为前文提及的针对 ChatGPT 的监管案例。2023 年 7 月 27 日，韩国个人信息保护委员会（PIPC）宣布，因 OpenAI 的 ChatGPT 服务发生个人信息泄露事件，对其处以 360 万韩元（约合 3000 美元）的罚款。与此同时，PIPC 发布了一份不遵守该国《个人信息保护法》的实例清单，涉及透明度、处理的合法依据（未经同意）、控制者与处理者关系不明确等问题。

⊖ 详见 "Public-Private Policy Council Launched for Developing Artificial Intelligence Governance Framework"，访问时间为 2024 年 2 月 24 日，访问链接为 https://www.pipc.go.kr/eng/user/ltn/new/noticeDetail.do。

CHAPTER 4

第 4 章

大语言模型知识产权合规

随着大语言模型的崛起，AIGC 技术以其超乎想象的创新力为我们带来了震撼的产品体验，这些在前文已有精彩呈现。然而，每一项新技术的诞生，都伴随着法律适用的新挑战。AIGC 技术亦不例外，其研发与应用的每一个环节都牵动着法律关系的微妙变化。科技与法律，两者始终在动态中寻求平衡。自动售货机的出现，曾引发买卖合同中要约与承诺成立时间的深思；电商的蓬勃发展，促使我们探讨平台、商家及运营者在消费者权益保护中的责任边界；自动驾驶技术的进步，更是对交通法规、责任认定及保险制度提出了全新的挑战，这些挑战还随着辅助驾驶等级的提升而不断演化。

现在，轮到 AIGC 技术站上这个舞台。它所带来的变革同样触及了法律领域，其中尤以知识产权法律最为突出。知识产权法，这一伴随科技发展而不断壮大的法律领域，如今正面临着 AIGC 技术带来的新考验。在本章中，我们将深入探讨著作权、开源软件、专利权、商标权及商业秘密五大领域，在 AIGC 技术的冲击下所涌现出的法律问题。通过剖析典型案例、提供合规建议，并分享笔者的一些个人见解，我们期望与读者共同探索这一新技术与法律相互促进、和谐共生之道。

4.1 著作权

4.1.1 著作权概述

在深入探讨 AIGC 技术与著作权之间的复杂关系之前，我们首先需要回顾著作权（也叫版权）的基本概念。著作权法作为保护独创性表达的重要法律机制，其核心在于对"作品"的认定和保护。《中华人民共和国著作权法》（简称《著作权法》）第三条指出："本法所称的作品，是指文学、艺术和科学领域内具有独创性并能以一定形式表现的智力成果，包括：文字作品；口述作品；音乐、戏剧、曲艺、舞蹈、杂技艺术作品；美术、建筑作品；摄影作品；视听作品；工程设计图、产品设计图、地图、示意图等图形作品和模型作品；计算机软件；符合作品特征的其他智力成果。"从该定义可知，作品的构成要件如下：1）属于文学、艺术和科学领域内；2）具有独创性；3）具有一定的表现形式；4）属于智力成果。其中：1 和 3 较容易判断；2 尤为关键，它要求作品不仅要是作者独立完成的，还要能体现出作者独特的思考和表达；4 中提到的"智力成果"是指智力活动的成果，需体现自然人的智力投入。

《著作权法》赋予作品的创作者一系列专属权利，这些权利既包括人身权，如发表权、署名权，也包括财产权，如复制权、发行权、信息网络传播权等。这些权利的设置旨在确保创作者能从自己的作品中获得应有的经济回报和精神认可。

典型的著作权侵权行为有：未经著作权人许可，复制、发行、表演、放映、广播、汇编、通过信息网络向公众传播其作品的；未经表演者许可，复制、发行录有其表演的录音录像制品，或者通过信息网络向公众传播其表演的；未经著作权人或者与著作权有关的权利人许可，故意删除或者改变作品、版式设计、表演、录音录像制品或者广播、电视上的权利管理信息的，知道或者应当知道作品、版式设计、表演、录音录像制品或者广播、电视上的权利管理信息未经许可被删除或者改变，仍然向公众提供的。在判断上述侵权行为是否成立时，我们还需要考虑法律和行政法规的特殊规定。

4.1.2 AIGC 生成物的著作权定性分析

现在，让我们将视线转向 AIGC 技术。回看 2023 年，AIGC 技术取得了显著的进步，尤其在文生文和文生图两大应用领域内引发了公众的广泛关注。仅在一年时间里，文生图技术便实现了多次突破性的优化。年初时，笔者在与美工相关的专业人士交流时得知，他们还在依据某些细节特征，如人物手部描绘的精细度、面部表情的自然度等，来辨别图片是否由 AI 生成。然而，到了年末，这些辨别依据已经变得不再适用，AI 生成的图片与人类创作的图片在形式上已经难以区分。

正如前文所提及的，作品存在多种类型，并且对于作品的认定需要综合其表达要素来进行。为了更直观地解析这一问题，我们选择以美术作品为例，深入探讨 AIGC 生成物在著作权法下的定位。具体而言，我们需要审视在文生图场景下生成的图片是否满足著作权法对于美术作品的保护要求。

要解答这一问题，核心在于分析 AIGC 生成物是否具备了著作权法所规定的作品构成要件。这主要包括两个方面：一是独创性，即作品是否由作者独立完成并体现出独特的创意；二是智力成果，即作品是不是人类智力活动的产物。接下来，我们将围绕这两个关键点展开详细的讨论。

1. 关于独创性要素的分析

《中华人民共和国著作权法实施条例》（简称《著作权法实施条例》）第四条："美术作品，是指绘画、书法、雕塑等以线条、色彩或者其他方式构成的有审美意义的平面或者立体的造型艺术作品。"在这一框架下，作者的独创性主要体现在线条、色彩等造型艺术元素的独特组合与表达上。独创性包含两个核心要素："独"和"创"。前者指的是作品必须由作者独立完成，不能是对他人作品的简单复制或抄袭；后者则强调作品必须是创作行为的产物，体现了作者的智力投入和创造性劳动。

在 AIGC 文生图技术的应用场景中，用户通过输入提示词、调整参数等方式与 AI 程序进行交互，最终生成具有审美意义的图片。该场景下，"独"的要素是符合的，至于"创"的要素我们继续来看法律规定。《著作权法实施条例》第三条第一款规定："著作权法所称创作，是指直接产生文学、艺术和科学作品的智力活动。"文生图场景下，用户输入的提示词、参数等通过 AI 程序生成图片，因采用 AIGC 技术的不同，在这个过程中会有不同的人机交互行为，最终生成用户满意的图片。这一过程是否满足《著作权法》对"创"的要求，可以从两种不同的视角进行审视。

从一种视角来看，用户输入的提示词、参数等可以类比为委托绘画创作中委托人提出的具体要求。在这种情况下，无论委托人提出的要求多么具体生动，由于绘画作品的产生是由受托人（即 AI 程序）完成的，用户的行为都不构成著作权法意义上的创作行为。在 AI 创作中，用户完成每次输入后，AIGC 程序执行既定流程和方法，通过算法的策略和计算获得最终图像。在这个过程中，用户并没有进行著作权法意义上的创作活动。

而从另一种视角来看，如果将人机交互的过程视为一个整体，用户构思画面，拟定提示词，对 AI 程序产生的画作进行有针对性的回应，多次调整提示词和参数，最终完成一幅满意的画作。在这个整体过程中，可以视为用户的智力活动直接产生了该幅画作。在这种视角下，AIGC 技术被视为人类用来创作的工具，它对作品成果的贡献被纳入用户对成果的贡献中。

值得注意的是，美国版权局在阐述相关问题时采用了类似于第一种视角的观点。该局认为，向 Midjourney 发出文字指令的用户并没有"实际形成"最终的图片。指令中的信息虽然可以"影响"程序生成的内容，但并不能决定特定结果。用户要求程序生成某一内容的指令与程序实际生成的图片之间存在较大差距，用户对由此生成的图片缺乏充分的控制，也不能预测程序将生成何种特定内容。因此，从 Midjourney 生成图片的过程来看，并不能保证特定的指令就能生成任何特定的图片。在这种情况下，用户在程序中输入的文字指令在功能上更接近于"建议（Suggestion）"而非"命令（Order）"，类似于雇用艺术家作画的雇主对于希望创作何种内容提出的概括性的要求。[○]这种观点强调了 AIGC 程序在作品生成过程中的主导作用。

2. 关于智力成果要素的分析

在文生图的大部分场景中，用户显然是进行了智力活动的，但这是否就意味着文生图的生成物一定是智力成果呢？这里，我们必须提及著作权法的一个核心原则：保护表达而不保护思想，即"思想与表达二分法"。我国《著作权法》的第一条阐述了该法的立法目的："为保护文学、艺术和科学作品作者的著作权，以及与著作权有关的权益，鼓励有益于社会主义精神文明、物质文明建设的作品的创作和传播，促进社会主义文化和科学事业的发展与繁荣，根据宪法制定本法。"若将思想本身纳入保护范围，无疑会限制后来的创作者，阻碍文化和科学的进步。

尽管"思想与表达二分法"在理论上易于理解，但在实际操作中，如何准确划分思想与表达的界限却颇具挑战性。笔者在研究计算机软件著作权保护主题时，曾深入探讨过从创意 / 目的出发，经过概要设计、详细设计，最终落实到一行行代码的整个过

○ 详见王迁的论文《再论人工智能生成的内容在著作权法中的定性》，该文刊登于《政法论坛》2023 年第 4 期。

程。在这个过程中，起点属于思想范畴，终点则是具体的表达。然而，要确定这一过程中的哪一步构成了思想与表达的界限，需要结合多个国内外案例进行细致分析。其中一个关键要素是：思想是不特定的，而表达是特定的。同一个思想可以通过多种不同的表达方式来呈现，而每一个受著作权法保护的表达都必须是明确且具体的。在文生图的场景中，用户输入的提示词/参数在不同软件或计算机上会呈现出不同的表达形式，这表明这些提示词/参数并不直接决定最终图片生成物的具体表达。因此，相比最终的图片生成物，这些提示词/参数更加倾向于属于思想范畴，而非受著作权法保护的智力成果。

从作品的定义出发，我们可以得出结论：AIGC 的生成物并不构成著作权法意义上的作品。主要原因在于此过程中的人类智力活动更多地落入了思想范畴，并未直接决定生成物中的具体表达要素。当然，当 AIGC 这样的新事物出现时，法律界对其的认识和界定会存在不同的视角和观点。为了引发读者更多的思考，这里也做个简要的延展阐述。

首先，存在 AIGC 的生成物认定上的创作工具说。如前所述，有观点认为可以将人机交互过程视为一个整体。尽管 AI 相较于传统工具更为复杂和智能，但它仍然可以被视为一种人类用于创作的工具。用户通过与 AI 的协作，不断修正指令来对 AIGC 生成物做出选择和判断，从而实现用户在该场景下的个性化表达。技术的参与并不改变这一点的认定。

其次，需要考虑到在实际应用场景中，用户在利用 AIGC 技术生成初步图片后，可能会基于其应用目的和个人偏好对图片进行进一步的编辑。例如，使用 Photoshop 等工具调整图片的色彩、布局或增加新的元素。这些智力活动的投入直接决定了图片上的表达性要素，从而使该图片能够构成受著作权法保护的作品。AI 的参与创作并不影响对其构成作品的认定。

最后，还应注意到，在不同的 AIGC 相关产品中，AIGC 技术与用户之间的交互程度和用户对最终成果的控制力可能会有所不同，需要根据具体情况来判断用户的贡献是否满足著作权法中的创作要求。

4.1.3　AIGC 技术相关的著作权侵权风险

1. 模型训练阶段的著作权风险

在 AIGC 技术的模型训练阶段，著作权风险主要聚焦于数据集的获取与使用环节。

AIGC 模型需要大量数据集以支持其训练过程，这些数据集中很可能包含受版权保护的作品。若未经适当授权便直接将这些作品用于训练，训练过程中不可避免地会涉及对原作品的复制，从而构成对原作品著作权的侵犯。特别是在数据集来源于公开网络或第三方平台时，确保所使用的数据既合法又安全成为一项极为艰巨的任务。

根据我国《著作权法》的规定，复制权是指"以印刷、复印、拓印、录音、录像、翻录、翻拍、数字化等方式将作品制作一份或者多份的权利"。然而，尽管 AIGC 在模型训练阶段的复制行为在形式上符合我国《著作权法》对复制的定义，但其实际场景与目的却与常规复制作品有着显著区别。常规复制作品通常旨在再现和欣赏作品的表达性要素，而模型训练中对作品的复制则更接近于日本《著作权法》中所规定的"非表达性使用"。该条款的原文中有嵌套的除外约定，加上翻译过来的法条有些拗口，此处我们不赘述法条原因，重点关注该条的两项核心意思。其一，当作品的利用并非为了享受作品所表达的思想或情感，而是用于信息分析时，可以在必要范围内以任何方式利用作品，但前提是这种利用方式不会对著作权人的利益造成不当损害。其二，在电子计算机信息处理过程中，对作品表达所进行的不被人类感知和识别的利用也属于非表达性使用的范畴。从更宽泛的视角来看，模型训练阶段对作品的复制实质上是机器学习的必要过程。类似于自然人在图书馆阅读书籍时并不涉及复制也不需要著作权人的授权，机器学习过程中的复制行为是否可以考虑作为一种例外情形来处理，而非直接认定为必须事先获得授权的复制行为？

此外，还需要注意《著作权法》中关于技术措施的规定。《著作权法》第四十九条规定："为保护著作权和与著作权有关的权利，权利人可以采取技术措施。未经权利人许可，任何组织或者个人不得故意避开或者破坏技术措施，不得以避开或者破坏技术措施为目的制造、进口或者向公众提供有关装置或者部件，不得故意为他人避开或者破坏技术措施提供技术服务。但是，法律、行政法规规定可以避开的情形除外。本法所称的技术措施，是指用于防止、限制未经权利人许可浏览、欣赏作品、表演、录音录像制品或者通过信息网络向公众提供作品、表演、录音录像制品的有效技术、装置或者部件。"因此，在获取和使用训练数据集的过程中，AIGC 技术开发者必须确保不会侵犯著作权人采取的技术措施，否则将面临承担侵权责任的法律风险。

综上所述，虽然 AIGC 技术在模型训练阶段存在著作权侵权的风险，但考虑到该场景的特殊性以及机器学习的发展需求，有必要在法律适用和未来《著作权法实施条例》的制定中为 AIGC 技术的发展留出适当的空间。

2. 生成物阶段的著作权考量

在 AIGC 技术的生成物阶段，一个容易被问起的话题是生成内容与原作品之间可能存在的实质性相似。这种相似性的程度与性质往往成为判定是否构成著作权侵权的关键。以文生图的 AIGC 技术为例，从逻辑上讲，由于其模型和算法的特性，经过大量的数据重构、扩散、去噪、编码等复杂过程后，所生成的结果与某一张或某几张特定作品相似的概率理应较低。英国萨塞克斯大学的 Andrés Guadamuz 教授便持此观点，他提出："经过训练的机器模型，最终通常会产生与原始图像不同的新图像。"[一]然而，有一项研究对此提出了不同看法。马里兰大学和纽约大学的联合研究团队针对 Stable Diffusion 等 AI 扩散生成模型进行了实验，结果发现：利用 Stable Diffusion 模型生成的内容与数据集作品相似度超过 50% 的可能性达到了 1.88%。考虑到庞大的用户使用量，这一侵权问题的存在不容忽视。研究人员进一步指出，由于实验中对复制（受著作权法保护的作品）的检索仅涵盖了训练数据集中的 1200 万张图像（这仅占训练数据集整体的很小一部分），并且还存在检索方法无法识别的复制内容等可能性，因此实验结果实际上可能低估了 Stable Diffusion 的侵权复制量。为了更直观地展示这种实质性相似，他们还提供了对比图片作为证据，如图 4-1 所示[二]。

图 4-1　AI 生成与真实图像对比

虽然有上述实验结论，但我们仍需注意以下几点。首先，著作权法的侵权判断原则为"接触 + 实质性相似"。在具体的案件中，原告必须完成相应的举证责任。从后文

[一] 详见 Andrés Guadamuz 的论文" Do androids dream of electric copyright? Comparative analysis of originality in artificial intelligence generated works"，该文刊登于 *Intellectual Property Quarterly* 杂志 2017 年第 2 期。

[二] 详见 Gowthami Somepalli、Vasu Singla、Micah Goldblum、Jonas Geiping 和 Tom Goldstein 的论文" Diffusion art or digital forgery? Investigating data replication in diffusion models"，访问日期为 2024 年 2 月 26 日，访问链接为 https://arxiv.org/pdf/2212.03860.pdf。

将会分享的典型案例中可以看出，这一举证过程并不容易，需要充分的证据来支持侵权主张。其次，随着 AI 算法的持续改进和训练数据的不断增加，单个作品在 AIGC 生成物中的价值将逐渐降低，且难以量化。这将使得生成物的侵权概率进一步降低，因为更多的元素和创意将被融入生成过程中，使得最终结果与原始作品的相似性降低。最后，关于 AIGC 生成物本身能否构成作品的问题，存在不同的观点。有观点认为，AIGC 生成物在大多数情况下可能并不具备作品的独创性和创造性，因此不能构成著作权法意义上的作品。在此情况下谈论生成物的著作权侵权可能不能逻辑自洽。然而，笔者认为这两个问题是独立的，即使 AIGC 生成物不能构成作品，也不影响其可能涉及的著作权侵权问题。后文会对这两个问题分别进行阐述和探讨。

3. 其他风险：滥用 AIGC 技术与侵权活动的扩散

随着技术的不断进步，作品的创作和传播方式也在发生深刻变革。整体而言，这些变革为创作者带来了更便捷的创作工具和更快的传播渠道。然而，正如前所述，技术进步往往伴随着新的挑战和风险，有些人可能会利用新技术的便利性进行侵权活动。

具体来说，一些不法分子可能会未经许可地利用 AIGC 技术大规模复制和分发他人的作品，从而侵犯原作者的著作权。这种恶意使用不仅严重损害了原作者的合法权益，也破坏了正常的市场秩序和创作生态。更糟糕的是，由于 AIGC 技术的高效性和隐蔽性，这种侵权行为往往难以被发现和追责，从而加剧了著作权侵权情况。

因此，在享受 AIGC 技术带来的便利和快捷的同时，我们必须高度警惕其可能带来的著作权风险。只有加大监管和执法力度，提高创作者和公众的著作权保护意识，才能有效遏制滥用 AIGC 技术的侵权行为，维护一个公平、有序的作品创作和传播环境。

4.1.4　典型案例分析

1. 美国版权局对人工智能生成物的观点——《黎明的扎里亚》版权登记案[一]

随着人工智能技术的迅猛发展，它在艺术领域的应用也日益广泛。然而，当艺术作品与人工智能相遇时，版权问题往往变得复杂而棘手。2023 年一本名为《黎明

的扎里亚》的漫画书就在美国版权局引发了一场关于 AIGC 技术生成内容版权归属的争议。

《黎明的扎里亚》（*Zarya of The Dawn*）是一本由 18 页组成的"漫画书"，其中第一页为封面，整体风格较独特。然而，这本漫画书的创作方式却并非传统意义上的手绘或数字绘制，而是借助了名为 Midjourney 的 AIGC 技术。作者 Kris Kashtanova 利用这一工具生成了书中的图画，最初并未向美国版权局透露这一创作方式，因此顺利获得了版权登记。然而，事情并未就此结束。Kris Kashtanova 在社交媒体上公开了自己的创作过程，引发了广泛关注。美国版权局在得知这一情况后，对《黎明的扎里亚》的版权地位进行了重新审核。该局认为，用户在使用 Midjourney 等 AIGC 工具时，实际上无法预测其输出结果，这与传统艺术创作过程中艺术家对创作材料的掌控有着本质的区别。当艺术家使用编辑或其他辅助工具时，他们选择需要修改的视觉材料，选择要使用的工具和要进行的更改，并采取具体步骤来控制最终图像，以确保它达到艺术家为"自己的原始构想"赋予了"可见形式"的程度。Midjourney 的用户对生成的初始图像或任何最终图像没有明确的控制权。因此可以理解 Kris Kashtanova 这样的用户可能需要"从构思到创作"花费"一年以上"的时间来制作符合用户心中所想的图像，因为他们可能需要生成"数百张中间图像"。AIGC 是由算法和数据集驱动的，从著作权法的角度来看，AIGC 生成的内容并不属于人类的个性化表达，也不具备著作权法所要求的独创性。

然而，这并不意味着《黎明的扎里亚》就无法获得版权保护。美国版权局在审议过程中也明确指出，尽管 AIGC 生成的单张图片可能无法获得版权保护，但用户可以通过选择和编排这些图片来形成具有独创性的整体作品。在《黎明的扎里亚》这个案例中，虽然每张图片都是由 AIGC 技术生成的，但作者通过精心选择和编排这些图片，以及添加自己的文字内容，使得整本漫画书具有了独特的创意和表达方式。因此，从整体上来看，《黎明的扎里亚》仍然可以获得版权登记的保护。

这一案例不仅引发了关于 AIGC 技术生成内容版权归属的争议，也带给我们一个重要的启示：在人工智能时代，我们需要重新审视和理解著作权法的相关规定。尽管 AIGC 技术在艺术创作中的应用为艺术家带来了更多的可能性和便利性，但同时也带来了新的挑战和问题。我们期待相关的法律法规不断完善，以适应这一新时代的发展需求。

该作品的部分示例见图 4-2。

图 4-2　《黎明的扎里亚》作品示例

2. 中国文生图第一案[一]

本案是一起涉及人工智能生成图像作品著作权的侵权纠纷，由北京互联网法院负责审理，并于 2023 年 11 月 27 日作出一审判决。由于原、被告双方均未在法定期限内提起上诉，该判决已发生法律效力。

原告李某某利用 Stable Diffusion 这一先进的人工智能产品，通过精心设计的提示词，生成了一幅具有美感的、独特的人物图片。李某某将该图片以"春风送来了温柔"为题发布在知名网络平台上，展示了其创意与审美。

被告刘某某则在未经原告李某某许可的情况下，擅自将该图片用作其个人账号上文章的配图，并公开发布。这一行为引起了李某某的不满，他认为刘某某的行为侵犯了其作品的署名权和信息网络传播权。

基于上述事实和理由，李某某选择将刘某某起诉至北京互联网法院，寻求法律的保护和救济。本案的审理和判决对于明确人工智能生成作品的著作权归属、界定侵权行为以及保护创作者权益等方面提供了分析思路，成为有代表性的观点之一。

○　详见《"AI 文生图"著作权案一审生效》，访问时间为 2024 年 2 月 25 日，访问链接为 https://mp.weixin. qq.com/s/AzhPYHqLCCXiWwL2AuKjnw。

法院在该案件的判决中，体现出如下两个主要的观点：

1）人们利用人工智能模型生成图片时，仍然是人利用工具进行创作。鼓励创作，被公认为著作权制度的核心目的。鼓励更多的人用最新的工具去创作才能更有利于作品的创作和人工智能技术的发展。法院对此观点的阐述如下："应当讲，生成式人工智能技术让人们的创作方式发生了变化，这与历史上很多次技术进步带来的影响一样，技术的发展过程，就是把人的工作逐渐外包给机器的过程。照相机产生之前，人们需要运用高超的绘画技艺才能再现客观物体形象，而照相机的产生让客观物体形象可以更简单地被记录，现在，智能手机的照相功能越来越强大，使用越来越简单，但是只要运用智能手机拍摄的照片体现出了摄影师的独创性智力投入就仍然构成摄影作品，受到著作权法保护。由此可见，技术越发展，工具越智能，人的投入就越少，但是这并不影响我们继续适用著作权制度来鼓励作品的创作。"

2）在当前背景和技术现实下，人工智能生成图片，只要能体现出人的独创性智力投入，就应当被认定为作品，受到著作权法保护。法院认定本案中原告是直接根据需要对涉案人工智能模型进行相关设置，并最终选定涉案图片的人，涉案图片是基于原告的智力投入直接产生，且体现出了原告的个性化表达，故原告是涉案图片的作者，享有涉案图片的著作权。

结合上文中对于"AIGC 生成物能否构成著作权法保护的作品"的分析，我们看看法院对于其中的关键性要素是如何阐述和认定的。

首先是关于独创性的要素，判决书的原文为：从涉案图片生成过程来看，一方面虽然原告并没有动笔去画具体的线条，甚至也没有百分之百地告知 Stable Diffusion 模型怎样去画出具体的线条和色彩，可以说构成涉案图片的线条和色彩基本上是 Stable Diffusion 模型画的，这与人们之前使用画笔、绘图软件去画图有很大的不同。但是，原告对于人物及其呈现方式等画面元素通过提示词进行了设计，对于画面布局构图等通过参数进行了设置，体现了原告的选择和安排。另一方面，原告通过输入提示词、设置相关参数，获得了第一张图片后，继续增加提示词、修改参数，不断调整修正，最终获得了涉案图片，这一调整修正过程亦体现了原告的审美选择和个性判断。

其次是关于智力成果的要素，判决书的原文为：它（指 AI）可以根据人类输入的文字描述生成相应图片，代替人类画出线条、涂上颜色，将人类的创意、构思进行有形呈现……从原告构思涉案图片起，到最终选定涉案图片止，这整个过程来看，原告进行了一定的智力投入，比如设计人物的呈现方式、选择提示词、安排提示词的顺序、设置相关的参数、选定哪个图片符合预期等等。涉案图片体现了原告的智力投入，故涉案图片具备了"智力成果"要件。

该份判决为 AIGC 生成物提供了重要的法律保护，案件的主审法官在一次公开直播活动中深入阐述了判决背后的法律规定考量、立法价值取向以及对社会产业发展的多重考虑。法院从该案件的判决中传递出司法对于新技术的积极态度，鼓励大众尝试新工具，在广泛的实践中推动其不断进步。然而，判决书也明确指出，该判决仅具有个案性质，不能推而广之，据此认为所有 AIGC 生成物只要符合作品的形式要件就能构成著作权法意义上的作品。正如我们在之前分析中所强调的，每个作品的独创性以及思想与表达的界限都需要根据具体情况进行个案判断。

本案所涉图片如图 4-3 所示。

图 4-3　本案所涉图片

2023 年 1 月，意大利最高法院对一起涉及数字图像作品著作权的再审案件做出了回应[⊖]，该案与本案判决具有相似之处。案件背景为：建筑师 Chiara Biancheri（以下称

⊖　案号为 Cass. civ., Sez. I, Ord., (data ud. 09/01/2023) 16/01/2023, n. 1107，访问时间为 2024 年 3 月 18 日，访问链接为 https://web.uniroma1.it/deap/sites/default/files/allegati/Cass_ord_1107_2023.pdf。

"原告") 因其创作的数字图像作品《夜的芬芳》被意大利广播电视公司（以下称"被告"）用作音乐节舞台布景而提起诉讼。经过一审和二审，法院均认定原告享有著作权，并判决被告赔偿损失。然而，被告对先前判决不满，向意大利最高法院递交了再审请求。尽管本案一审时 AIGC 技术的影响力和普及度尚未达到现今水平，但涉案图像作品是基于计算机软件的复杂算法生成的，因此被告在再审申请中强调，一审和二审法院错误地将软件生成的图像认定为具有著作权的作品。被告认为原告所声称的作品是一幅以花卉为主题的数字图像，该图像展现了"分形"特性，即在不同尺度上重复相似形状。这一效果完全是通过软件运用数学算法处理形状、颜色和细节来实现的。在此过程中，所谓的"作者"仅仅是选择了算法并对计算机生成的结果表示了认可。

意大利最高法院对这一观点明确表达了态度：单纯在图像生成过程中使用软件，并不足以否定作品的创造性。关键在于评估创作者在使用这类工具时在多大程度上融入了其独创性。如果经评估确认，人类在内容生成中发挥了不可或缺的作用，如有意识地使用、指导和修正人工智能的创作，那么这种使用人工智能的方式应被视为人类创作过程的一部分，所产生的作品理应受到法律保护。在创作过程中，人的创意、输入的提示词以及其他智力投入都极为重要，它们构成了创作者思想的个性化表达，应当获得法律的保护。

意大利最高法院所评价的案件中所涉图片如图 4-4 所示。

图 4-4　上述意大利案件中所涉图片

3. 美国多名艺术家起诉 Stability AI、Midjourney 和 DeviantArt 的案例[○]

艺术家 Sarah Andersen、Kelly McKernan 及 Karla Ortiz 与 Stability AI、Midjourney、DeviantArt 等公司之间的一场著作权侵权诉讼曾在美国引起广泛关注。根据公开的法律文件，原告艺术家们提出了多项指控，控告被告公司的多种违法行为。

首先，原告指控被告公司直接侵犯了她们的版权。具体来说，被告未经授权就下载并储存了艺术家们的原创作品。这一行为直接侵犯了艺术家们对其作品享有的复制权、发行权等权益。

其次，原告还主张被告公司间接侵犯了她们的版权。这是因为被告使用了原告的艺术作品来训练其 AI 图片生成软件。通过这种行为，被告不仅利用了原告作品的创意和表达，还将其转化为自己的商业利益，进一步损害了艺术家的合法权益。

再次，原告还指控被告公司违反了《数字千年版权法》（Digital Millennium Copyright Act，DMCA）。根据原告的描述，被告在利用原告作品的过程中，非法移除了原告作品的版权管理信息。

最后，原告还主张被告公司侵犯了她们的公开权。具体来说，被告提供的 AI 图片生成软件能够根据用户输入的提示生成特定人员"风格"的图片。原告还指控被告公司的 AI 图片生成软件存在非法竞争行为。根据原告的描述，被告的软件可能违反了《拉纳姆法》（Lanham Act，即美国商标法）和加州法律对于不正当竞争的相关规定。这种行为不仅损害了原告的商业利益，也破坏了市场竞争的公平性和秩序。

综上所述，本案涉及了多种复杂的法律问题，包括直接版权侵权、间接版权侵权、违反 DMCA、公开权侵权以及不正当竞争等。这些问题的解决将对于保护艺术家权益、维护市场竞争秩序以及促进 AI 技术的合法应用具有重要意义，因此案件的裁决结果受到了非常多的关注。

美国加利福尼亚州北区地方法院审理了此案件，针对原告方的主要诉请，法院的认定如下：

1）驳回了有关 DeviantArt 和 Midjourney 直接版权侵权索赔。法院认为，原告未能指控 DeviantArt 在抓取和使用 Andersen 和其他人的作品来创建训练图像中发挥了任何积极作用的具体合理事实，并且未能提供有关 Midjourney 为其 Midjourney 产品进行

○ 详见"Andersen v. Stability AI Ltd."，访问日期为 2024 年 2 月 24 日，访问链接为 https://storage.courtlistener.com/recap/gov.uscourts.cand.407208/gov.uscourts.cand.407208.119.0.pdf。

了哪些训练（如果有）的任何事实。

2）仅保留了 Stability AI 的直接版权侵权索赔。法院认为，原告关注的是 Stability AI 创建和使用"训练图像"，这些图像是从互联网上抓取到的数据集。原告需对此主张做进一步的举证。

3）驳回了有关 DeviantArt 和 Midjourney 间接版权侵权索赔。法院认为，直接侵权不成立，所以间接侵权也不成立。

4）不存在违反 DMCA 的情况。原告未能从她们的作品中识别出她们认为被删除或更改的特定类型的版权管理信息。

5）不存在公开权侵权。原告在她们的诉状中没有提供具体事实，以合理地指控任何被告使用她们的任何名字来宣传、销售或招揽购买 DreamStudio、DreamUp 或 Midjourney 产品。

6）不存在不正当竞争。不能将其不正当竞争索赔与所谓的侵犯版权联系起来，因为这些索赔受到美国《著作权法》的优先规制。

7）允许原告修改诉请，以澄清她们关于每个被告如何分别侵犯其版权、删除或更改其版权管理信息或侵犯其公开权的理论以及具体的合理事实。

在此案中，法院展现了其综合考量多个因素的审慎态度。原告为了维权，需承担相当多的举证责任，必须充分证明其作品的原创性、被告的侵权行为存在以及由此造成的实际损失等。当前，还有其他类似案例也在进行中，版权所有者纷纷选择通过法律途径来探求司法的立场和态度，期望能为自身权益提供有力保障。这类案件的判决结果不仅关乎个体创作者的权益保护，更在宏观层面涉及人工智能技术的合理应用与发展之间的平衡。如何在鼓励技术创新的同时，确保创作者的合法权益不受侵害，成为摆在法院面前的一大难题。未来，随着更多类似案件的陆续审理，我们有望看到法律适用在这一领域的逐步完善和明晰，从而更好地指引人工智能技术的健康发展，实现科技与法律的动态平衡。

4. 中国有关 AIGC 平台侵权认定的案件 [⊖]

该案件被称为 AIGC 平台侵权的第一案，因此在判决公开的第一时间，不少关注该话题的人员可能都忍不住一探究竟，快速找到判决书来认真研读。笔者初次看到该

⊖ 指（2024）粤 0192 民初 113 号案，广州市互联网法院于 2024 年 2 月 8 日一审判决的上海新创华文化发展有限公司诉某 AI 公司侵犯奥特曼形象版权一案。

案件时有两个直观的感受：一是案件的审理效率非常高，该案在 2024 年 1 月 5 日立案，法院在同年 2 月 8 日即作出一审判决（目前由于双方在上诉期内均未上诉，一审判决已生效）；二是尽管此案名头响亮，但法院的认定部分却显得颇为简洁明了，没有进行过多的延展性分析。

案情概述如下：原告作为奥特曼系列作品的版权独占授权人（版权归属于日本圆谷制作株式会社），指控被告通过 API 调用大模型服务，使用户能够输入"生成奥特曼"等提示词，进而生成与奥特曼形象相符或具有其局部特征、特殊风格的图片。原告在庭审中对诉讼请求进行了变更，主要指控被告侵犯了其对作品的复制权、改编权以及信息网络传播权，并要求被告停止侵权行为、删除相关训练数据并承担赔偿责任。法院经审理认定被告构成侵权。具体而言，AIGC 生成的与奥特曼相似的图片被视为非法"复制"，而基于奥特曼元素的 AIGC 再创作则被视为非法"改编"。据此，法院判令被告停止生成侵权图片，即不得生成与涉案奥特曼作品实质性相似的图片。由于被告并未实际参与模型训练，因此法院未支持原告关于删除训练数据的诉求。在损害赔偿方面，法院认定被告存在过错，并判令其赔偿原告损失共计 10 000 元。

生成的奥特曼与奥特曼原形象对比如图 4-5 所示。

笔者认为，此案的判决对于 AIGC 技术的著作权侵权风险的分析认定并不具有充分的代表性。本案中，被告并非 AIGC 技术中大模型的训练者或开发者，而只是通过接口调用方式，在网站上向用户提供第三方的文生图功能。在审视此案判决书时，我们可以从以下几个角度进行深入思考：

第一，关于法院认定的被告侵权行为——侵犯原告对其作品享有的复制权和改编权——的性质问题，判决书中的论述相对笼统。它主要从复制权和改编权的法律定义出发，结合被告网站所生成的图片与原告享有著作权的作品之间的对比（部分图片实质性相似，部分图片在保留原作品部分独创性表达的基础上形成了新的特征），从而得出被告构成直接侵权行为的结论。然而，我们应注意到，被诉侵权的图片的产生并非被告的单方面行为，而是涉及 AIGC 技术提供方和用户的特定输入行为。此外，在论述被告已采取的关键词过滤等侵权防范措施时，法院将被告的身份定位为平台服务商，并采用了网络侵权中常见的"通知—删除"分析逻辑。这表明判决书在这一点上的论述逻辑存在一定的不清晰性。

说到 AIGC 技术提供方在著作权的保护方面采取的侵权防范措施，我们可以来看走在该项技术前列的 OpenAI 公司的做法。这里笔者没有自己去"做实验"了，引

用我很尊重的一位法律同行林华的微信公众号文章[⊖]中的两个实例，如图 4-6 和图 4-7
所示。

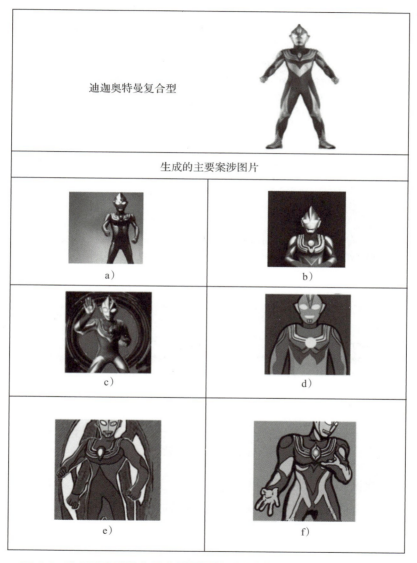

图 4-5　生成的奥特曼与奥特曼原形象对比（来源：21 世纪经济报道）

⊖　《从第一案抢跑看 OpenAI vs. Journalism 的未来》，2024 年 3 月 13 日 17:01 发布于其同名微信公众号。

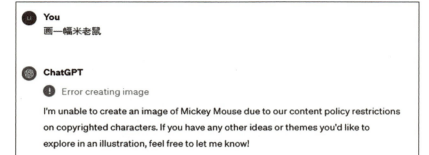

图 4-6　要求 ChatGPT 画米老鼠

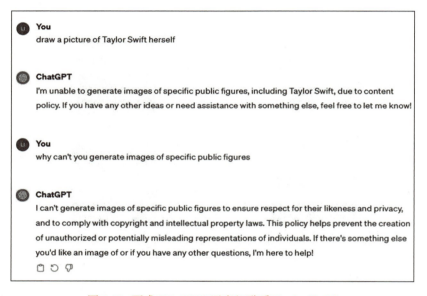

图 4-7　要求 ChatGPT 画当红歌手 Taylor Swift

第二，关于此案中法院对信息网络传播权的态度，以及与复制权、改编权之间的关系，值得再做个思考。法院在判决书中明确表示，对于已经被认定为侵犯复制权、改编权的同一行为，不再对其是否侵犯信息网络传播权进行重复评价。从判决书所描述的事实部分来看，此案中被指控侵权的图片是通过简单的自然语言指令输入获得的，过程中并没有涉及复杂的参数设置或对输出结果的多次优化。这与前文提到的文生图第一案中图片的产生方式有着显著的区别。在这种简单的输入指令下，不同用户可能会获得各不相同且不特定的输出内容。而且当用户仅用被告网站生成图片，并未对这些输出图片进行进一步的网络传播时，并不满足信息网络传播权所要求的"公众可以在其选定的时间和地点获得作品"的核心要件。这一点是判断是否存在信息网络传播权侵权与否的关键。因此，笔者认为在此案的场景下，即便存在著作权侵权的情况，也不应认定为对信息网络传播权的侵犯。

第三，关于此案中法院认定被告存在过错的依据，以及其与《著作权法》规定的符合性，值得继续探讨。该案的判决中引用了 2023 年国家网信办等七部门联合发布的《暂行办法》的较多具体条款，并以此为依据来分析被告作为 AI 服务提供者在提供生成式人工智能服务时是否尽到了合理的注意义务。

具体来说，判决指出被告在以下三个方面未尽到合理注意义务：首先，未按照《暂行办法》第十五条的规定建立健全的投诉举报机制；其次，未按照《暂行办法》第四条的规定向用户进行潜在风险提示；最后，未按照《暂行办法》第十二条的规定对生成内容进行显著的标识。笔者认为，虽然《暂行办法》从行政监管的角度提出了一些指引性的规范，但将其直接作为认定被告存在著作权侵权主观过错的依据，逻辑上并不太妥当。按照判决书的逻辑延展来看，如果被告在接入 AIGC 技术服务时履行了上述注意义务，就能认定其尽到了合理注意义务、不存在主观过错吗？著作权侵权的认定还需要结合具体案情、被告的角色定位、行为方式、侵权后果等因素进行综合判断，并不能简单地将履行了行政管理办法中的管理义务等同于是否存在主观过错或是否需要承担侵权责任。

综上所述，笔者认为，此案判决对于 AIGC 技术的著作权侵权风险的分析认定并不具有典型性，因为它涉及的是通过接口调用第三方文生图功能的特定场景，而非 AIGC 技术的核心训练和开发过程。同时，判决书在直接侵权与间接侵权的界定、平台服务商的责任分析、过错认定方面存在一定的可探讨性，预估这些要素在未来的司法实践中会得到进一步的阐释。

4.1.5　小结

1. 关于防范侵权的建议

（1）对内建立严格的数据使用与管理规范

在训练 AIGC 模型的过程中，遵循数据提供者的使用条款，遵守相关法律法规对数据获取和使用的规定。同时，企业应加强数据集的安全管理，采取必要的技术和组织措施，防止数据泄露、滥用和未经授权的访问。

（2）对外建立积极的合作与沟通机制

为降低著作权侵权风险，企业应积极与著作权人及其他相关方建立良好的合作和沟通机制。这包括为权利人提供便捷的权利主张途径，在知悉侵权行为后能够及时采取停止侵权的措施。同时，企业还应与产业链上下游企业共同制定行业自律标准和规范，推动 AIGC 技术的合理使用和 AI 产业的健康、可持续发展。

（3）利用技术手段加强内容监测与审查

企业应建立有效的内容监测机制，对 AIGC 生成的内容进行实时监测和审查。通过采用先进的技术手段，并辅以必要的专职人员，降低生成内容侵犯他人著作权的风险。

（4）审慎对待 AIGC 产品的用户协议

在使用第三方的 AIGC 技术时，企业应仔细审查其用户或服务协议，特别关注其中关于双方权利义务、生成物权利归属以及责任承担等条款。同时，企业在开发自己的 AIGC 产品时，应树立合规与产品并行的意识，确保产品研发与法务合规人员的紧密协作。根据产品的特性制定具有针对性的用户或服务协议，避免直接套用范本而导致潜在的法律风险。

（5）强化法律合规意识与培训

企业应定期举办法律培训和学习活动，增强员工在使用 AIGC 技术时的法律合规意识。确保员工在使用 AIGC 技术的过程中严格遵守相关的许可协议、法律法规以及企业内部规章制度。通过加强法律合规意识的培养，降低因员工不当行为而引发的著作权侵权风险。

2. 技术与法律碰撞的展望

随着广义 AI 技术的崛起，我们迎来了被誉为人类工业 4.0 时代的崭新篇章。这一划时代的技术革新不仅深刻改变了作品创作与传播的方式，更在法律领域引发了一系列前所未有的碰撞与探讨。在此，笔者简要分享两点关于技术与法律交织的体会。

其一，对于新技术孕育出的新成果，我们如何认定其是否应受著作权法保护。我国《著作权法》历史并不悠久，是于 1990 年 9 月 7 日第七届全国人民代表大会常务委员会第十五次会议通过的。以摄影作品为例，按照《著作权法实施条例》的界定，摄影作品是"借助器械在感光材料上记录客观物体形象的艺术作品"。在国际公约上，关于摄影作品的保护规定主要集中在《伯尔尼公约》和《世界知识产权组织版权条约》中。在摄影作品被纳入国际公约保护之前，关于其版权保护的观念差异悬殊。

有观点认为，摄影的本质在于客观记录现实，其价值在于所记录内容的真实性和客观性。因此，这类观点主张摄影作品不应被视为具有创作性的作品，进而不应受到著作权法的保护。另一种观点则强调，摄影作品在创作过程中凝聚了作者的独特选择和创意。从拍摄对象的选择、拍摄角度的确定，到光线的运用和后期处理，每一步都体现了作者的个性和艺术追求。因此，这类作品应当被认定为具有独特性和创造性的表达，理应受到著作权法的保护。同时，也有声音指出，尽管摄影作品确实包含了一定的创造性，但其创作过程相较于其他文学和艺术作品而言，可能显得更为直接和简单。这种观点主张，摄影作品的创造性不应与文学作品等其他类型的作品等量齐观，因此在版权保护上也不应享有同等的待遇。

这种争议在历史上有过深刻的体现。1884 至 1886 年间召开的伯尔尼公约外交会议上，各国代表就如何保护摄影作品的问题展开了激烈的讨论，但最终未能达成一致意见。直到 1948 年，《伯尔尼公约》才明确规定将摄影作品纳入其保护范围。而直到 1996 年，随着《世界知识产权组织版权条约》的缔结，摄影作品才终于在国际法律框架内取得了与其他作品同等的地位。这一历程充分表明，将摄影作品纳入著作权法保护范围的决策并非一蹴而就的，而是在充分的讨论和争议中逐渐达成的共识。这一共识的背后，既是对摄影产业发展普及的认可，也是对著作权法鼓励创新原则的坚持。最终，摄影作品作为一种独特的艺术形式，被正式纳入著作权法的保护范畴，从而确保了创作者的合法权益得到应有的尊重和保障。

其二，在新技术的推动下，产业模式发生了翻天覆地的变化，如何在这一变革中平衡好著作权人权益与产业持续发展之间的关系。以我们熟知的视频网站为例，2005 年国内视频网站崭露头角，内容创作模式开始从 PGC（专业制作内容）向 UGC（用户创作内容）大量倾斜。当时，许多人认为 UGC 内容质量参差不齐，价值有限，甚至担忧视频分享网站会成为盗版的温床。因为平台上的用户身份难以明确，且以个体形式分散存在，著作权人在维权时往往选择起诉视频分享网站的运营者。在此类案例中，著作权人主张的权利主要集中在作品的信息网络传播权上。

根据国务院发布的《信息网络传播权保护条例》，信息网络传播权是指以有线或无线方式向公众提供作品、表演或录音录像制品，让公众可以在其选定的时间和地点获得作品、表演或者录音录像制品的权利。该条例自 2006 年 7 月 1 日起实施，并随着产业模式的发展和司法案例的积累进行了修订，现行版本于 2013 年 3 月 1 日开始施行。信息网络传播权的核心在于控制"公众可以在其个人选定的时间和地点"欣赏作品、表演或录音录像制品的行为，这正是视频网站兴起后视听类作品传播的主要方式。赋予权利人这一权利，旨在确保他们在新传播和交互技术下能够充分享受创作带来的收益。

与此同时，视频网站的特点与传统媒体（如报刊、广播电台、电视台）截然不同，因此被称为"新媒体"。传统媒体的内容呈现受到编辑的严格控制，而新媒体上海量的内容使逐一审核和选择的方式变得不再可行。如果将类似的法律责任强加给新媒体的运营方，无疑会对其发展造成巨大的阻碍。

那么，在"新媒体"时代，如何实现著作权人权利保护与视频网站行业发展的平衡呢？《信息网络传播权保护条例》为我们提供了一个"通知—删除"的机制。权利人可以通过发送侵权通知的方式来保护自己的著作权，而网络服务提供者在接到通知后应及时删除相应内容。条例还明确规定了网络服务提供者在某些特定情况下不承担赔偿责任的条款。在实践中，不同的网络服务商也纷纷建立了相应的通知—反通知系统，并采用包括视频指纹识别在内的技术措施来保护著作权。这一系列的举措既保障了著作权人的合法权益，也为视频网站的健康发展创造了有利条件。

基于这两点带来的启发，我想对于 AIGC 技术相关的著作权问题，理应持一种开放且包容的态度。在机器人和 AI 技术迅猛发展的背景下，制度理论或许始终处于不断测试与完善之中，就如同永恒的 Beta 版（测试版），需要我们在实践中不断摸索与调整，边跑边思考，给予暂定解。在这个过程中，我们既要向技术创新者们强调法律合规的重要性，也要让他们明白法律并非阻碍前进的枷锁，而是指引方向的灯塔。对于 AIGC 发展所必需的大规模、高质量数据集中受知识产权保护的内容，我们可以从促进 AI 技术发展的角度出发，考虑为其留出合理使用的空间。现行《著作权法》对于合理使用的条款并未完全封闭，未来可以考虑通过《著作权法实施条例》的细化规定来明确新技术、新场景下的合理使用条件。

值得注意的是，公开资料显示，日本文化厅在《〈著作权法〉部分修改的简要说明资料》中明确写道："日本对模型训练的数据获取、存储和利用给予了更大程度的豁免，这体现出日本政府鼓励创新，全面迎接以人工智能、物联网和大数据为代表的第四次产业革命的决心。"

此外，从规则适用的角度来看，随着 AI 技术在各个细分领域的深入应用，它必将成为我们日常生活中不可或缺的一部分。AIGC 生成物在创作过程中需要人类智力活动的参与，其最终形态也很难清晰区分是人类创作还是 AI 创作。虽然在法律逻辑上我们可以区分应然和实然的状态，但在实际操作中，我们还需要充分考虑规则落地的可行性以及治理成本。

在笔者看来，无论是在 AIGC 技术发展中对涉及知识产权的作品的合规应用方式，还是对 AIGC 生成物的保护方式，我们都需要保持一种灵活和开放的态度。新问题的解决需要我们深入探究作品创作的本质和著作权法的立法宗旨，同时随着技术的不断进步、业务模式的持续创新以及司法案例的日益积累，我们可以期待法律法规在未来对新技术、新场景下的权利规范和保护作出更为明确和细致的约定，以期在保护创作者权益的同时，也能促进新技术的健康发展。

4.2　开源协议

4.2.1　开源协议概述

1. 开源模式：大语言模型成熟的催化剂

开源指的是开放源代码。"开源"的概念与"闭源"相对应，在软件发展的早期，软件源代码被视为软件的核心价值，软件开发商会封闭源代码，即闭源。在闭源模式下，如果用户发现了软件漏洞或其他需要改进的地方，只能联系软件开发者反映，由软件开发者进行修改。与闭源完全相反，如果一个计算机软件项目是开源的，那么任何人都可以查看、修改和分享其源代码。

开源模式为大语言模型和产品研发持续赋能。例如，在开源模式下，CLIP（Contrastive Language-Image Pre-training，语言图像对比预训练）模型得以广泛应用并不断发展。

2. 常见的开源协议

软件项目是开源的，并不意味着其他人可以自由使用。开源模式下，项目可以免费下载与使用，但是在修改与分发时，仍然要遵守原项目的开源协议。作为开源模式下不可或缺的一环，开源协议往往以 License.txt 命名，可以在项目文件列表中查找和阅读。

开源协议种类繁多，目前国际上常用的开源协议有 MIT 协议、BSD 协议、GPL、Apache 协议、CC 协议等。开发者也可以自主设置个性化的许可协议，例如，Meta 公司就其开发的 LLaMA-2 大语言模型，自定义并采用了 LLAMA 2 COMMUNITY 许可协议。部分大语言模型许可协议的应用情况见表 4-1。

表 4-1　部分大语言模型许可协议应用情况

序号	模型名称	涉及协议	备注
1	LLaMA-2	LLAMA 2 COMMUNITY	
2	MPT-30B-chat	CC（CC-BY-NC-SA-4.0）	
3	Dolly-v2-12B	MIT	
4	Stable Beluga 2	STABLE BELUGA NON-COMMERCIAL COMMUNITY LICENSE AGREEMENT	
5	XGen-7B-4K-Base	Apache-2.0	
6	Baichuan-13B	Community License for Baichuan2 Model	来自百川智能的国产大语言模型
7	ChatGLM3-6B	The ChatGLM3-6B License	来自智谱 AI 的国产大语言模型
8	Yi-34b	Yi Series Models Community License Agreement 2.1	来自零一万物的国产大语言模型
9	DeepSeekMoE-16B	DEEPSEEK LICENSE AGREEMENT	来自 DeepSeek 的国产大语言模型
10	TeleChat-7B-bot	TeleChat 模型社区许可协议	来自中国电信的星辰语义大语言模型
11	Qwen-72B	Tongyi Qianwen LICENSE AGREEMENT	来自阿里云的通义千问大语言模型

（1）GPL

GPL（GNU General Public License，GNU 通用公共许可证）是在开源领域广泛应用的协议之一。自 1989 年发布以来，GPL 共有 3 个版本（GPL v1/v2/v3）。GPL 的特点在于开源传染性，即如果用户使用了采用 GPL 的开源项目，那么基于该项目二次开发的项目也应当强制开源。

（2）CC 协议

CC 协议（Creative Commons license，知识共享许可协议）由知识共享组织（CC）设计。作者通过 CC 协议向全世界授权，主要涉及 4 项权利：署名（BY）权、相同方式共享（SA）权、非商业性使用（NC）权和禁止演绎（ND）权。作者可以撤销使用 CC 协议，但不能撤销通过 CC 协议已经发放的许可。目前 CC 协议的最新版本是 4.0 版。CC 协议只涉及著作权及相关的邻接权，不涉及专利、商标等其他知识产权。而且，CC 协议也不涉及著作人身权，例如保护作品完整权、隐私权或其他类似的人格权利。

就数据库而言，他人可以对采用 CC 协议的数据库进行摘录、再利用、复制和分享全部或绝大部分数据库资料，但仅限于非商业性目的，而且不得分享基于原数据库资料二次创作的数据库。此处的分享包括复制、展览、公开表演、发行、散布、传播、进口等。

（3）MIT 协议

MIT 协议（The Massachusetts Institute of Technology License，麻省理工学院许可协议），又称"X 条款"（X License）或"X11 条款"（X11 License）。MIT 协议是比较宽松的协议，仅要求在软件中包含版权声明（注明引用的代码出处和作者）和使用了 MIT 协议的声明，除此之外，没有其他限制。

（4）Apache 协议

Apache 协议是著名的非营利组织 Apache 采用的协议。该协议允许任何人进行个人使用、商业使用、复制、分发、修改，但是同时声明，原作者对此免责，需要保留原作者版权信息，并要求对修改的地方进行说明。除了著作权授权之外，Apache 协议对于贡献者授予专利权，但不涉及商标权。

（5）开发者个性化许可协议

一些开发者会自主设置个性化的许可协议，尤其是对于大语言模型，例如，Meta、中国电信等均对其开发的大语言模型设置了许可协议。以下简要介绍 LLAMA 2 COMMUNITY 许可协议和 TeleChat 模型社区许可协议。

LLAMA 2 COMMUNITY 许可协议针对 LLaMA-2 大语言模型发布，允许用户二次开发，可以免费商业性使用，但是，协议中对用户的使用做出了一些限制。例如，不得以任何违反适用法律或法规（包括贸易合规法）的方式使用，同时不得在除英语以外的语言中使用，禁止使用 LLaMA-2 的输出结果去改善其他大语言模型。此外，月活跃用户达到 7 亿以上的企业用户无法通过 LLAMA 2 COMMUNITY 直接获取授权。

TeleChat 模型社区许可协议适用于中国电信研发的星辰语义大语言模型，允许用户二次开发，但不允许商业性使用，也不允许出于任何军事或非法目的使用、复制、修改、合并、发布、分发或创建 TeleChat 模型的全部或部分衍生品。此外，协议中规定，用户需要保证在处理 TeleChat 模型中可能包含的个人信息时，完全符合相关法律法规的要求。

3. 开源社区

开源社区，又称开放源代码社区，是以软件源代码为核心，由拥有共同兴趣爱好的开发者根据相应的开源协议分享软件的源代码，共同对软件进行开发、改进的平台。

（1）Github

GitHub 是一个在线软件源代码托管服务平台，于 2007 年 10 月 1 日建立。GitHub

平台上托管了很多优秀的开源项目，用户可以通过看别人的代码、文档或者贡献，和全球的爱好者一起协作开发。截至 2022 年 6 月，GitHub 已经有超过 5700 万个注册用户和 1.9 亿个代码库（包括至少 2800 万个开源代码库），已经成为事实上的世界上最大的代码托管网站和开源社区。截至 2023 年 1 月 26 日，已经有超过 1 亿个开发人员使用 GitHub。

（2）Hugging Face Hub

Hugging Face Hub 是由 Hugging Face 公司构建的允许用户共享人工智能模型和数据集的平台。与 GitHub 类似，用户可以利用 Hugging Face Hub 分享代码、模型、数据集等，共同开展机器学习项目。目前 Hugging Face Hub 上已经共享了超过 47 万个预训练模型、9 万多个数据集。

（3）Gitee

Gitee 是由开源中国于 2013 年推出的代码托管、协作开发平台。目前，Gitee 的开发者超过 1000 万，托管项目超过 2500 万，汇聚了几乎所有本土原创开源项目。2023 年，拥抱 AI 发展，Gitee 开始支持大语言模型托管。

4.2.2　开源协议引发的侵权风险

1. 违反开源协议要求引发侵权

开源协议会对开源项目的使用方式提出一定的要求，如保留原作品代码中的所有协议、商标、专利和归属声明等。如果违反开源协议要求使用开源项目，则会引发侵权。例如，如果某开源数据集或代码的开源协议不允许修改或改编，那么开发者就不能对其内容，如参数、应用环境等，进行调整或改变。

2. 未遵守开源传染性条款引发侵权

开源传染性指的是，如果开发者使用了具有开源传染性协议项下的开源项目，那么基于该项目二次开发的项目也应当强制开源。上文所述的 GPL 就是典型的具有开源传染性的开源协议。此外，开源传染性会基于开源协议内容发生变化，例如，GPL v2 规定，后续程序以相同协议分发，而且不得增删变更协议全部条款，但是 GPL v3 则规定，不得增删变更协议核心条款，但允许增删其他条款。

3. 商业性使用引发侵权

商业性使用指基于营利目的使用开源数据集、代码等。开源不意味着开发者可以随意使用。而且，许多开源数据集、代码、模型等禁止商业性使用，例如中国电信研发的星辰语义大语言模型等。如果新项目调用了禁止商业性使用的开源数据集或代码，那么开发者就不能将其进行商业性使用。

4.2.3 涉及开源协议的相关案例

1. 违反开源协议要求被指控

Apache SkyWalking 方面曾发布公告[一]称，火山引擎的 Application Performance Monitoring-Distributed Tracing（应用性能监控全链路版）违规重新发行了 Apache SkyWalking，并未遵循 Apache 2.0 协议的要求。根据 Apache 2.0 协议，采用 Apache 2.0 协议发布的软件代码不需要开放源代码，只需提及代码的原出处，即在分发的衍生作品源代码中保留原作品代码中的所有协议、商标、专利和归属声明。此次事件中，火山引擎违规删除了 Apache SkyWalking 的授权文件、notice 文件和源代码头部 Apache 软件基金会的标识，将修改后的软件作为其云服务应用性能监控全链路版重新分发给企业客户使用，违反了 Apache 2.0 协议要求。

对此，火山引擎迅速在相关产品文档里添加开源项目版权声明，同时联系 Apache SkyWalking 开发者进行道歉。

2. 未遵守开源传染性条款构成侵权

在济宁市罗盒网络科技有限公司诉被告福建风灵创景科技有限公司、北京风灵创景科技有限公司、深圳市腾讯计算机系统有限公司侵害计算机软件著作权纠纷案[二]中，原告济宁市罗盒网络科技有限公司（以下简称"罗盒公司"）独立开发了罗盒插件化框架虚拟引擎系统 VirtualApp（以下称涉案软件），并在 GitHub 上引入 GPL 3.0，公开了涉案软件的源代码，同时申明任何人如需将涉案软件用于商业用途，需向原告购买商业授权。随后，原告调查发现名为"点心桌面"的软件（以下称被诉侵权软件）可通过多个互联网平台获得下载、安装和运营服务。被告福建风灵创景科技有限公司（以下简称"福建风灵公司"）系被诉侵权软件的著作权人。被告北京风灵创景科技有限公司（以下简称"北京风灵公司"）亦被有关互联网平台标示为"点心桌面"的开发者，并被登

[一] 访问日期为 2024 年 2 月 23 日，访问链接为 https://skywalking.apache.org/blog/2022-01-28-volcengine-violates-aplv2/。

[二] 详见广东省深圳市中级人民法院（2019）粤 03 民初 3928 号民事判决书。

记为"点心桌面"软件的著作权人。此外，提供被诉侵权软件下载、安装和运营服务的"点心桌面官网"和"应用宝"网站分别由被告福建风灵公司和被告深圳市腾讯计算机系统有限公司（以下简称"腾讯公司"）经营。原告认为被诉侵权软件与涉案软件构成实质相似，遂提起诉讼。

法院认为，根据 GPL 3.0 第 5 条第 1 款 c 项、第 7 条和第 10 条的相关内容及"强传染性"特征，对在逻辑上与开源代码有关联性且整体发布的派生作品，只要其中有一部分是采用 GPL 3.0 发布的，那么整个派生作品都必须受到 GPL 3.0 的约束。一项遵循 GPL 3.0 的源代码不能同非自由的源代码合并。因此，被诉侵权软件应当遵循 GPL 3.0 向公众无偿开放源代码。

被告福建风灵公司使用了附带 GPL 3.0 的开源代码，却拒不履行 GPL 3.0 约定的使用条件。根据 GPL 3.0 第 8 条自动终止授权的约定及《中华人民共和国民法总则》第一百五十八条的规定，被告福建风灵公司通过该协议获得的授权已因解除条件的成就而自动终止。被告福建风灵公司对 VirtualApp 实施的复制、修改、发布等行为，因失去权利来源而构成侵权。

3. 违反许可协议商业性使用开源软件构成侵权

在商派软件有限公司、广东网罗天下信息技术有限公司侵害计算机软件著作权纠纷案◎中，原告商派软件有限公司经调查发现，被告广东网罗天下信息技术有限公司以其名义登记的在线商城网站未经授权，以经营性为目的使用了原告的 ECShop 软件。根据 ECShop 软件《最终用户授权协议》，用户可以在完全遵守本最终用户授权协议的基础上，将本软件应用于非商业用途，但是未获商业授权，不得将本软件用于商业用途。据此，原告提起诉讼。

法院认为，第一，被告为提供计算机软件技术服务的公司，为营利性机构，超出了 ECShop 软件《最终用户授权协议》约定的"从事非营利活动的商业机构及非营利性组织"的许可范围。第二，被告使用 ECShop 软件建设其网站，网站上显示了被告的相关企业信息，且网站上展示了商品及销售价格，具有直接的商业动机，明显超出了原告的许可范围。所以，被告违反 ECShop 软件《最终用户授权协议》约定，将涉案软件用于商业用途的被诉侵权网站，侵害了原告的复制权。

◎ 详见广州知识产权法院 (2021) 粤 73 知民初 1055 号民事判决书。

4.2.4　涉及开源协议的侵权风险防范措施

1. 预先阅读并遵守开源协议

一般情况下，开源协议会明确开源项目的授权范围。因此，开发者可以在调用他人的开源数据集、代码之前，预先关注其开源协议，以明确可以使用的范围。如果需要调用多个开源数据集或代码，且这些开源项目使用的开源协议各不相同，开发者需要关注这些开源协议之间是否可以兼容。不同协议之间的兼容情况可以在开源协议的组织者官网查询。

2. 规避开源传染性

在实践中，已经有开发者成功调用具有开源传染性的开源协议项下的代码或数据集，并规避开源协议的开源传染性要求。一方面，参照"净室技术（clean-room）"开发模式，将程序员分为两组，一组负责研究开源的代码并总结开发思路，另一组负责根据总结的思路编写新的代码。这种方式是基于著作权法不保护方法、思想的原理，通过避免实际编写代码的程序员与开源代码接触，来达到不受开源协议约束的效果。另一方面，可以参照 Google 公司的做法，通过设立不同的层级框架，隔断开源协议的开源传染性。

4.3　专利权

4.3.1　专利权概述

我国《专利法》中的发明创造是指发明、实用新型和外观设计。其中，发明是指对产品、方法或者其改进所提出的新的技术方案，实用新型是指对产品的形状、构造或者其结合所提出的适于实用的新的技术方案，外观设计是指对产品的整体或者局部的形状、图案或者其结合以及色彩与形状、图案的结合所做出的富有美感并适于工业应用的新设计。

发明和实用新型专利权被授予后，除《专利法》另有规定的以外，任何单位或者个人未经专利权人许可，都不得实施其专利，即不得为生产经营目的制造、使用、许诺销售、销售、进口其专利产品，或者使用其专利方法以及使用、许诺销售、销售、进口依照该专利方法直接获得的产品。

外观设计专利权被授予后，任何单位或者个人未经专利权人许可，都不得实施其专利，即不得为生产经营目的制造、许诺销售、销售、进口其外观设计专利产品。

4.3.2　AIGC 场景下的专利权相关问题

1. 人工智能生成技术方案的可专利性

随着人工智能技术的不断迭代和迅猛发展，由人工智能生成的技术方案不仅逐渐在形式特征上与人类的发明创造日益相似，而且其实际上亦可以在医疗、化工等场景中加以应用。在这一情境下，人工智能生成技术方案是否可以作为发明受专利法保护？

根据我国专利制度，"发明"指的是"对产品、方法或者其改进所提出的新的技术方案"，"技术方案"是指"对要解决的技术问题所采取的利用了自然规律的技术手段的集合"。这些概念都是关于技术的客观性描述，而没有强调人类的参与。因此，如果人工智能生成技术方案在客观上符合上述发明的形式特征，其就能够构成我国专利制度下的"发明"。

但是，人工智能生成技术方案能否受专利法保护，还应进一步判断其是否符合可专利主题和专利授权条件。人工智能的形成依托于计算机程序，人工智能生成技术方案是以算法为基础的计算机程序运行的结果。《专利审查指南》阐明："如果一项权利要求仅仅涉及一种算法，则该权利要求属于智力活动的规则和方法，不属于专利保护的客体。"因此，需要分析人工智能生成技术方案是否属于智力活动的规则和方法。

根据《专利审查指南》，"智力活动的规则和方法"指的是"指导人们进行思维、表述、判断和记忆的规则和方法"。对于人工智能生成技术方案而言，虽然该成果依托于算法和计算机程序而生成，但其生成的关键在于运用算法对输入数据进行处理后，根据算法规则输出新的处理结果，这显然不属于一种抽象的规则或方法，所以人工智能生成技术方案符合可专利主题。

在专利授权条件上，人工智能生成技术方案需要满足新颖性、创造性和实用性。就新颖性而言，随着人工智能技术的不断发展，人工智能生成技术方案往往是前所未有、超出预期的。例如，遗传算法能够通过模拟生物进化过程生成新物种。而且，如果人工智能生成技术方案确实没有被任何在先技术所披露，它就具有新颖性。在创造性上，人工智能生成技术方案的原理在于通过算法处理现有数据，生成多种运算结果，然后对上述结果根据一定规则进行分析与筛选，直至最终出现需要的结果。这与人类的研发过程非常相似。由于人工智能生成技术方案是算法基于庞大数据的输出结果，并非胡编乱造，其对相关领域的技术人员而言也并非显而易见，从而具有创造性。在人工智能生成技术方案已经逐渐在实践中得以应用的背景下，人工智能生成技术方案的实用性不言自明。综上所述，人工智能生成技术方案某种程度上具有可专利性。

2. 人工智能生成技术方案的发明人是谁

当人工智能生成技术方案在某种程度上可以构成专利时，谁是人工智能生成技术方案的发明人也是需要探讨的问题。各个国家关于这一问题的态度，可以从 DABUS 案中看出。

美国人史蒂芬·泰勒（Stephen Thaler）将其研发的人工智能即 DABUS 指定为发明人，提出了两项专利申请。美国专利商标局以发明人只能是"自然人"为由，直接驳回了这一申请。于是，史蒂芬·泰勒向弗吉尼亚州地方法院提起诉讼。⊖

弗吉尼亚州地方法院驳回了史蒂芬·泰勒的诉讼请求。该法院援引了联邦最高法院对"个人"（individual）一词的解释，认为只有自然人才是"个人"，并不包括法人。该法院指出，目前没有推翻美国国会打算将"发明人"的定义限制为自然人的压倒性证据。随着技术的发展，人工智能可能会达到一定的复杂程度，以至于可能会满足发明人的定义。同时，该法院认为，人工智能足以成为发明人的时代尚未到来。

史蒂芬·泰勒不服弗吉尼亚州地方法院的判决，将本案继续上诉至联邦第四巡回上诉法院，然而同样被驳回。联邦第四巡回上诉法院指出，联邦最高法院的先例早已将"个人"解释为"人类"（human beings），而且《专利法》其他条款中用"他"（himself）及"她"（herself）来指代"个人"，也能佐证发明人的自然人属性。

史蒂芬·泰勒同时向世界上的其他国家提交了专利申请。关于该申请，欧洲专利局（European Patent Office，EPO）在驳回决定中指出，《欧洲专利公约》（European Patent Convention，EPC）要求发明人必须是自然人，而且，如果人工智能是发明人，它无法将专利权转让给其他申请人。就史蒂芬·泰勒因此提起的诉讼，欧洲专利局上诉委员会（The Legal Board of Appeal of the EPO）也驳回了，并认为发明人必须是具有

⊖　详见"Stephen Thaler v. Katherine K. Vidal, 43 F. 4th 1207 - 2022"。

法律行为能力的人。[一]

澳大利亚专利局最初驳回了史蒂芬·泰勒的专利申请，但是，澳大利亚联邦法院在判决中支持了史蒂芬·泰勒的诉讼请求。澳大利亚联邦法院认为，专利法中没有具体条款明确排除人工智能作为发明人，因此人工智能可以成为发明人。然而，澳大利亚联邦法院的判决被澳大利亚高等法院推翻，澳大利亚高等法院指出，只有自然人才能成为发明人。[二]

我国专利局以"没有明确的发明人"为由不予受理该申请。[三]

韩国特许厅也驳回了该专利申请。在驳回史蒂芬·泰勒诉讼请求的决定中，首尔行政法院就人工智能的发明人资格阐明了其看法。[四]首尔行政法院认为，当前专利法下，发明人的主体必须是自然人。DABUS 没有达到相当于强人工智能的程度，人类以相当高的水平介入了 DABUS 的学习过程。在人工智能生成物的功能、质量水平比人类更优秀或至少达到同等水平的前提下，为了谋求技术和产业发展，可能会有人主张人工智能也应对其生成物享有权利，但是承认人类对其发明享有权利是基于人类本身的尊严，不能仅以人工智能这一成果的功能和质量比人类优秀或同等为由，认为人工智能对其生成物享有权利。

首尔行政法院指出，如果将人工智能认定为发明人，有可能对未来人类的创新产生负面影响，研究密集型产业本身会崩溃。而且，如果发生相关的法律纷争时，作为人工智能开发者的人类会逃避责任，或者没有人承担责任。

4.4　商标权

4.4.1　商标权概述

根据我国《商标法》，商标是任何能够将自然人、法人或者其他组织的商品与他人

[一] 详见 EPO 官网文章 "AI cannot be named as inventor on patent applications"，访问时间为 2024 年 2 月 23 日，访 问 链 接 为 https://www.epo.org/en/news-events/news/ai-cannot-be-named-inventor-patent-applications-0#:~:text=The%20Legal%20Board%20of%20Appeal,must%20be%20a%20human%20being。

[二] 详见文章 "High Court confirms that an Artificial Intelligence cannot be named as an inventor"，访问时间为 2024 年 2 月 23 日，访问链接为 https://www.boult.com/bulletins/high-court-confirms-that-an-artificial-intelligence-cannot-be-named-as-an-inventor。

[三] 详见中国人工智能产业发展联盟发布的《中国人工智能产业知识产权白皮书（2021）》之《分册三：知识产权管理白皮书》，第 52 页。

[四] 详见文章 "South Korea: IP Office's DABUS Nullification Highlights Stance Towards AI Inventors"，访问时间为 2024 年 2 月 23 日，访问链接为 https://www.iam-media.com/review/the-patent-prosecution-review/2024/article/south-korea-ip-offices-dabus-nullification-highlights-stance-towards-ai-inventors。

的商品区别开的标志，包括文字、图形、字母、数字、三维标志、颜色组合和声音等，以及上述要素的组合。

注册商标的专用权，以核准注册的商标和核定使用的商品为限。未经商标权人的允许，不得擅自使用他人的商标。

商标的使用，是指将商标用于商品、商品包装或者容器以及商品交易文书上，或者将商标用于广告宣传、展览以及其他商业活动中，用于识别商品来源的行为。

4.4.2　AIGC 场景下的商标侵权

就人工智能生成物而言，如果未经授权许可，在生成式图片或者视频中使用他人的商标，并将其作为某种广告宣传或者产品装潢，引发消费者的混淆，就可能构成对商标权的侵害。

4.4.3　人工智能生成物与商标侵权

伴随着 AI 文生图技术的飞速发展，文生图模型所属公司 Stability AI 被著名图库平台 Getty Images 告上法庭。[一]Getty Images 平台中，为了标示图片来源，所有属于 Getty Images 平台的图片都会加上 Getty Images 的商标水印。但是，当用户使用 Stability AI 公司的产品 Stable Diffusion 和 Dream Studio 生成与 Getty Images 平台的新闻图风格类似的图像时，在 AI 生成的图片中，也会有一处与 Getty Images 水印类似的标志。

据此，Getty Images 认为 Stability AI 未经授权使用 Getty Images 标记以及通过使用 Stable Diffusion 和 Dream Studio 生成的合成图像，构成商标侵权，违反了《拉纳姆法》第 32 条、15 U.S.C § 1114(1)，因为此类使用可能已经并将继续导致消费者感到困惑或受到欺骗，认为 Getty Images 已授予 Stability AI 使用 Getty Images 标志的权利，或者认为 Getty Images 与 Stability AI 及其 AI 生成图片具有赞助、从属等关系。消费者对这些的误会，损害了 Getty Images 的声誉和商誉。Getty Images 还指出，Stability AI 此前知晓 Getty Images 对 Getty Images 商标的权利。因此，Getty Images 认为 Stability AI 的行为是恶意的。

〇　详见文章 " Getty Images is suing the creators of AI art tool Stable Diffusion for scraping its content"，访问时间为 2024 年 2 月 24 日，访问链接为 https://www.theverge.com/2023/1/17/23558516/ai-art-copyright-stable-diffusion-getty-images-lawsuit。

　　上述情形在我国是否构成商标侵权?《商标法》第五十七条规定了 7 类侵犯商标权的行为,在这一场景中,与之相关的行为是"未经商标注册人的许可,在同一种商品上使用与其注册商标相同的商标",或者"未经商标注册人的许可,在同一种商品上使用与其注册商标近似的商标,或者在类似商品上使用与其注册商标相同或者近似的商标,容易导致混淆"。因此,我们首先应当讨论的是,在人工智能生成物中使用相同或者近似的商标是否构成商标法意义上的使用,即商标性使用。那么,需要判断人工智能生成物和商标所指定使用的商品是否为"同一种商品"。就本案而言,Getty Images 的商标使用在图片上,Stability AI 的生成物亦是图片,所以它们是"同一种商品"。

　　但是,如果人工智能生成物和商标所指定使用的商品并非"同一种商品",则不一定构成商标性使用。例如,在路易威登马利蒂公司诉上海鑫贵房地产开发有限公司、上海国际丽都置业有限公司商标侵权和不正当竞争纠纷案⊖中,两被告未经许可,擅自在其大型户外广告中使用原告的"LV"注册商标,且广告画面中标有"LV"注册商标的手提包处在画面中最显著的位置。对于这一行为,法院认为,从"LV"的使用来看,广告中虽然出现了"LV"图案,但该图案系"LV"手提包图案的一部分,而该手提包系整体作为模特手中的道具出现在广告中。除此之外,"LV"图案既未单独出现在广告的其他部分,也未与广告中出现的名称、广告语等连用,因此该图案并非广告商品的商标、名称或装潢,对广告商品没有商标性标识作用。

　　商标性使用还需考虑使用商标行为的商业性。如果人工智能使用者明确利用人工智能生成物获取商业利益,那么这一行为有可能构成商标性使用。此外,我们也需关注人工智能使用者在人工智能生成物中使用商标的目的,例如个人娱乐消遣、展示物品、说明信息等。

　　人工智能生成物中使用的商标是否足以导致消费者发生混淆,也是需要关注的问题。以 Stability AI 公司的产品 Stable Diffusion 和 Dream Studio 生成图片为例,在扩散算法下,人工智能生成图片的商标已然变形,或者模糊不清。我们无从知晓,广大消费者是否凭借一处变形或者模糊不清的水印,就可以精准识别出 Getty Images 的标志,从而发生混淆。

　　Stability AI 公司的产品 Stable Diffusion 和 Dream Studio 生成图片是否构成商标

侵权，尚无定论。但是，在此案中，如果 Stability AI 公司的产品 Stable Diffusion 和 Dream Studio 所生成的图片中，原封不动地再现了 Getty Images 的水印标志，而且，这些图片被作为某种广告宣传或者产品装潢，那么此时消费者发生混淆的可能性大大增加，极有可能构成商标侵权。

4.5　商业秘密

4.5.1　商业秘密概述

按照《中华人民共和国反不正当竞争法》(简称《反不正当竞争法》)第九条，商业秘密是指不为公众所知悉、具有商业价值并经权利人采取相应保密措施的技术信息、经营信息等商业信息。按照该定义，商业秘密应当具备三个构成要素：秘密性（非公知性）、价值性和保密性。按照《最高人民法院关于审理侵犯商业秘密民事案件适用法律若干问题的规定》第一条，与技术有关的结构、原料、组分、配方、材料、样品、样式、植物新品种繁殖材料、工艺、方法或其步骤、算法、数据、计算机程序及其有关文档等信息，人民法院可以认定构成《反不正当竞争法》第九条第四款所称的技术信息。与经营活动有关的创意、管理、销售、财务、计划、样本、招投标材料、客户信息、数据等信息，人民法院可以认定构成《反不正当竞争法》第九条第四款所称的经营信息。前款所称的客户信息，包括客户的名称、地址、联系方式以及交易习惯、意向、内容等信息。这些信息不为公众所知，并能为持有者带来竞争优势和经济利益。重要的商业秘密是企业核心竞争力的一部分，比如全球知名的可口可乐的配方、互联网平台的核心算法。

商业秘密作为企业的核心无形资产，承载着其独特的商业价值与市场竞争力。权利人对其持有的商业秘密享有排他的独占权，这是保护其创新成果不被他人非法利用的关键。按照《反不正当竞争法》第九条，商业秘密的侵权行为主要包括以下几类：

1）以盗窃、贿赂、欺诈、胁迫、电子侵入或其他不正当手段获取权利人的商业秘密。这些行为严重违背了商业道德和法律规定，是对权利人合法权益的直接侵害。

2）披露、使用或允许他人使用通过上述不正当手段获取的商业秘密。这类行为进一步扩大了商业秘密泄露的范围，加剧了权利人的损失。

3）违反保密义务或权利人关于保守商业秘密的要求，披露、使用或允许他人使用所掌握的商业秘密。这种行为违背了保密协议或相关法律规定，是对权利人信任的背叛。

4）教唆、引诱、帮助他人违反保密义务或权利人关于保守商业秘密的要求，获取、披露、使用或允许他人使用权利人的商业秘密。这类行为虽未直接参与侵权，但起到了推波助澜的作用，同样应受到法律的制裁。

5）第三人明知或应知商业秘密权利人的员工、前员工或其他单位、个人实施上述侵权行为时，仍获取、披露、使用或允许他人使用该商业秘密的，视为侵犯商业秘密。这体现了法律对恶意第三人的严厉打击态度。

总结来说，任何非法获取、披露、使用他人商业秘密的行为都构成了对权利人商业秘密的侵犯。这些侵权行为不仅损害了权利人的经济利益和市场地位，还破坏了正常的市场竞争秩序。

随着 AIGC 技术的广泛应用，商业秘密的有效保护面临着更大的挑战。新技术的快速发展使得商业秘密的获取、存储、使用和传输方式发生了深刻变化，同时也为侵权行为提供了更加隐蔽和高效的手段。因此，加强商业秘密的法律保护和技术防范措施显得尤为重要。

4.5.2　AIGC 场景下常见的商业秘密相关风险

1. 数据泄露风险

在人工智能的浪潮中，大数据无疑扮演着重要的角色。正如人类的学习依赖于丰富、多元的学习材料，机器学习的进步和高效输出同样离不开高质量的数据支撑。AIGC 技术，作为这一时代的杰出代表，其训练与运行均建立在庞大的数据处理之上。可以说，没有优质的数据资源，就无法孕育出卓越的智能系统。

首先，企业越来越广泛地采用 AIGC 技术以提升生产力，数据泄露的风险也随之而来。以 ChatGPT 为例，这款智能工具在文学创作、文案创意、代码编写等多个领域展现出了优秀的实力，为企业员工带来了前所未有的便利。但在实际应用中，员工为了获得更精准的解决方案，往往需要向 ChatGPT 提供详尽的信息背景。这一过程中，很可能涉及公司内部的敏感数据。比如：一名程序员在用人工智能帮其检查代码和续写代码时，可能输入公司现有的系统代码；一名人事经理在用人工智能帮其分析管理会议要点、针对性改进公司薪酬体系时，就可能会导入公司的会议纪要、管理团队微信交流记录、公司现有薪酬福利制度等内容，导致公司的营业信息、技术信息直接被泄露。

其次，有些员工可能出于个人目的，违反公司规定，擅自将包含商业秘密的文档提供给 AIGC 工具进行处理。这些行为不仅可能通过直接的文件上传泄露信息，还可能通过间接的方式，如个人位置、联系人信息等，泄露企业的核心秘密。此外，一些 AIGC 平台的用户使用协议可能包含允许平台使用用户内容来改进服务的条款，类似"为了帮助 ××× 提供和维护服务，您同意并指示我们可以使用内容来开发和改进服务。您可以在这里阅读更多内容，了解如何使用内容来提高模型性能"的条款。从公开的信息中得知，亚马逊和沃尔玛均警告员工不要使用 ChatGPT 共享敏感信息，而威讯无线、摩根大通、花旗集团和高盛等公司则要求员工屏蔽该 AI 工具。[⊖]

最后，AIGC 技术本身也可能成为网络攻击的目标。攻击者可能会利用 AIGC 系统的安全漏洞，窃取存储或传输中的商业秘密数据。事实上，已有公开报道显示，某些知名的 AIGC 平台曾出现过严重的安全漏洞，用户在社交媒体上表示看到了其他人的历史搜索记录标题。

2023 年 4 月 10 日，中国支付清算协会倡议支付行业从业人员谨慎使用 ChatGPT 等工具，其理由是类智能化工具已暴露出跨境数据泄露等风险。倡议不上传国家及金融行业涉密文件及数据，以及本公司非公开的材料及数据、客户资料、支付清算基础设施或系统的核心代码等。[⊖]

可见，AIGC 技术为企业带来了新的发展潜力和机遇，但同时也伴随着数据泄露等风险。企业只有充分认识到这些风险并采取有效的防范措施，才能确保在享受技术红利的同时维护自身的核心利益。

2. 保护难度加大的风险

商业秘密的重要特质之一在于其秘密性，这种秘密性一旦遭到破坏，企业将很难再维持其作为商业秘密的保护状态。与此同时，商业秘密的非物质特性，如工艺流程、方法、步骤或客户信息等，通常需要通过特定的物质载体进行记录和呈现。因此，确保这些载体的安全，防止其被公众知悉，就显得尤为重要。然而，随着技术的不断进

⊖　详见文章《 AI 泄密及虚假信息事件频传 多国考虑禁用》，访问日期为 2024 年 2 月 20 日，访问链接为 https://mp.weixin.qq.com/s/mmcaUYtXPNSuOnly-iAJTg。

⊖　详见文章《 "慎用 ChatGPT"！中国支付清算协会紧急发声》，访问日期为 2024 年 2 月 20 日，访问链接为 https://mp.weixin.qq.com/s/SBCq9nWU9pe5nRP2F4GRGw。

步，信息载体的形态和传输方式也在经历着快速的变革。从印刷术的兴起，到通信技术的飞速发展，再到互联网的普及和数字化的全面推进，每一次技术的跃迁都带来了信息量的爆炸式增长和传播速度的空前提升。

以 2023 年 4 月三星公司发生的绝密数据泄露事件为例，该事件涉及三名员工在使用 ChatGPT 处理工作时泄露了与三星电子半导体暨装置解决方案项目相关的绝密数据。⊖这一事件不仅暴露了新技术应用过程中数据保护的脆弱性，也凸显了即便是拥有成熟制度和管理体系的企业在面对新技术挑战时也可能存在漏洞。

此外，企业在应用新技术过程中产生的具有商业价值且不为公众所知的信息，如独特的算法、数据等，同样需要纳入商业秘密的保护范围。这是因为一旦这些信息泄露，不仅可能导致企业的竞争优势丧失，甚至可能被竞争对手利用，对企业造成无法估量的损失。所以，在 AIGC 技术广泛应用的背景下，企业不仅需要加强对传统商业秘密载体的保护，还需要对新技术应用过程中产生的信息进行全面、深入的保护。只有这样，企业才能在新的技术环境下有效地保护其商业秘密，确保自身的竞争优势和持续发展。

4.5.3　典型案例分析

1. 算法作为商业秘密受保护的案例⊖

原告智搜公司是一家互联网高科技企业，其主要产品有天机 App 及 AI 写作机器人。这些产品背后的核心，正是智搜公司自主研发的大数据追踪系统，它赋予了产品智能跟踪、个性化推荐、智能摘要等功能。支持这些功能实现的是一种独特的推荐算法，这也是本案中原告请求保护的关键技术信息。

被告光速蜗牛公司未经授权，采用了与原告功能相同的推荐算法，用于自身的融资活动，推出了基于此算法的应用程序。值得注意的是，两家公司的研发团队成员存在重合，这无疑增加了算法泄露的可能性。面对原告的指控，被告未能提出合理的解释，只是辩称所使用的算法技术已经公开，因此不构成商业秘密。

⊖　详见文章《三星因 ChatGPT 泄露芯片机密》，访问日期为 2024 年 2 月 20 日，访问链接为 https://mp.weixin.qq.com/s/bDZBD5WHKlV7MuqVHhdIvA。

⊖　详见文章《广东高院发布数字经济知识产权保护典型案例裁判要旨》，访问日期为 2024 年 2 月 20 日，访问链接为 https://mp.weixin.qq.com/s/f848xNa8rmm9GPLY1a9Izg。

但事实并非如此。原告请求保护的涉案技术信息的具体内容为"天机——大数据追踪引擎"搜索算法，为实现精准推荐，每一家平台运营者都会采用多种搜索算法的不同组合。原告智搜公司举证证明为保护推荐算法，其已采取了严密的保密措施，包括与员工签订保密协议，在劳动合同中明确保密义务等。这些措施确保了算法的秘密性，并使其能够为原告带来稳定的竞争优势和商业利益。因此，原告已充分证明了其技术信息符合商业秘密的法定条件。

在审理过程中，法院发现被告光速蜗牛公司在其"学点啥"App 中使用的推荐算法，与原告智搜公司请求保护的算法在实质上高度相似。同时，被告无法提供其研发过程和记录，且在庭审中承认知晓其几位员工系原告公司研发团队成员。这些事实均指向了被告的侵权行为，使其构成了对原告商业秘密的共同侵权。

本案的判决再次强调了算法作为商业秘密的重要性。即使搜索算法或推荐算法所采用的技术模型是公开的，但具体的模型选择、权重排序以及优化过程都是权利人通过大量数据的收集、处理和测试后得出的最优选择。这些最优选择是权利人智慧和劳动的结晶，不为公众所知悉，且能为权利人带来实际的竞争优势和商业利益。因此，它们应当作为商业秘密受到法律的严格保护。

2. 数据作为商业秘密受保护的案例⊖

原告为杭州某科技公司，旗下经营着两个直播平台。这些平台的经营模式为：平台上的主播与注册用户进行娱乐互动，用户可以通过现金充值获得平台内的虚拟货币，进而用这种货币向心仪的主播打赏礼物。公司在打赏环节中设置了中奖程序，将特定比例的打赏金额归入奖池，为用户提供了从奖池中获得其所打赏礼物价款倍数返还的中奖机会。

被告汪某，曾是原告旗下某平台的运营总监，掌握着平台的核心数据。尽管双方已签订保密协议，但汪某在职期间却利用自身账号权限，私自登录查看、分析后台数据，精准掌握中奖率高的时间点，并通过关联多个账号进行刷奖，从中获得了平台的高额奖金。更为严重的是，汪某在离职后，又入职了相同行业的另一平台公司，在自身账号已被注销的情形下，继续通过非法手段获取原告的员工账号，登录后台进行刷奖。这种行为持续了一年多时间，给原告造成了重大的经济损失和用户流失，被告在

⊖ 详见文章《侵犯主播平台中奖数据商业秘密，适用惩罚性赔偿》，访问日期为 2024 年 2 月 20 日，访问链接为 https://mp.weixin.qq.com/s/0WR-V603KudBdIc9lp0jGg。

笔录中自述以此获利 200 余万元。

原告认为，汪某的行为严重侵犯了其商业秘密，导致平台其他注册用户基本无法获取中奖奖励，平台的注册用户充值大幅减少、用户流失，情节恶劣，损害了平台的声誉和用户的利益。因此，原告依据《反不正当竞争法》的相关规定，向法院提起了诉讼，要求适用惩罚性赔偿，判决汪某赔偿其损失 390 万元。

一审法院在审理此案时，对原告主张的直播打赏实时数据进行了深入的分析和评估。法院认为，这些数据不仅具有秘密性，而且原告已经采取了合理的保密措施，如签订保密协议、进行权限设置等。同时，通过对这些数据的分析和利用，可以获得直接的经济收益。因此，法院认定涉案的直播打赏实时数据构成商业秘密。同时依据《最高人民法院关于审理侵害知识产权民事案件适用惩罚性赔偿的解释》，考虑被告的主观故意和情节严重等因素，包括被告曾为原告职工，在询问笔录中自述明知公司不允许；被诉行为发生于在职期间和离职以后两阶段，持续时间久，多次登录后台账号获利，侵权次数频繁；通过关联多账号充值打赏，通过数十名主播提现，涉及范围较广；被告因离职账号被注销，仍获取他人账号实施，行为性质恶劣，获利金额高。该被诉行为在损害平台用户利益的同时，使互动打赏环节失去吸引力，注册用户的充值和打赏大幅减少，平台亦无法通过奖励机制维持客户忠诚度，破坏平台良性互动的经营氛围和健康有序的经营环境。综上，确认适用惩罚性赔偿，判决被告赔偿原告经济损失 300 万元。

二审法院判决：驳回上诉，维持原判。

《最高人民法院关于审理侵犯商业秘密民事案件适用法律若干问题的规定》第一条特别新增列举"数据"作为经营信息的一种，给相关企业提供了从商业秘密的角度保护数据的新思路。此案不仅为数据作为商业秘密的保护提供了有力的司法支持，也为企业在数字化时代如何有效保护自身的核心竞争力和商业秘密提供了重要的借鉴和启示。

4.5.4　小结

1. 侵权防范建议

面对 AIGC 技术带来的商业秘密保护挑战，企业应积极应对，调整和完善保护策略，确保新技术在推动业务发展的同时，不损害企业的核心利益。以下是在应用 AIGC 技术时，企业可以采取的一些防范措施。

（1）建立明确的内部使用政策

企业应明确制定员工在使用 AIGC 技术时必须遵循的行为准则。这些准则应包括但不限于：禁止将公司机密信息作为输入数据提供给 AIGC 工具，严禁利用 AIGC 技术进行任何违法或不道德的活动。为确保员工充分理解和遵守这些规定，企业应定期组织培训和教育活动，提升员工对商业秘密保护重要性的认识。

（2）实施合理的技术管理措施

企业应采取一定的技术管理措施，以便及时发现和纠正任何可能导致商业秘密泄露的违规行为。同时，企业可以考虑建立内部举报机制，鼓励员工积极报告发现的违规行为，在企业内部形成一个积极的商业秘密保护氛围。

（3）强化算法和数据安全防护

针对 AIGC 技术的特点，企业应制定并实施一系列严格的算法和数据安全措施。这包括采用先进的加密技术对敏感数据进行保护，防止数据被非法获取或篡改；对 AIGC 系统的算法进行充分保护，防止其被逆向工程破解。此外，企业还应加强对 AIGC 系统的整体安全防护，定期进行安全漏洞扫描和修复，以抵御恶意软件攻击和其他网络安全威胁。

（4）完善责任追究机制

企业应明确规定员工在违反商业秘密保护规定时应承担的法律责任，并确保这些规定在实际操作中得到严格执行。对于员工违规行为导致的商业秘密泄露事件，企业应迅速响应，及时向相关部门报告并配合调查处理。同时，企业还可以根据实际情况对涉事员工进行相应的纪律处分和法律追责，以维护企业的合法权益和声誉。

2. 技术与法律碰撞的展望

从上述案例分析中可以清晰地看到，技术的进步已经极大地拓展了商业秘密的内涵，使得算法、数据等要素被明确地纳入商业秘密保护的范畴。随着 AIGC 技术的广泛应用，许多原本以人工创作为主的商业秘密客体开始融入 AIGC 的元素。例如，当一家企业在撰写商业计划书、设计市场拓展方案或制作内部培训资料时，相关员工可能会借助 AIGC 工具来激发灵感、提升效率。在这种场景下，只要这些由 AIGC 生成的内容符合商业秘密的三项特征，它们同样可以受到法律的保护。

然而，在这一过程中，有几个细节值得我们特别关注。首先，尽管 AIGC 技术可能由第三方提供，但用户在使用该技术进行创作时，并不必然导致商业秘密的非公知性被破坏。这意味着，只要用户妥善管理和使用 AIGC 工具，他们的商业秘密仍然可以得到有效的保护。

其次，我们在使用 AIGC 工具时，通常需要向其提供信息。这就引发了一个问题：这是否会导致法律上的公开？为了解答这个问题，我们需要仔细审查 AIGC 工具的用户协议，特别是其中关于用户输入数据处理方式的条款。用户应该关注是否有选项可以拒绝将自己的输入内容用于模型训练，以确保自己的信息安全。

再次，用户通过借助 AIGC 工具完成一项工作成果，比如一份市场推广方案，其非公知性并不必然丧失。一方面，这份方案是基于用户独特的提示词生成的，为了匹配用户的具体场景和需求，用户可能需要与 AIGC 工具进行多轮对话和调整。这种个性化的过程，加上 AIGC 工具的生成式特性，大大降低了其他人通过相同 AIGC 工具获得相同方案的可能性。另一方面，从 AIGC 的技术原理来看，同一个方案被重复生成的可能性也较低。因为 AIGC 生成物并不是对训练数据中同类内容的简单复制，而是基于算法和模型的创新生成。

综上所述，随着 AIGC 技术的不断发展，企业需要保护的商业秘密形态将愈发多样化。同时，企业也应高度警惕新技术使用过程中可能带来的泄密风险，并采取相应的措施加以防范。

第 5 章

大语言模型
数据合规

以 ChatGPT 为代表的生成式人工智能产品基于蕴含海量数据的模型，因此数据合规是生成式人工智能产品的一大合规要点，主要体现在模型训练阶段对训练数据的采集，模型应用阶段对用户数据的采集，模型优化阶段对模型的赋能。具体而言，在模型训练阶段，为了使生成式人工智能产品在运行过程中能够输出有价值的结果，通常需要收集海量数据，并采取清洗、标注的方式保障数据质量；在模型应用阶段，生成式人工智能产品会收集使用者（或称"用户"）的输入数据；在模型优化阶段，对用户输入数据进行训练，进行模型的完善与优化。

因在模型训练、模型应用及模型优化阶段均会涉及数据处理行为，故生成式人工智能产品的开发和运营者面临着《中华人民共和国网络安全法》（以下简称《网络安全法》）、《中华人民共和国数据安全法》（以下简称《数据安全法》）、中华人民共和国个人信息保护法（以下简称《个人信息保护法》）等法律法规的规范。本章将围绕生成式人工智能产品的生命周期，针对模型训练、模型应用及模型优化阶段的数据处理行为，分析在我国开发和运营生成式人工智能产品的数据合规风险，并提供相应的参考建议。

5.1　模型训练阶段

本阶段主要探讨在不同的数据采集方式中，如何保障数据来源合法性以及如何进行清洗及标注。

5.1.1　数据采集

根据《暂行办法》第七条，生成式人工智能服务提供者应当使用具有合法来源的数据和基础模型。通常，模型训练阶段获取训练数据的方式有三种：

第一种为对互联网平台数据的抓取，该方式为生成式人工智能产品训练数据的最主要来源，如 OpenAI 使用名为 GPTBot 的网络爬虫机器人抓取和收集数据用于大模型训练。

第二种为向第三方采购数据集或使用第三方开源数据集，如 Meta 联合 15 所大学的研究机构发布了首个多模态视频训练数据集和基础套件 Ego-Exo4D。

第三种为通过业务运营收集自有领域的数据集，但该方式主要应用在已收集大量数据的平台，如一些互联网大厂或大数据公司。

不同的数据采集方式面临不同的数据合规风险，下面将逐一进行分析。

1. 网络爬取数据

数据样本越大，数据样本越多元，模型就会越优化，但仅通过自有领域的数据集以及从第三方采购或使用第三方开源数据集，通常难以形成成熟的产品。故通过自动化获取手段，在互联网等公开渠道采集数据成为训练数据的主要来源。但通过爬虫方式采集数据会面临多维度风险。

例如，有消费者向旧金山北区地方法院提起了一项集体诉讼，认为 OpenAI 大规模抓取网络数据（包括医疗记录和儿童信息）训练 ChatGPT 的行为违反了服务协议条款以及州和联邦的隐私和财产法。除此之外，意大利政府宣布禁止访问 ChatGPT，声称没有法律依据证明为了训练 ChatGPT 背后算法而进行的"大规模收集和存储个人数据"是合理的。可见，采用爬虫手段采集数据以对模型进行训练，极容易陷入爬虫不合规的沼泽之中。本小节总结了采用爬虫手段采集数据的几大合规风险。

（1）网络爬取数据典型风险

不正当竞争风险

根据《中华人民共和国民法典》第一百二十七条，法律对数据、网络虚拟财产的保护有规定的，依照其规定。可见，从法律层面确定了对数据权益的保护。除此之外，市场监管总局于 2022 年 11 月公布的《反不正当竞争法（修订草案征求意见稿）》第十八条明确，对于经营者依法收集、具有商业价值并采取相应技术管理措施的数据，其他经营者不得实施下列行为：以盗窃、胁迫、欺诈、电子侵入等方式，破坏技术管理措施，不正当获取其他经营者的商业数据；违反约定或者合理、正当的数据抓取协议，获取和使用他人商业数据，并足以实质性替代其他经营者提供的相关产品或者服务；以违反诚实信用和商业道德的其他方式不正当获取和使用他人商业数据；等等。即使《反不正当竞争法（修订草案）》暂未生效，但《反不正当竞争法》第二条的兜底条款可用于判断爬虫行为是否属于不正当竞争。

可见，对于受法律保护的数据权益，生成式人工智能生产者或提供者未经许可或授权，采用侵入等方式破坏技术管理措施来爬取网站数据，极可能面临不正当竞争风险。

通过对司法案例的梳理，笔者总结出对于通过爬虫技术抓取数据，法院主要从以下几方面判断其是否构成不正当竞争行为。

1）是否享有竞争性权益。在涉及不正当竞争纠纷时，是否具备竞争性权益是问题的关键，而判断是否具备竞争性权益主要在于证明是否享有数据权益。如在北京微播视界科技有限公司（简称微播视界公司）、上海六界信息技术有限公司（简称六界信息公司）等不正当竞争纠纷案⊖中，法院认为："尽管单一的直播系由具体的用户开展，其权益应当归属于具体用户，但微播视界公司作为抖音产品的运营者，就该些直播数据投入了大量运营成本，并通过运营该些数据实现其商业策略，该些数据整体能够为微播视界公司带来竞争优势，微播视界公司就直播数据整体享有竞争法上的合法权益"。同样，在湖南蚁坊软件股份有限公司与北京微梦创科网络技术有限公司不正当竞争纠纷案⊜中，法院认为："网络平台通过自身经营活动吸引用户所积累的平台数据对平台经营者有重要意义，是其重要的经营资源，平台经营者能通过经营使用这些数据获得相应的合法权益。"

2）是否构成竞争关系。在互联网领域，竞争主要在于对公众注意力的争夺，加之在现代市场经营模式繁荣发展的背景下，市场主体从事多领域比较常见，因此竞争往往是跨越行业的，故对于竞争关系的判断不能局限于同行业、同领域或相同业务模式，

⊖　杭州市余杭区人民法院：（2021）浙 0110 民初 2914 号。
⊜　北京知识产权法院：（2019）京 73 民终 3789 号。

而应判断经营主体具体实施的经营行为。如在百度与大众点评不正当竞争纠纷案中，法院认为："《反不正当竞争法》所调整的竞争关系不限于同业者之间的竞争关系，还包括为自己或者他人争取交易机会所产生的竞争关系以及因破坏他人竞争优势所产生的竞争关系。竞争本质上是对客户即交易对象的争夺。在互联网行业，将网络用户吸引到自己的网站是经营者开展经营活动的基础。即使双方的经营模式存在不同，只要双方在争夺相同的网络用户群体，即可认定为存在竞争关系。"本案中，即使大众点评为城市生活消费平台，百度为搜索引擎服务提供商，但两者在为用户提供商户信息和点评信息的服务模式上近乎一致，百度通过百度地图和百度知道与大众点评争夺网络用户，构成不正当竞争。同样，在湖南蚁坊软件股份有限公司（简称蚁坊公司）与北京微梦创科网络技术有限公司（简称微梦公司，新浪微博为其旗下产品）不正当竞争纠纷案中，法院认为"《反不正当竞争法》旨在制止不正当竞争行为，维护合法有序的市场竞争秩序，故对于不正当竞争纠纷诉讼主体之间的竞争关系不应作狭义的理解和限制，现代市场中的竞争关系不仅包括同业竞争，也包括不同经营者对同一经营资源或交易机会进行争夺的情形"，蚁坊公司不正当地获取新浪微博数据并用以提供商业化舆情监测服务，会直接减弱微梦公司利用上述微博数据进行商业化利用的交易机会与交易空间。

3）是否合法权益受到实质损害。对于这个问题，法院通常通过爬虫行为是否构成对目标站点经营者的实质性替代来进行判断。实质性替代主要体现在对客户群、市场份额以及流量的争夺。如在大众点评诉百度不正当竞争纠纷案中，法院认为："百度地图大量使用大众点评网的点评信息，替代大众点评网向网络用户提供信息，会导致大众点评网的流量减少。百度地图在大量使用大众点评网点评信息的同时，又推介自己的团购等业务，攫取了大众点评网的部分交易机会。"而在新浪微博诉脉脉不正当竞争案中，法院认为："在获取用户职业信息和教育信息时明知或应知需要高级接口（需要授权）的情况下仍放任技术抓取能力获取相应信息，不仅破坏了基于《开发者协议》建立起来的OpenAPI合作模式，还容易引发'技术霸权'的恶性竞争，即使法律对该种竞争行为未作出特别规定，但是诚实遵守《开发者协议》的其他经营者及作为数据开

　　㊀ 上海市第一中级人民法院：（2016）沪73民终242号。
　　㊁ 北京知识产权法院：（2019）京73民终3789号。
　　㊂ 上海市第一中级人民法院：（2016）沪73民终242号。
　　㊃ 北京知识产权法院：（2016）京73民终588号。

放平台的微梦公司的合法权益确因该竞争行为而受到了实际损害，任由技术抓取能力获取信息的方式如果不加规范，必将引发技术的恶性竞争。"同样在安徽美景信息科技有限公司（简称美景公司）、淘宝（中国）软件有限公司（简称淘宝公司）商业贿赂不正当竞争纠纷案[二]中，法院认为："美景公司以'咕咕互助平台'实质性替代了'生意参谋'数据产品，截取了原本属于淘宝公司的客户，导致了淘宝公司的交易机会严重流失，损害了淘宝公司的商业利益。"

4）是否具备行为正当性。判断爬虫行为是否正当，应结合该行为对经营者利益、消费者利益及社会公共利益的影响做整体利益衡量和判断。互联网行业的繁荣，离不开对数据的充分应用以及技术与业务模式的创新，若简单粗暴地限制市场主体利用他人获取的数据，将不利于提升用户体验，提升市场活力。反之，若一味开放数据利用边界，完全攫取他人劳动成果，提供同质化的服务，将不利于市场规范竞争，不仅会导致丧失商业投入的积极性，而且有悖商业道德。

在爬取内容层面，如在湖南蚁坊软件股份有限公司与北京微梦创科网络技术有限公司不正当竞争纠纷案[二]中，法院认为："对于微梦公司未设定访问权限的数据，应属微梦公司已经在微博平台中向公众公开的数据。但对于微梦公司通过登录规则或其他措施设置了访问权限的数据，则应属微博平台中的非公开数据。基于网络环境中数据的可集成、可交互之特点，平台经营者应当在一定程度上容忍他人合法收集或利用其平台中已公开的数据，否则将可能阻碍以公益研究或其他有益用途为目的的数据运用，有违互联网互联互通之精神。"而在北京微播视界科技有限公司、上海六界信息技术有限公司等不正当竞争纠纷案[三]中，法院认为："六界公司将抖音平台上非公开的数据通过自行整理计算后予以公开展示，使得本来无法通过自然人为方式获得的数据能够通过公开途径获取，破坏了抖音产品的数据展示规则及其运营逻辑和秩序，进而破坏该种平衡，容易引发主播与普通用户的不满，破坏用户黏性，进而损害微播公司该种竞争优势。"可见，对于公开数据与非公开数据的判断是行为正当性考量的基础。在大众点评诉百度不正当竞争纠纷案[四]中，法院认为："当用户在百度地图上搜索某一商户时，不仅可以知晓该商户的地理位置，还可了解其他消费者对该商户的评价，这种商业模

　㊀　浙江省杭州市中级人民法院：（2018）浙 01 民终 7312 号。
　㊁　北京知识产权法院：（2019）京 73 民终 3789 号。
　㊂　杭州市余杭区人民法院：（2021）浙 0110 民初 2914 号。
　㊃　上海市第一中级人民法院：（2016）沪 73 民终 242 号。

式上的创新在一定程度上提升了消费者的用户体验，丰富了消费者的选择，具有积极的效果。但即使百度公司的竞争行为具有一定的积极效果，但应当遵循'最少、必要'的原则，即采取对汉涛公司损害最小的措施。"可见，即使对公开数据的爬取，也需要遵循正当性原则，采取损害最小的措施。

在爬取行为层面，如在北京微播视界科技有限公司、上海六界信息技术有限公司等不正当竞争纠纷案[○]中，法院认为："尽管并无在案证据显示六界公司系通过突破微播公司技术防护措施直接从其后台抓取涉案数据，但就具体通过何种技术手段获取直播间数据，六界公司并未给出令人信服的说明，认定六界公司使用了不正当的技术手段。"

著作权侵权风险

通常，网站会通过法律声明或用户协议明确知识产权归属，如今日头条《用户协议》[○]第 9.1 条显示："公司在今日头条软件及相关服务中提供的内容（包括但不限于软件、技术、程序、网页、文字、图片、图像、音频、视频、图表、版面设计、电子文档等）的知识产权属于公司所有。公司提供今日头条服务时所依托的软件的著作权、专利权及其他知识产权均归公司所有。未经公司许可，任何人不得擅自使用（包括但不限于通过任何机器人、蜘蛛等程序或设备监视、复制、传播、展示、镜像、上载、下载）今日头条软件及相关服务中的内容。"又如第一财经《法律声明》[○]第 7 条显示："第一财经网站定义的网络服务内容包括：文字、软件、声音、图片、录像、图表、广告中的全部内容；电子邮件的全部内容；第一财经网站为用户提供的其他信息。所有这些内容受版权、商标、标签和其他财产所有权法律的保护。所以，用户只能在第一财经网站和广告商授权下才能使用这些内容，而不能擅自复制、再造这些内容，或者创造与内容有关的派生产品。第一财经网站所载第一财经电视、第一财经频道以及第一财经日报的内容版权归第一财经所有，第一财经网站拥有转授权，任何人需要转载第一财经网站的文章，必须征得第一财经网站同意授权。"如在大众点评与爱帮网著作权侵权纠纷案[○]中，大众点评提交了相关用户的授权确认书，据此法院认为："大众点评运营者对用户点评内容享有著作权，爱帮网运营者未经同意使用技术手段抓取并使用大众

○ 杭州市余杭区人民法院：（2021）浙 0110 民初 2914 号。
○ 今日头条《用户协议》，访问时间为 2024 年 2 月 24 日。
○ 第一财经《法律声明》，访问时间为 2024 年 2 月 24 日。
○ 北京市海淀区人民法院：（2010）海民初字第 4253 号。

点评的用户点评内容，被认定构成侵犯著作权。"

若爬取的数据不属于《著作权法》第五条、《著作权法实施条例》第五条以及《最高人民法院关于审理著作权民事纠纷案件适用法律若干问题的解释》第十六条规定的"合理使用"范畴，则极易构成著作权侵权。具体对于知识产权的合规要点，请参见第4章。

隐私权侵权风险

根据《中华人民共和国民法典》第一百一十条，"自然人享有生命权、身体权、健康权、姓名权、肖像权、名誉权、荣誉权、隐私权、婚姻自主权等权利。"。根据其第九百九十条，"人格权是民事主体享有的生命权、身体权、健康权、姓名权、名称权、肖像权、名誉权、荣誉权、隐私权等权利。"该法典第六章还规定了隐私权和个人信息保护。除此之外，《网络安全法》《数据安全法》《个人信息保护法》等也规范了对个人信息的保护。

如在孙某某诉北京百度网讯科技有限公司、第三人北京搜狐互联网信息服务有限公司人格权纠纷案[○]中，法院认为："涉案姓名、照片及其关联关系等内容构成个人信息，孙某某仅授权搜狐公司在一定权限范围内使用和公开涉案信息。搜狐公司将涉案信息置于公开网络后，百度公司的搜索行为使得涉案信息可被全网不特定用户检索获取，在客观上导致该信息在孙某某授权范围之外被公开，属于未经同意处理个人信息的行为，且在收到删除通知后，百度公司在其有能力采取相匹配必要措施的情况下，未给予任何回复，其怠于采取措施的行为，导致涉案侵权损失的进一步扩大，构成对孙某某个人信息权益的侵害。"

刑事风险

1）侵犯公民个人信息罪。若生成式人工智能产品开发者或提供者违反个人信息保护的相关规定，向他人出售或者提供公民个人信息，可能涉嫌侵犯公民个人信息罪，参见《中华人民共和国刑法》第二百五十三条以及《最高人民法院、最高人民检察院关于办理侵犯公民个人信息刑事案件适用法律若干问题的解释》。如在杭州魔蝎数据科技有限公司等侵犯公民个人信息案[○]中，魔蝎公司经过贷款用户授权获取用户社保等网站账号、密码后，通过爬虫程序代替贷款用户登录相关网站，爬取相关网站上贷款用户本人各类数据，并提供给网贷平台用于判断用户的资信情况，并从网贷平台获取费用。

○　北京互联网法院：（2019）京 0491 民初 10989 号。
○　浙江省杭州市西湖区人民法院：（2020）浙 0106 刑初 437 号。

虽然魔蝎公司在和个人贷款用户签订《数据采集服务协议》中明确告知贷款用户"不会保存用户账号和密码，仅在用户每次单独授权的情况下采集信息"，但其未经用户许可仍采用技术手段长期保存用户个人信息，其中大部分账号和密码，如淘宝、京东等，无法二次使用，邮箱等部分账号和密码存在未经用户授权被魔蝎公司二次使用的情况。法院认为构成侵犯公民个人信息罪。

2）非法获取计算机信息系统数据罪。如生成式人工智能开发者或提供者采用破解技术，反反爬措施强行获取非公开数据，极可能涉嫌非法获取计算机信息系统罪。如在上海某网络科技有限公司等非法获取计算机信息系统数据案[○]中，法院认为："被告在数据抓取的过程中使用伪造 device_id 绕过服务器的身份校验，使用伪造 UA 及 IP 地址绕过服务器的访问频率限制，破解目标站点的防抓取措施，使用 tt_spider 文件实施视频数据抓取行为，构成非法获取计算机信息系统数据罪。"

3）破坏计算机信息系统罪。如生成式人工智能开发者或提供者入侵目标站点的信息系统，修改数据，增加目标站点的负担，导致无法正常运行，极有可能构成破坏计算机信息系统罪。如在杨某某等破坏计算机信息系统案[○]中，法院认为"快鸽信贷系统"软件的"网络爬虫"功能在深圳市居住证系统获得数据时，相应地会对该系统产生伤害性的影响。该软件在两小时内对深圳市居住证系统的查询访问频率为每秒 183 次，共计查询信息 1 510 140 条次并将查询的信息进行保存。深圳市公安局居住证服务平台服务器遭受了该爬虫软件的自动化程序攻击，在该时段内深圳市居住证系统服务器阻塞，服务平台无法正常对外提供服务，其他用户无法正常使用平台业务，极大地影响了该居住证系统使用方深圳市公安局人口管理处的日常运作，构成破坏计算机信息系统罪。

因每一网络爬取行为针对的目标站点、爬取手段、爬取内容存在差异，以及目前法院存在同类不同判的情况，故就生成式人工智能开发者或提供者的爬虫行为而言，难以一概而论，需要针对每个具体情况进行风险探讨。

（2）网络爬取数据合规措施

为了规避因网络爬取数据而产生上述合规风险，根据笔者的实务经验，生成式人工智能产品的开发者或提供者可以采取以下合规措施：

○　北京市海淀区人民法院：（2017）京 0108 刑初 2384 号。

○　深圳市南山区人民法院：（2019）粤 0305 刑初 193 号。

1）Robots 协议。目前，Robots 协议暂未有明确的法律定义，根据百度百科[⊖]，"robots 协议也称爬虫协议、爬虫规则等，是指网站可建立一个 robots.txt 文件来告诉搜索引擎哪些页面可以抓取，哪些页面不能抓取"。淘宝的 Robots 协议如图 5-1 所示。

图 5-1　淘宝 Robots 协议

根据淘宝的 Robots 协议，拒绝任何搜索引擎爬取淘宝数据。按照该协议，生成式人工智能开发者或提供者在取得淘宝运营者的许可或授权之前，禁止对淘宝数据进行爬取。建议生成式人工智能开发者或提供者在爬取之前，逐一了解目标站点、软件设置的 Robots 协议，且遵守 Robots 协议。

2）网站协议或声明。绝大部分网站在页面上给出了法律声明或用户协议，如今日头条在《用户协议》中明确："除非得到公司事先明示书面授权，你不得以任何形式对'今日头条'软件及相关服务进行包括但不限于改编、复制、传播、垂直搜索、镜像或交易等未经授权的访问或使用。"上海证券交易所在《法律声明》[⊖]中明确："未经上海证券交易所书面许可，任何机构或者个人不得以向他人出售牟利为目的，使用本网站的任何内容，此种使用包括但不限于拷贝、下载、存贮、通过硬拷贝或电子抓取系统获取、发送、转换、出租、演示、转载、修改、销售、传播、出版或任何其他形式的散发。"建议生成式人工智能开发者或提供者在爬取之前，注意目标站点的用户协议、法律声明等相关协议或声明，判断爬取行为是否被禁止或限制。

3）技术措施。在对目标站点进行爬取时，注意不得采取技术措施规避目标站点的反爬措施，爬取的数量和频率不会影响目标网站的正常运行，如不会超出网站流量

⊖　详见百度百科"robots 协议"词条，访问时间为 2024 年 1 月 22 日，访问链接为 https://baike.baidu.com/item/robots%E5%8D%8F%E8%AE%AE/2483797?fromtitle=robots.txt&fromid=951876。

⊖　上海证券交易所《法律声明》，访问时间为 2024 年 2 月 24 日。

三分之一，所采取的技术手段不包含病毒、恶意代码，不会对加密数据进行破解，不会对目标站点软件进行反向编译，不会利用目标站点的漏洞爬取数据，不会突破系统防护措施侵入目标站点的服务器、获取服务器中的数据，不会篡改或远程操控目标站点系统，或对系统功能进行删除、修改、增加、干扰，不会突破著作权人等在其作品、表演、录音录像制品上设置的保护措施。

4）爬取对象。若需要爬取与本身具有竞争关系的网站信息，应当注意是否对目标站点经营者构成实质性替代，主要判断是否会造成目标站点运营者在客户群、市场份额以及流量方面的减少，造成利益损失。

5）爬取内容。注意不存在爬取与自身商业模式相同或近似的利益相关方的信息，造成直接损害或者减损其可期待利益的情形，或可爬取数据中涉及目标网站自身核心化、批量式主营业务商业数据，避免爬取有明确的著作权作品的数据，如视频等，避免爬取个人信息，如需爬取个人信息，应当征得其同意。

设置数据源审核岗，对数据源网站进行考察审核，以确保数据源网站数据是允许面向社会公开的数据，避免爬取个人信息、有明确著作权的数据。

6）投诉处理。对于目标站点或其他权利人的投诉，建议及时落实，若确实存在侵权情形，立即采取措施，避免侵权行为的继续发生以及损害的继续扩大，并对其他爬取的目标站点情形进行排查。

2. 第三方数据

要获得生成式人工智能模型所需的训练数据，除了通过网络爬取，还可以向第三方采购或使用第三方开源数据集，如 Databricks Dolly 15k 数据集、OASST1 数据集、RedPajama 数据集。另外，data.world 上有 130 170 个开放数据集，涵盖环境数据、地理数据、健康数据、社会数据等，GitHub 上也有许多数据集，如 awesome-public-datasets，其相关信息见图 5-2。

较之通过网络爬取方式采集数据，使用第三方数据的合规风险相对较低，但仍需关注以下问题。

（1）第三方身份

确认第三方的具体身份以及第三方是否为数据的权威数据源或原始数据源。权威数据源如政府部门，原始数据源即直接从用户处收集数据。若为权威数据源或原始数据源，生成式人工智能的生产者或提供者使用这些数据作为训练数据的风险较小。若为第三方非权威数据源或原始数据源，需要核实第三方的数据来源并逐层穿透至权威数据源或原始数据源。

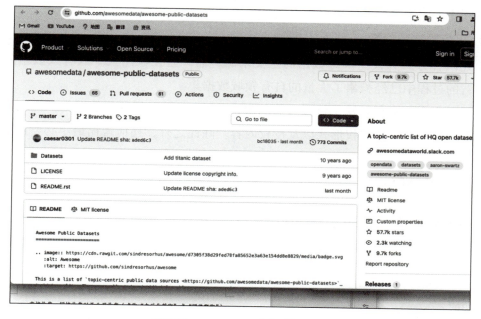

图 5-2　awesome-public-datasets

（2）数据权属

第三方数据集中的数据可能来自网络爬取，就网络爬取而言，需要按照前述判断爬取手段、爬取内容以及爬取后续使用是否合法、合规、合理。对于非网络爬取方式获得的数据，判断不存在数据权属瑕疵。

（3）个人信息

第三方数据集中的数据可能包括个人信息，如在开源图片中可能有未经授权的个人图像，对于这些个人信息的对外提供以及作为模型的训练数据，确认第三方是否取得充分有效授权。因此，对数据集中涉及个人信息的数据进行鉴别、清洗，以及对未充分授权部分进行删除非常重要。

（4）第三方管理

对于提供数据集的第三方，建议开展合规尽调，不仅包括第三方数据集中涉及非个人信息部分的数据权属，也包括第三方数据集中涉及个人信息部分的合法授权。除此之外，还要审核第三方的数据保护能力，具体体现在是否具备个人信息保护相关的组织架构和数据安全负责人、数据安全保障的技术措施和认证证明，以及是否配套数据安全保障制度体系。对于采购形式获得的第三方数据集，与第三方签署数据采购协议，在协议中加入数据保护条款，明确各方权利、义务及责任。

3. 自有领域数据集

上述两种方式为模型训练数据的主要来源，而一些互联网大厂或者大数据公司在业务运营的过程中已经积累了大量的自有领域数据集。

根据《个人信息保护法》以及《暂行办法》，对于自有领域的数据集，应取得用户的充分有效授权，包括授权形式以及授权内容。除此之外，还应遵循最小必要原则。

5.1.2 数据质量提升

Epoch AI 预测⊖，2030 年到 2050 年，我们将耗尽低质量语言数据的库存（见图 5-3），到 2026 年，我们将耗尽高质量语言数据的库存（见图 5-4），训练数据很快会成为拓展语言大模型的瓶颈。

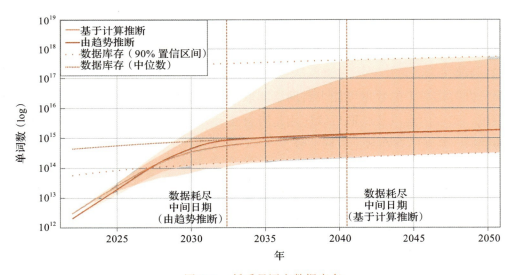

图 5-3   低质量语言数据库存

⊖   详见 Epoch AI 的文章 "Will We Run Out of ML Data? Evidence From Projecting Dataset Size Trends"，访问日期为 2024 年 1 月 23 日，访问链接为 https://epochai.org/blog/will-we-run-out-of-ml-data-evidence-from-projecting-dataset.

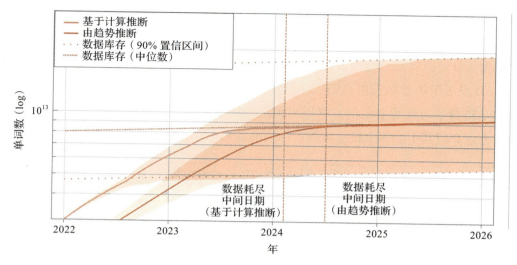

图 5-4　高质量语言数据库存

　　《中国城市报》发表文章称"模型百花齐放时代，数据质量决胜负"。《暂行办法》也要求生成式人工智能服务提供者应当采取有效措施提高训练数据质量，增强训练数据的真实性、准确性、客观性和多样性。因此，提升数据质量显得尤为重要。

1. 数据清洗

　　在处理模型训练数据时，数据清洗是非常重要的一个环节，可以采用人工结合机器的方式，其中机器部分包括自动化算法、自然语言处理技术、数据预处理技术、云计算技术。数据清洗主要包括以下步骤：

　　1）数据去重：删除重复的数据，包括文件级别的数据去重、固定分块的数据去重、可变分块的数据去重等。

　　2）数据清洗：处理缺失值、异常值，以及与模型训练目标无关的数据。

　　3）数据格式转换：将不同格式的数据转换成统一的格式，以便进行数据处理。

　　4）数据标准化：根据数据的特征及范围将其转变为相同大小的数据集，进行统一处理和分析。

2. 数据标注

　　《暂行办法》要求，为了保证数据质量，在生成式人工智能技术研发过程中进行数据标注的，提供者应当制定清晰、具体、可操作的标注规则；开展数据标注质量评估，抽样核验标注内容的准确性；对标注人员进行必要培训，提升尊法守法意识，监督指导标注人员规范开展标注工作。对于具体的数据标注动作，可以参考《针对内容安全的人工智能数据标注指南》。

根据《针对内容安全的人工智能数据标注指南》，数据标注指对文本、图像、语音、视频、3D点云等原始数据进行归类、整理、纠错、转录、翻译和添加标签等操作，以生成满足机器学习训练要求的、机器可识别的数据编码。具体数据标注流程见图5-5，下面来重点介绍其中的两个核心步骤：标注准备和标注。

图 5-5　《针对内容安全的人工智能数据标注指南》数据标注流程

（1）标注准备

标注准备包括数据获取、进行数据预处理、形成标准化的操作规程、制定质检方案、准备相应的标注工具和平台（如线下工具、平台复用、平台优化、平台新建等方式）、确定标注人员能力、试标注以及制定标注方案。

其中数据预处理方法如表5-1所示。

表 5-1　《针对内容安全的人工智能数据标注指南》给出的数据预处理方法

维度	办法	详细内容
通用数据预处理流程	数据去重	MD5特征值去重，相似度去重
	模型预处理	针对初步具备识别能力的模型，通过模型预测结果进行筛选，进行样本标注
	数据分类	共性无效样本分类识别
	数据聚类	基于相似度的聚类处理
	主动学习	针对初步具备识别能力的模型，通过模型标注、人工修正的方式进行样本标注
专项数据预处理流程	针对特殊业务形式、数据类型进行专项数据预处理流程研究	多模态技术叠加，多个数据预处理流程叠加

主流数据标注工具如下：

- Label Studio。该工具有免费开源和付费两个版本，即便是免费开源版本，也支持图像分类、语义分割等标注类型。
- Diffgram。Diffgram除了可以进行数据标注之外，还具备数据集管理功能。
- CVAT。CVAT的数据标注功能及自动化功能非常丰富，能够支持关键点以及多边形的标注，还支持团队协作。

除此之外，常见的数据标注工具还有 VIA、LabelImg 等。

（2）标注

标注包括安排标注人员实施标注，进行进度管理、质量控制，其中质量控制方法可参见表 5-2。

表 5-2 《针对内容安全的人工智能数据标注指南》给出的质量控制方法

质量控制办法	详细描述
多人验证	多人做同一个子任务，通过标注工具的功能自动或人工辅助选择出最优、最正确的标注结果
埋题验证	在任务进行期间，除了常规标注子任务外，在任务中混进若干已知结果的测试题，以此验证一线操作标注人员的标注水平
标注人员状态验证	通过一定办法对标注人员的操作规范性、实时注意力状态、标注准确率等方面进行检查与监测，及时发现操作违规问题，保证数据质量
机器验证	在任务进行期间使用机器学习方法，得到数据准确率，一旦发现离群点或明显的降低趋势，及时对标注人员预警和警告

3. 其他措施

除了数据清洗和数据标注，建议通过人工标注结果数据，利用卷积神经网络、循环神经网络等算法模型学习标注后的数据特征，实现对目标样本的一定的预测能力。且数据质量提升是一个持续的过程，需要定期检查和调整，应该建立一个持续监控系统，以便不断改进数据质量流程。目前市面上有很多工具可以帮助提升数据质量，如 DataCleaner、Talend、MuleSoft 等，这些工具可以帮助发现并修复问题，如重复记录、错误的分类等。

5.2 模型应用阶段

在模型应用阶段，有两种提供生成式人工智能服务的情形：一种为服务提供者也是服务开发者，直接向用户提供服务；一种为服务提供者不是服务开发者，使用服务开发者的技术向用户提供服务。无论服务开发者与服务提供者是否为同一主体，在模型应用阶段都涉及与用户的交互。在该阶段，涉及对用户数据的收集、对用户权利的响应、儿童个人信息收集的必要性判断，以及若涉及接入境外 AI 技术服务提供商，如何满足数据跨境合规要求。

5.2.1　告知同意

根据《个人信息保护法》，收集个人信息应履行"告知—同意"义务，其中告知内容通常以个人信息处理规则的方式表现，且告知内容应逐一列举收集个人信息的目的、处理方式以及个人信息类型。但不同于一般的应用程序，由于生成式人工智能产品涉及人与 AI 的直接交互，对于这种类似于"服务热线""Q&A"的模式，难以在交互之前对收集个人信息的场景进行完全罗列，因此如何在事前向用户告知收集个人信息的目的、方式和范围并取得其同意，需要慎重考虑。

笔者罗列了目前主流 AI 产品的个人信息处理规则，如文心一言的《个人信息保护规则》○提示："人机交互对话，当您成功连接我们的服务后，您可以通过对话框与我们的文心一言进行交互对话。我们会自动接收并记录您与文心一言进行交互过程中自愿输入的对话信息，使用这些信息向您输出内容，以提供人机交互服务……问答历史，为向您提供连续性、一致化的使用体验，保障服务质量，我们会记录您的个人对话记录，包括您输入的对话信息，以及基于上述信息形成的对话主题。"又如天工 AI 搜索在《隐私政策》○中提示："您在使用天工产品或服务过程中产生的数据——互动数据及产品使用数据取决于您互动的环境及您所做的选择，这些数据包括但不限于您的隐私设置数据以及您所使用的产品和服务数据。这些数据可能由您直接提供，也可能是由我们通过您与天工产品的交互以及对产品的使用和体验收集而来。"

可见，通常采用《隐私政策》或其他个人信息处理规则的形式告知用户在人机交互场景会收集对话数据、输入数据，并提供"勾选同意"的方式，来满足用户数据采集的合规要求。

5.2.2　个人信息权利行使

在一般的应用程序下，因个人信息处理者通常以字段的方式存储用户个人信息，因此用户个人信息权利响应较为容易，可直接通过权利行使渠道提出查询、删除等请求。但在模型下，个人信息权利的行使没有那么容易，就查询权而言，因模型存储的为交互记录而非数据字段，难以确定个人信息的范围。就删除权而言，如果用户数据

○　文心一言《个人信息保护规则》，访问时间为 2024 年 2 月 24 日。
○　天工 AI 搜索《隐私政策》，访问日期为 2024 年 2 月 24 日。

已经转换成训练数据，如何进行删除？因用户数据已经被采取去重、格式转换等方式清洗，是否还可以准确识别出用户的交互记录？若生成式人工智能服务提供者接入境外AI 技术服务提供商，如何通知境外 AI 技术服务提供商对数据进行删除，境外 AI 技术服务提供商是否一定会执行该请求？至于这些疑问如何解决，目前还有待进一步观察。

根据笔者的了解，文心一言在服务页面左侧设置了查看历史记录的按钮，并支持搜索历史记录、删除历史记录操作，但是用户删除了历史记录，是否就能保证文心一言后台服务器也删除该记录呢？

5.2.3 收集儿童个人信息

虽然 OpenAI 在其 *Our approach to AI safety*（《AI 安全方法声明》）◯中要求用户必须年满 18 岁，或年满 13 岁在父母同意的情况下使用，不允许技术用于产生可恨、骚扰、暴力或成人内容等其他类别，但在上文提及的消费者向加州北部地区法院提起的集体诉讼以及意大利政府禁用 ChatGPT 的声明来看，OpenAI 实际并未设置年龄验证机制。

建议生成式人工智能服务的开发者或提供者在模型生产前，应基于自身业务目的考虑是否有收集儿童个人信息的必要。若产品本身专门针对儿童，如儿童在线教育 AI交互产品、儿童在线娱乐 AI 交互产品，则建议设置儿童个人信息保护规则，告知收集儿童个人信息的目的、方式和范围，以及行使删除等个人信息权利的有效途径，并获得同意。

另外，建议设置年龄验证机制。如美国《儿童在线隐私保护法》及其指导规则◯提示可以采取要求监护人签署同意书并通过邮件进行扫描件回传的方式、提供政府颁发的监护人身份证件副本或驾驶证照片等方式进行年龄验证，并取得监护人同意。

5.2.4 数据跨境

目前，除了像百度、昆仑万维等具有自行开发大模型、打造生成式人工智能产品

◯ 详见 OpenAI 博客文章 "Our approach to AI safety"，访问时间为 2024 年 1 月 23 日，访问链接为 https://openai.com/blog/our-approach-to-ai-safety。

◯ 详见美国联邦贸易委员会发布的文章 "Children's Online Privacy Protection Rule: A Six-Step Compliance Plan for Your Business"，访问时间为 2024 年 1 月 24 日，访问链接为 https://www.ftc.gov/business-guidance/resources/childrens-online-privacy-protection-rule-six-step-compliance-plan-your-business#step4。

的服务提供者不涉及向境外传输数据外，大部分服务提供者通过接入的境外 AI 产品的 API 或使用境外第三方技术服务商的服务向用户提供服务。如中国境内的生成式人工智能服务提供者通过 API 接入 ChatGPT，向用户提供服务，鉴于 ChatGPT 的运营者 OpenAI 位于美国加州，若中国用户输入数据，则涉及数据出境。若 ChatGPT 模型处理数据后将交互结果返回给中国用户，也可能涉及美国的数据出境。在这类场景下，数据跨境流程如图 5-6 所示。

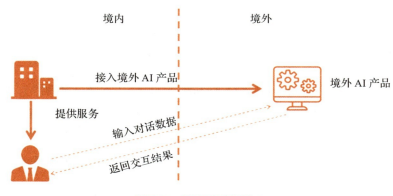

图 5-6　数据跨境流程 1

又如中国境内的生成式人工智能服务提供者使用境外第三方的技术服务向用户提供服务，鉴于服务提供商位于境外，且其服务器部署在境外，若中国用户输入数据，则涉及数据出境。若境外第三方技术服务提供商处理数据后将交互结果返回给中国用户，也可能涉及该国的数据出境。在该场景下，数据跨境流程如图 5-7 所示。

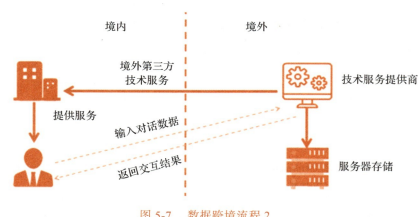

图 5-7　数据跨境流程 2

故提供商面临数据跨境合规风险如下。

1. 国际专线

《关于清理规范互联网网络接入服务市场的通知》要求，未经电信主管部门批准，不得自行建立或租用专线（含虚拟专用网络，即 VPN）等其他信道开展跨境经营活动。接入境外 AI 产品的 API 涉及开展跨境经营活动，故需要经电信主管部门批准才能自行建立或租用国际专线，否则属于违规行为。若以营利为目的将该跨境经营业务提供给第三方使用，还可能涉嫌非法经营罪。

2. 中国数据出境合规

根据《个人信息保护法》《数据出境安全评估办法》《个人信息出境标准合同办法》等法律法规，数据出境涉及三条合规路径，分别为取得个人信息保护认证、数据出境安全评估以及个人信息出境标准合同备案，合规路径的选择主要在于出境个人信息类型以及个人信息规模的判断。

但由于用户与 AI 产品之间为实时交互活动，故在用户使用生成式人工智能产品的服务之前，难以准确判断用户的规模以及用户输入的数据类型，故在履行数据出境合规义务上存在一定的滞后性，导致无法提前向中央网信办进行数据出境安全评估申报，或向省级网信部门进行个人信息出境标准合同备案。但服务提供商仍可以提前就数据出境行为取得用户的单独同意。

根据《个人信息保护法》，向中华人民共和国境外提供用户个人信息的，应当向用户告知境外接收方的名称或者姓名、联系方式、处理目的、处理方式、个人信息的种类以及用户向境外接收方行使权利的方式和程序等事项，并取得个人的单独同意，建议单独告知数据出境情况，并采用"勾选同意"的方式取得用户单独同意。

3. 境外数据出境要求

如上所述，经境外 AI 产品处理过的交互数据会返回给中国用户，故需要进一步考虑境外数据出境要求。虽然目前美国对于数据跨境流动在数据合规规范层面较为自由，但受其对国家安全、社会安全因素的关注，数据跨境流动较为受限。如 OpenAI《Terms of use》（用户协议）⊖中特别提及"贸易管制"（Trade Controls），ChatGPT 还不得出口

⊖　详见 OpenAI "Terms of use"，访问日期为 2024 年 1 月 24 日，访问链接为 https://openai.com/policies/terms-of-use。

到任何美国禁运国家或地区，以及被禁止或限制的个人或实体使用。因此，经生成式人工智能产品处理后返回的交互数据不仅受数据合规层面的规范，还受境外出口管制规范。

5.3　模型优化阶段

在模型优化阶段，生成式人工智能服务提供者将在模型应用阶段收集的用户数据转化成训练数据，进一步优化模型。针对将用户数据作为训练数据使用的行为，需要关注以下合规风险。

5.3.1　数据使用

根据《个人信息保护法》，处理个人信息应当具有明确、合理的目的，并应当与处理目的直接相关，采取对个人权益影响最小的方式。可见个人信息使用应满足最小必要原则。若在约定范围外处理用户个人信息，需要再次取得用户同意。若生成式人工智能服务提供者使用用户数据作为训练数据，应提前告知该使用目的。根据《工业和信息化部关于进一步提升移动互联网应用服务能力的通知》，从事个人信息处理活动，应具有明确、合理的目的，不得仅以服务体验、产品研发、算法推荐、风险控制等为由，强制要求用户同意超范围或者与服务场景无关的个人信息处理行为，故仅以改善模型服务体验为由可能难以满足最小必要原则。

文心一言就"用户数据作为模型训练数据"情形，在《个人信息保护规则》中提示用户："我们有权对用户数据进行分析并予以利用，包括但不限于使用技术处理后的对话信息提高文心一言对您输入内容的理解能力，以便不断改进文心一言的识别、响应的速度和质量，提高文心一言的智能性。"天工 AI 搜索也在《隐私政策》中明确告知用户："我们还会使用对话信息提高天工对您输入内容的理解能力，以便不断改进天工的识别、响应的速度和质量，提高天工的智能性……收集您的信息是为了向您提供丰富交互式体验并不断提升服务质量，为了实现这一目的，我们会把您的信息主要用于下列用途：向您提供我们的产品及服务，包括进行更新、保护和疑难解答，以及提供支持。在需要使用数据来提供服务或执行您请求的交易时，还包括共享数据。帮助我们设计新产品和服务，改进和开发我们现有的产品及服务。"可见文心一言以及天工

AI 搜索对于用户数据的后续使用，提前予以告知，并取得同意。但该两 AI 产品并未如 OpenAI 一样提供"选择—退出（opt-out）"的模式，即提供用户拒绝使用其个人信息进行模型训练的途径。

除此之外，在用户数据进行模型优化后可能会被摘录至语料库，并可能在其他用户对 AI 产品进行交互时，向其他用户披露用户个人信息，导致出现"公开披露"的情形。建议生成式人工智能服务提供者对用户数据中涉及个人信息的部分进行去标识化处理，避免其他用户根据交互内容识别个人信息主体，引起个人信息泄露。如文心一言在《个人信息保护规则》中提示："我们将根据相关法律法规的要求通过技术手段对个人信息进行必要的去标识化或匿名化处理，处理后的信息将无法精确识别到特定个人信息主体。"

而且，若作为模型优化训练数据的用户数据存在侵犯其他个人或实体权利的情形，如涉及未经授权获取的个人信息，会给服务提供者带来比较大的合规风险。目前，主流的 AI 产品通过个人信息处理规则要求用户就输入数据的合法合规性承担责任，如文心一言在《个人信息保护规则》中提示用户："我们理解您输入的对话信息、提交的信息反馈以及其他您向我们提供的信息中可能包含他人的个人信息，这种情况下请您务必在提供前取得他人的合法授权，避免造成他人个人信息的不当泄露。"天工 AI 搜索在《隐私政策》中也提示用户："请您确保您向天工提供的个人信息，以及您授权天工在本隐私政策所述范围内收集、处理、使用、存储的相关个人信息，不会侵犯他人合法权益。"

5.3.2　数据安全

据上文所述，三星内部发生了三起涉及 ChatGPT 误用与滥用的事件，包括两起设备信息泄露和一起会议内容泄露。有报道称⊖，三星的半导体设备测量资料、产品良率等内容或已被存入 ChatGPT 学习资料库中。在此之前，多名 ChatGPT 用户表示在历史对话中看到了他人的对话记录，还在订阅页面上看到了他人的电子邮件地址。OpenAI 的首席执行官 Sam Altman 也公开承认开源库中出现错误，导致部分用户与 ChatGPT 的

⊖　详见 21 经济网文章《意大利暂时禁用 ChatGPT，AI 大语言模型背后数据泄露的"罪与罚"》，访问时间为 2024 年 1 月 24 日，访问链接为 https://www.21jingji.com/article/20230402/herald/62d1af92aa9b16bf0946515c7de70bfd.htm。

聊天记录被泄露。出于对数据泄露的担忧，美国银行、花旗集团、德意志银行、高盛集团、富国银行、摩根大通和 Verizon 等企业已经禁止员工使用 ChatGPT 处理工作任务。出现上述数据泄露事件，主要原因在于在用户使用 ChatGPT 后，ChatGPT 留存了用户的数据并将其纳入模型训练数据之中，并未经去标识化等脱敏处理即对公众提供。

目前，生成式人工智能所涉及的数据泄露主要包括两类：另一类是生成式人工智能产品本身系统安全问题导致的数据泄露；另一类是生成式人工智能服务使用者的输入数据中包含保密信息或敏感信息，如公司的商业秘密、个人敏感的信息，这些输入数据被纳入 AI 产品的语料库进行模型训练优化，进而在与其他使用者进行交互时对外输出，导致数据泄露。

对于第一类情况而言，企业可以采取如下合规措施：

- **组织架构**：根据《网络安全法》《数据安全法》以及《个人信息保护法》，建立网络安全、个人信息保护的组织架构，如建立信息安全委员会或个人信息保护委员会进行统筹规划，各业务部门，如技术部、业务部、运营部、产品开发部、法务部等具体执行工作。除此之外，任命信息安全负责人、数据合规官或个人信息负责人，由其领导网络安全与个人信息的保护工作。

- **管理制度**：根据《网络安全法》《数据安全法》以及《个人信息保护法》等法律法规，并参照相应国家标准和行业标准，制定网络安全管理制度体系和数据安全管理制度体系。

- **技术保护**：积极采取加密算法、安全测试、防护墙等技术安全保障措施，并履行网络安全等级保护义务，如取得网络安全等级备案证明，或取得 ISO/IEC 27001 等国际标准认证。

- **协议文本**：若服务提供者非产品生产者，建议其与产品生产者或其他第三方签署协议，约定双方的权利和义务，以及发生数据安全事件时的处理措施。

- **补救措施**：制定数据安全事件应急响应制度，明确应急响应流程以及通报机制，并定期进行数据安全事件演练，防范数据泄露风险。

对于第二类情况而言，企业可以采取如下合规措施：企业内部在引入生成式人工智能产品或技术前，评估该产品或技术的数据安全保障能力，是否会对输入数据进行去标识化或匿名化处理，是否存在输入数据未经脱敏直接对外输出的情况；针对员工的使用规则作出严格限制，设置员工个人信息处理权限管控制度，以降低数据使用过程中的数据泄露风险。

CHAPTER 6

第 6 章

大语言模型
内容安全

　　生成式人工智能已经广泛应用于如游戏、娱乐、社交媒体等多个行业，涉及文本生成、图片生成、音视频生成等多项 AI 技术。比较典型的生成式人工智能赋能行业的实践有赋能游戏人物互动设计、游戏场景美术设计，赋能语音社交平台的虚拟主播形象设计等。若在使用者使用生成式人工智能产品时，其输入内容或者 AI 产品生成的相应内容存在违法内容、不良内容等情形，则极容易严重侵害个人权益、社会公共利益，甚至国家安全。

6.1　内容安全监管

据《华尔街日报》报道，2019 年 3 月，德国某公司 CEO 被犯罪分子利用商业化人工智能语音生成软件诈骗 22 万欧元。据虎嗅网消息[⊖]，韩国一名 40 多岁的男性因用 AI 生成约 360 张儿童色情图片被判入狱。据西班牙《国家报》报道[⊜]，西班牙发生一起利用人工智能的深度伪造技术制作少女裸照的事件，疑犯将裸照在校园内及在网上传播，甚至利用裸照进行勒索。在国内，据《人民网》报道[⊜]，2023 年 6 月 28 日，中央网信办决定开展为期 2 个月的"清朗·2023 年暑期未成年人网络环境整治"专项行动，其中特别提及新技术新应用风险问题，如利用"AI 换脸""AI 绘图""AI 一键脱衣"等技术生成涉未成年人低俗色情图片和视频，利用生成式人工智能技术制作、发布涉未成年人有害信息。2023 年 9 月，"两高一部"（最高人民法院、最高人民检察院、公安部）出台《关于依法惩治网络暴力违法犯罪的指导意见》，其中特别强调利用"深度合成"等生成式人工智能技术发布违法信息属于实施网络暴力违法犯罪。

笔者在检索生成式人工智能涉及生成色情图片的相关案例时，发现目前仍存在多个利用生成式人工智能技术专门提供色情图片生成服务的网站，可见生成式人工智能带来的内容风险比较严峻。故国内外监管机构都给予了 AI 深度合成技术高度关注。

6.1.1　国内视角下的监管

截至本书完稿之日，涉及生成式人工智能内容安全的法律法规、标准主要有《互联网信息服务管理办法》《互联网信息服务深度合成管理规定》《暂行办法》《网络信息内容生态治理规定》《生成式人工智能服务安全基本要求》《网络音视频信息服务管理规定》《网络安全标准实践指南——生成式人工智能内容标识办法》。根据上述规范要求，主要涉及以下方面的监管：

针对注册和登录，服务使用者必须提供真实身份信息以完成认证，确保账户的安

[⊖] 详见虎嗅网文章《"一键脱衣"的 AI，连孩子都不放过》，访问时间为 2024 年 1 月 25 日，访问链接为 https://m.huxiu.com/article/2416859.html?type=text。

[⊜] 详见大公网文章《AI 合成"裸照"勒索 28 名西班牙少女受害》，访问时间为 2024 年 1 月 25 日，访问链接为 https://www.takungpao.com/news/232111/2023/0925/896062.html。

[⊜] 详见人民网文章《中央网信办：整治利用"AI 换脸"生成涉未成年人低俗色情图片视频等问题》，访问时间为 2024 年 1 月 25 日，访问链接为 http://m2.people.cn/news/default.html?s=M18zXzIwNjUy0TEwXzEyNV8xNjg30TM2NTg3&from=sohu。

全与可追溯性。

在内容生成方面，采用先进的技术手段或人工审核，对服务使用者的输入内容和合成内容进行严格筛查。坚决杜绝生成任何违反法律、行政法规的内容以及不良信息。同时，《生成式人工智能服务安全基本要求》已明确列出五大类共三十一种具有安全风险的内容，涵盖违反社会主义核心价值观、歧视性内容、商业违法违规、侵犯他人权益及无法满足特定服务类型的安全需求等方面。服务提供者需以此为标准，进行内容的审核与管理。一旦发现违法或不良内容，立即采取果断措施，包括停止生成、停止传输、消除相关内容等，同时进行模型优化训练等整改措施。全程记录相关情况，并及时向相关主管部门报告，确保事态得到有效控制与处理。

在与使用者交互的页面上，对可能导致公众混淆或误认的信息进行明确标识，确保信息的真实性与准确性。同时，将公开平台公约、服务协议，并设置便捷的用户申诉渠道以及公众投诉、举报入口，保障用户的合法权益与诉求得到及时响应与处理。

在内部管理方面，建立完善的特征库用于识别违法和不良信息，并加强信息发布审核机制的建设与执行。同时，设立辟谣机制，及时澄清误导性信息，维护信息的真实性与公信力。此外，将记录并留存相关网络日志，确保数据的安全与可追溯性。

在行政程序上，若生成式人工智能服务具有舆论属性或社会动员能力，严格按照国家相关规定开展安全评估工作，并遵循《互联网信息服务算法推荐管理规定》履行算法备案手续，确保服务的合规性与安全性。

6.1.2　国外视角下的监管

欧盟与美国在人工智能方面的技术发展速度与严峻的内容安全风险同频增加。各类内容安全事件层出不穷，相应地，各种法律法规不断推出。欧盟和美国对于生成式人工智能的规范较为全面，可作为生成式人工智能服务开发者及提供者在规避内容安全风险时的参考。

1. 欧盟

针对线上虚假信息以及使用深度伪造技术生成的虚假图片和视听内容，欧盟委员会在 2018 年发布了《应对线上虚假信息：欧洲方案》（Tackling online disinformation: a European Approach)，该方案阐述了欧洲应对线上虚假信息的方法，包括建立更加透明、值得信赖和负责任的在线生态系统，如加强平台对内容的评估、提高可信内容的可查找性、为机器人建立清晰的标记系统和规则、提供虚假信息的报告工具以及加强对虚假信息的事实核查、集体知识和监测能力，促进在线问责制以及利用新技术应对虚假信息。

更进一步，欧盟委员会在 2022 年发布了《反虚假信息行为准则加强版》(The 2022 Strengthened Code of Practice on Disinformation)，该准则拥有 34 个签署方，包含 44 项承诺和 128 项具体措施，如减少虚假账户及机器人驱动的放大、冒充、恶意深度造假，为用户提供增强的工具来识别、理解和标记虚假信息，赋予事实核查社区权力，建立透明度中心和工作组以及建立强化监测框架等。除此之外，欧盟《数字服务法》(Digital Services Act)明确了在线平台提供商应发布有关其参与的内容审核的透明度报告。据了解，Facebook、YouTube、Pinterest、Bing 等大型在线平台公布了透明度报告。例如，Bing 公布的透明度报告特别介绍了自动化工具的使用、自动内容检测、审核员的培训与帮助以及投诉处理。而且欧盟《人工智能法案》特别提及了透明度义务，包括对于深度伪造生成系统必须披露内容是人工生成的或以清晰可见的方式操纵的，采取必要措施防止生成内容违反欧盟规定，以及记录相关情况。

由欧盟的上述要求可知，对于内容安全应主要关注以下维度：通过透明度报告方式，披露用户账户审查机制、内容标注规则、内容审核机制、投诉处理机制以及审核人员培训机制。

2. 美国

2017 年，Deepfake 兴起于 Reddit 论坛，主要表现为恶搞政治人员或者使用开源换脸技术分享色情视频。美国作为最早关注深度伪造的国家，提出了一系列关注深度伪造的法案，如 2018 年美国参议院提出了《2018 年恶意伪造禁令法案》(Malicious Deep Fake Prohibition Act of 2018)。该法案提出，出于传播目的而制造深度伪造或分发实际已知深度伪造视听记录，引发犯罪和侵权行为的个人，处以罚款、两年以下监禁或两者并罚；若深度伪造行为助长暴力、影响任何行政、立法或司法程序的进行，处以罚款、不超过十年监禁或两者并罚。

除此之外，2019 年美国众议院提出了《深度伪造责任法案》(Deepfakes Accountability Act)。该法案提出了深度伪造的受害者的法律追索权，并指出：任何包含移动视觉元素的先进技术虚假伪造内容，均应包含嵌入的数字水印，清楚地识别该记录包含已更改的音频或视觉元素；任何专门包含视觉元素的先进技术虚假伪造内容，均应在整个视觉元素持续时间内以清晰可读的文本出现在图像底部，包含清晰可读的书面声明，以表明该内容包含已更改的内容视觉元素，以及此类更改程度的简明描述；任何专门包含音频元素的先进技术虚假伪造内容，应在该记录的开头包含清晰的口头声明，表明该记录包含更改的音频元素，并简要描述其程度。如果此类记录的长度超过两分钟，则在其后每两分钟的时间内，每隔一段时间至少补充一条清晰表达的口头陈述并补充简明描述。除此之外，还包括《2019 年深度伪造报告法案》（Deepfake Report Act of 2019）以及《识别生成对抗网络法案》（Identifying Outputs of Generative Adversarial Networks Act）等。

2023 年 10 月 30 日，美国总统拜登签署通过《安全、可靠和可信赖地开发和使用人工智能》（Safe, Secure, and Trustworthy Development and Use of Artificial Intelligence）的行政命令，该命令规定培养识别和标记人工智能系统生成的合成内容的能力，确定现有标准、工具、方法和实践，以及进一步科学支持的标准和技术的潜在开发，用于验证内容并追踪其来源，标记合成内容，例如使用水印，检测合成成分，防止生成式人工智能制作儿童性虐待材料或制作未经同意的真实个人亲密图像（包括对可识别个人的身体或身体部位的亲密数字描绘），测试用于上述目的的软件；以及审核和维护合成内容。

由美国的上述要求可知，对于内容安全应主要关注以下维度：生成内容来源、生成内容的标记、生成内容的审核。

6.2　内容安全风险

世界经济论坛发布的《2024 年全球风险报告》指出，科技领域的错误信息以及虚假信息会成为未来两年内最严重的风险，且科技领域的错误信息以及虚假信息、人工智能技术的不利后果会成为未来 10 年内的第五、第六大风险，可见生成式人工智能内容安全风险十分突出。

若生成内容涉及违法信息或不良信息，可能引起民事侵权责任、行政处罚责任，甚至刑事责任。

6.2.1　权利人提起的民事侵权责任

若生成式人工智能服务提供商未经权利人许可，生成侵犯其名誉权、肖像权等权利的文字、图片、音视频，极易构成侵犯名誉权、肖像权，导致承担侵权责任。例如，上海金山法院在 2023 年审结了一起因"AI 换脸"App 违法使用他人视频引发的肖像权纠纷案件。在该案件中，A 公司运营的"AI 换脸"App 未经权利人同意使用其古风造型视频模板，并用于用户上传照片，替换视频模板中的人脸，且用户替换的视频除面部五官发生实质性变化外，其余内容与权利人原视频完全一致。上海金山法院根据《中华人民共和国民法典》第一千零一十九条"任何组织或者个人不得以丑化、污损，或者利用信息技术手段伪造等方式侵害他人的肖像权。未经肖像权人同意，不得制作、使用、公开肖像权人的肖像，但是法律另有规定的除外"及第一千一百六十五条"行为人因过错侵害他人民事权益造成损害的，应当承担侵权责任。依照法律规定推定行为人有过错，其不能证明自己没有过错的，应当承担侵权责任"认为，A 公司未经权利人授权同意，以营利为目的使用含有权利人肖像的视频，侵犯了权利人的肖像权，判决 A 公司在其运营的"AI 换脸"App 首页显著位置发布道歉声明并赔偿权利人经济损失。

6.2.2　监管机构提起的行政处罚

若生成式人工智能产品的生成内容属于违法或不良信息，服务提供者应当依法立即采取处置措施，保存有关记录，并向有关主管部门报告。如未采取上述措施，根据《网络安全法》《网络信息内容生态治理规定》《互联网信息服务深度合成管理规定》《暂行办法》等法律法规，可能会被约谈，给予警告，通报批评，责令限期改正。拒不改正或者情节严重的，责令暂停提供相关服务以及进行处罚等。如根据国家网信办消息，因豆瓣网及其账号屡次出现法律法规禁止发布或者传输的信息，情节严重，依据《网络安全法》等法律法规，北京市互联网信息办公室即对豆瓣网运营主体北京豆网科技有限公司依法予以共计 150 万元罚款的行政处罚。除此之外，新浪微博、百度、斗鱼等平台也被约谈。

6.2.3　刑事处罚

2023 年 9 月，"两高一部"联合发布的《关于依法惩治网络暴力违法犯罪的指导意见》特别强调，利用"深度合成"等生成式人工智能技术发布违法信息的，属于实施网络暴力违法犯罪，且依法从重处罚。若服务提供者的生成内容涉及在信息网络上制造、散布谣言，贬损他人人格、损害他人名誉，情节严重，符合刑法第二百四十六条规定的，以诽谤罪定罪处罚；生成内容涉及在信息网络上肆意谩骂、恶意诋毁、披露隐私等方式，公然侮辱他人，情节严重，符合刑法第二百四十六条规定的，以侮辱罪定罪处罚；生成内容涉及基于蹭炒热度、推广引流等目的，利用互联网用户公众账号等推送、传播有关网络暴力违法犯罪的信息，符合刑法第二百八十七条之一规定的，以非法利用信息网络罪定罪处罚；网络服务提供者对于所发现的有关网络暴力违法犯罪的信息不依法履行信息网络安全管理义务，经监管部门责令采取改正措施而拒不改正，致使违法信息大量传播或者有其他严重情节，符合刑法第二百八十六条之一规定的，以拒不履行信息网络安全管理义务罪定罪处罚。

近年来，"AI 换脸"软件及技术发展后，利用"AI 换脸"软件，将他人的人脸信息与淫秽视频中的人脸信息进行替换合成，从而制作生成虚假的淫秽视频并进行传播获利的刑事犯罪层出不穷。若服务提供者的生成内容属于淫秽物品，则可能构成制作、复制、出版、贩卖、传播淫秽物品牟利罪，传播淫秽物品罪，将被处以刑事处罚。

可见，若生成内容涉及侵害他人权利，可能引起民事侵权风险；若违反《网络安全法》等相关法律法规规定，未及时处置生成的违法内容以及不良内容，可能引起行政处罚；若涉及生成内容属于侮辱、诽谤、淫秽物品等内容，还可能构成相关刑事犯罪。

6.3 内容安全合规

为了满足上述监管要求以及规避上述合规风险，本节具体讨论如何实现内容安全合规。在生成式人工智能产品应用中，模型的内容安全贯穿整个生命周期，具体体现在模型训练、模型应用以及模型优化阶段。因基于训练数据的模型决定了针对用户输入内容的生成内容，故在模型训练阶段主要关注训练数据的质量，在模型应用阶段主要关注用户输入内容以及生成内容的合法合规性，在模型优化阶段主要关注如何二次利用用户输入内容，以及作为训练数据的用户输入内容的合法合规性，避免数据污染。

6.3.1 模型训练阶段

人工智能依赖于海量的训练数据，通过对海量数据的学习生成新的内容，若出现训练数据错误、伪造、偏见、歧视、违法等问题，模型的生成内容安全将无法得到保障。据《曼彻斯特晚报》报道[⊖]，英国一名女士在要求亚马逊智能助手 Alexa 解释"心动周期"时，竟被 Alexa 引导自杀。亚马逊解释称 Alexa 学习了不良的网络信息，导致输出内容错误。故在模型训练阶段，通过数据标注、数据治理等方式手段将风险前置非常重要。

1. 内容来源

若训练数据涉及个人信息或企业数据部分，则属于"数据合规"范畴，具体论述参见第 5 章；若训练数据涉及知识产权或商业秘密部分，则属于"知识产权"范畴，具体论述参见第 4 章。这里主要讨论内容可信性、合法性，即训练内容非"禁止"、非"不良"。

为了保障训练内容的合法合规性，根据《生成式人工智能服务安全基本要求》，建议健全训练内容管理，包括建立训练数据来源黑名单以及对来源进行安全评估，单一来源内容中含违法不良信息超过 5% 的，应将该来源加入黑名单。

生成式人工智能产品依赖于海量数据，这些数据主要来源于互联网公开爬取，鉴于互联网信息的冗杂，难以避免存在大规模采集禁止内容，如煽动颠覆国家政权、推翻社会主义制度，危害国家安全和利益、损害国家形象，煽动分裂国家、破坏国家统一和社会稳定，宣扬恐怖主义、极端主义，宣扬民族仇恨、民族歧视，暴力、淫秽色情等内容，以及不良内容，如虚假信息，为了保证训练内容质量，必须对从互联网公开爬取的内容进行数据清洗或者预处理。

2. 内容标注

由于 AIGC 工具具有自然语言生成能力，若缺乏有效的内容审核机制，可能生成虚假、恶意内容，故 AIGC 工具提供者将标注机制作为其重要的内容安全机制。目前内容标注存在两种方式：一种是由曼孚科技、海天瑞声等第三方内容标注公司标注；一种是由本公司内部 IT 团队标注，如字节跳动就在全国设立了 6 个标注基地。以下主要介绍对于本公司内部进行内容标注的要求。

（1）标注人员

根据《暂行办法》，在生成式人工智能技术研发过程中进行数据标注的，应该对标

⊖ 详见曼彻斯特晚报文章 "Amazon Alexa went rogue and 'told mum to kill herself'... but there seems to be a simple explanation"，访问时间为 2024 年 1 月 29 日，访问链接为 https://www.manchestereveningnews.co.uk/news/uk-news/mums-warning-alexa-bizarre-rant-17445163。

注人员进行必要培训，提升尊法守法意识，监督指导标注人员规范开展标注工作。《生成式人工智能服务安全基本要求》也规范了标注人员的要求，主要如下：

- 标注人员考核与培训：自行对标注人员进行考核，给予合格者标注资质，并有定期重新培训考核以及必要时暂停或取消标注资质的机制。
- 标注人员分类与职责：应将标注人员职能至少划分为数据标注、数据审核等；在同一标注任务下，同一标注人员不应承担多项职能。
- 标注时间：应为标注人员执行每项标注任务预留充足、合理的标注时间。
  建议通过书面方式对上述考核与培训、分类与职责以及标注时间进行记录。

（2）标注制度规范

在确定标注人员之前，鉴于标注人员往往数量较大，且标注尺度不一，故需要制定标注规则。《暂行办法》也要求制定清晰、具体、可操作的标注规则。《生成式人工智能服务安全基本要求》规范了标注规则，主要如下：

- 标注规则内容：应至少包括标注目标、数据格式、标注方法、质量指标等内容。
- 区分功能性标注以及安全性标注，应对功能性标注以及安全性标注分别制定标注规则，标注规则应至少覆盖数据标注以及数据审核等环节。
- 功能性标注规则：应能指导标注人员按照特定领域特点生产具备真实性、准确性、客观性、多样性的标注语料。
- 安全性标注规则：应能指导标注人员围绕语料及生成内容的主要安全风险进行标注，安全性标注针对的是《生成式人工智能服务安全基本要求》附录 A 中的全部 31 种安全风险。

其中，对于安全性标注，每一条标注语料至少经由一名审核人员审核通过。对于功能性标注，应对每一批标注语料进行人工抽检：发现内容不准确的，应重新标注；发现内容中包含违法不良信息的，应将该批次标注语料作废。

（3）标注工具

目前市面上出现了一批进行数据标注的工具，如网易智企基于跨模态开集目标检测器 Grounding DINO 搭建了一套目标检测流水线式打标的工具包（见图 6-1）。该工具包利用 Grounding DINO 的跨模态信息交互、多尺度特征融合能力，实现流水线式的检测标注生成，并支持使用者根据具体场景进行针对性策略微调以提高标注精度。

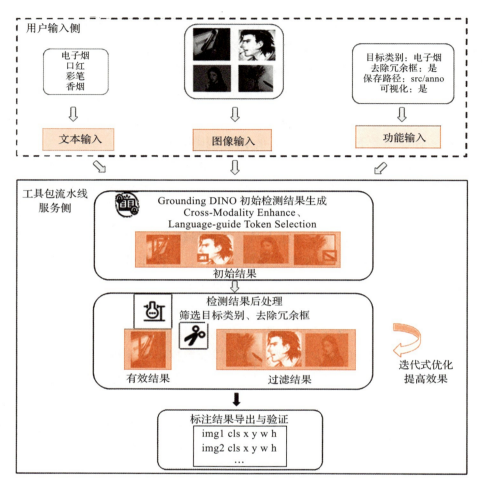

图 6-1　基于 Grounding DINO 的目标检测流水线式标注工具包

3. 内容审核

即便经过清洗与标注，由于训练数据的量级较大，可能仍然存在数据内容失真、数据污染等情形。为了避免模型在内容生成时产生偏差，生成式人工智能的服务提供者需对训练内容进行审核。经审核判定无风险的数据方可进入后续的模型训练流程。

鉴于模型的审核量巨大、违规类型不可预测，目前对于训练内容的审核采取"自动 + 人工"的方式。目前市面上应用比较广泛的自动化内容审核软件有数美的 AIGC 场景内容风控产品和网易智企的 AIGC 场景内容风控产品。

6.3.2　模型应用阶段

自深度伪造技术出现以来，AI 换脸、AI 生成视频编造网络谣言频繁发生，而加强对用户管理、对输入内容与生成内容进行审核、对违法或不良生成内容进行处置，是内容安全合规的重点。

1. 用户管理

根据《互联网信息服务深度合成管理规定》《暂行办法》《网络信息内容生态治理规定》等相关法律法规，应建立健全用户注册，基于移动电话号码、身份证件号码、统一社会信用代码或者国家网络身份认证公共服务等方式，对使用者进行真实身份信息认证，并应当制定和公开管理规则、平台公约，以及与其签订服务协议，明确双方权利和义务。用户管理具体体现在以下方面。

（1）账户名称与头像审核

因账户名称与头像会在用户使用生成式人工智能时持续展示，账户名称与头像也属于网络信息中的一部分。若账户名称与头像标识本身属于违法内容或不良内容，如用户账号名称冒用名人名称、账户头像属于淫秽头像等，极易被纳入违法违规范畴。如天工 AI 搜索在《服务条款》⊖中提示用户："您在天工客户端中自行设置的昵称、头像和简介等个人信息（如有）中不得出现违法、侵权和不良信息；如天工发现或第三方投诉您以虚假信息骗取账号登录，或您的头像、昵称等信息存在违法、侵权或不良信息的，天工有权直接采取限期改正、暂停使用、注销账号、收回账号权限等措施。"通义千问在《服务条款》⊖中同样提示用户："您设置的账户名不得违反国家法律法规、公序良俗、社会公德、阿里云的管理规范或容易引起您与阿里云身份的混淆，否则您的账户可能不能注册成功或阿里云有权经通知您后予以注销。"

（2）真实身份信息认证

《网络信息内容生态治理规定》《互联网信息服务深度合成管理规定》《具有舆论属性或社会动员能力的互联网信息服务安全评估规定》均要求健全用户注册以及进行身份认证。在实践中，通常采用二要素或三要素进行身份认证，二要素指用户的姓名和身份证号码，三要素指用户的手机号码、姓名及身份证号码。目前，百度文心一言、天

⊖　天工 AI 搜索《服务条款》，访问时间为 2024 年 2 月 24 日。
⊖　通义千问《服务条款》，访问时间为 2024 年 2 月 24 日。

工 AI 搜索、通义千问采用的为三要素身份认证。

（3）用户使用日志记录

《暂行办法》《互联网信息服务深度合成管理规定》《网络信息内容生态治理规定》《具有舆论属性或社会动员能力的互联网信息服务安全评估规定》均要求保存用户使用其生成式人工智能服务生成或者编辑的信息内容的日志，包括记录用户的账号、操作时间、操作类型、网络源地址和目标地址、网络源端口、客户端硬件特征、用户发布信息记录等。

（4）服务协议

《暂行办法》《互联网信息服务深度合成管理规定》《网络信息内容生态治理规定》《具有舆论属性或社会动员能力的互联网信息服务安全评估规定》均要求制定和公开管理规则、平台公约，完善服务协议，约定使用者的权利与义务。

目前，天工 AI 搜索的《服务条款》明确了用户的服务使用规范："用户承诺不利用天工服务和产品实施违反法律法规，违背商业道德、社会公德的行为，包括从事网络炒作、恶意发帖跟评、制造垃圾邮件、编写恶意软件等。用户也不得使用天工服务上载、传送、发布或传播敏感信息和违反国家法律法规的信息（形式包括文字、图片、语音、音视频等）。"通义千问通过《服务条款》明确了用户的网站服务及规范："您使用阿里云服务时将遵从国家与地方法律法规、行业惯例和社会公共道德，不会利用阿里云提供的服务进行存储、发布、传播如下信息和内容：违反国家法律法规政策的任何内容（信息）；违反国家规定的政治宣传或新闻信息；涉及国家秘密或安全的信息；封建迷信或淫秽、色情、下流的信息或教唆犯罪的信息；博彩有奖、赌博游戏；违反国家民族和宗教政策的信息；妨碍互联网运行安全的信息；侵害他人合法权益的信息或其他有损于社会秩序、社会治安、公共道德的信息或内容等。"

2. 内容审核

据《新浪财经》消息，2023 年 8 月 15 日，OpenAI 在官网称其开发了针对 GPT-4 进行内容审核的解决方案，该解决方案可以更快地迭代策略更改。《暂行办法》《互联网信息服务深度合成管理规定》均要求生成式人工智能建立健全信息发布审核机制，具体如下：

（1）违法和不良信息特征库

生成式人工智能服务提供者需要建立违法和不良信息特征库。违法和不良信息特征库指包含各种违法以及不良信息的特征或指标的库。公司可以通过与特征库进行对比，自动识别和屏蔽违法和不良信息，故建立违法和不良信息特征库，完善入库标准、规则和程序非常重要。

（2）审核机制与方式

《互联网信息服务深度合成管理规定》《网络信息内容生态治理规定》均要求服务提供者建立信息发布审核机制，并采取技术或者人工方式对深度合成服务使用者的输入数据和合成结果进行审核。

对于人工审核而言，生成式人工智能需要在用户输入内容后的极短时间内响应，审核效率与生成内容要求难以完全匹配。对于机器审核而言，难以避免存在算法漏洞，审核准确度与生成内容合规性难以安全匹配。故建议采用"人工 + 机器"的方式进行内容审核。目前，知乎的"瓦力保镖"、哔哩哔哩的"阿瓦隆"在"人工 + 机器"的内容审核模型中加大了机器审核的比重。

鉴于某些服务提供商不具备自我内容审核能力，市面上出现了数美、网易智企、腾讯等第三方内容审核供应商。如数美提供如下方式在用户输入内容及内容生成阶段对内容进行审核：

- **敏感词匹配拦截**：创建关键词或短语黑名单，阻止 AI 生成涉及这些内容的文本。
- **NLP 模型**：如短语无法通过敏感词识别，则需要依赖具备语义理解能力的 NLP 模型来识别，结合对提问者意图的分析来审核具体的提问内容。
- **上下文关联**：类 ChatGPT 的应用都采用了上下文关联技术，每次会话都会拼接前文。一些恶意用户可能会采用"分段发"的方式避免黑名单和 NLP 模型的识别，故系统在审核内容的时候需要关联前文信息。

数美 AIGC 场景内容风控的落地实践见图 6-2。

但为了把控生成内容安全，建议不要完全依赖于第三方服务供应商，第三方服务提供商也应纳入审核环节之中。

除此之外，部分 AI 产品会在服务协议中提示用户：用户应承担自行发布信息内容的后果并自行核查生成内容的合法性、真实性以及准确性，AI 产品服务提供商不保证用户通过服务获得的信息内容的合法性、真实性、准确性、可靠性、有效性；生成内容不应被视为互联网新闻信息，不代表 AI 产品服务提供商的立场或 AI 产品服务提供商同意其说法描述。

例如，天工 AI 搜索在《服务条款》中通过加粗文字显著提示用户：

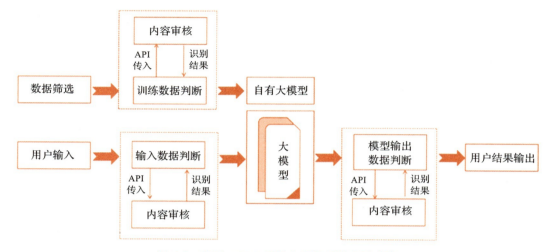

图 6-2　数美 AIGC 场景内容风控的落地实践

"您充分理解并同意，您必须为自己账号下的全部行为负责，包括您所发布的信息内容、开通和使用的服务以及由此产生的后果。

"您知悉并理解，天工服务所涉信息服务内容是基于我们训练时所使用的有限数据输出的人工智能生成内容，只是出于为用户提供更多信息，仅供用户参考，这些内容不应被视为互联网新闻信息，不代表天工立场或天工同意其说法描述，也不构成任何领域方面的专业建议或专业人员解答疑问。

"天工不保证您通过天工服务获得的信息内容的合法性、真实性、准确性、可靠性、有效性。"

通义千问同样在《服务条款》中通过加粗文字提示用户：

"您在阿里云网站的论坛、社区以及云市场上自行上传、提供、发布相关信息，包括但不限于用户名称、公司名称、联系人及联络信息，相关图片、资讯等，均由您自行提供，您须对其提供的前述信息依法承担全部责任。"

3. 内容标识

《暂行办法》《互联网信息服务深度合成管理规定》均要求对使用其服务生成或者编辑的信息内容，采取技术措施添加不影响用户使用的标识。根据《网络安全标准实践指南——生成式人工智能服务内容标识方法》，生成式人工智能标识包括显性水印标识和隐式水印标识，具体如下：

1）在人工智能生成内容的显示区域中，应在显示区域下方或使用者输入信息区域下方持续显示提示文字，或在显示区域的背景均匀添加包含提示文字的显式水印标识。提示文字应至少包含"由人工智能生成"或"由 AI 生成"等信息。

2）由人工智能生成图片、视频时，应采用在画面中添加提示文字的方式进行标识。提示文字宜处于画面的四角，所占面积应不低于画面的 0.3% 或文字高度不低于 20 像素。提示文字内容应至少包含"人工智能生成"或" AI 生成"等信息。视频中由当前服务生成的画面应添加提示，其他画面可不添加提示。

3）由人工智能生成图片、音频、视频时，应按以下方式在生成内容中添加隐式水印标识。隐式水印标识中至少包含服务提供者名称，也可包含内容 ID 等其他内容。

4）由人工智能生成的图片、音频、视频以文件形式输出时，应在文件元数据中添加扩展字段进行标识。扩展字段内容应包含服务提供者名称、内容生成时间、内容 ID 等信息。

5）由自然人提供服务转为由人工智能提供服务，容易引起使用者混淆时，应通过提示文字或提示语音的方式进行标识，提示文字或提示语音应至少包含"人工智能为您提供服务"或"AI 为您提供服务"等信息。

4. 违规处置

《暂行办法》《互联网信息服务深度合成管理规定》《网络信息内容生态治理规定》《具有舆论属性或社会动员能力的互联网信息服务安全评估规定》《生成式人工智能服务安全基本要求》要求提供者建立健全投诉、举报机制，设置便捷的投诉、举报入口以及方式，包括但不限于电话、邮件、交互窗口、短信等方式，以及公布处理流程和反馈时限，及时受理、处理公众投诉举报并反馈处理结果。

如天工 AI 搜索在《服务条款》中告知用户：

"对于天工的通知应当通过天工在页面公布的联系方式（包括'意见反馈'等窗口）进行送达，或者如果您有任何投诉、举报、疑问、意见或建议等问题，也可通过发送邮件到 help@kunlun-inc.com 联系我们，或者联系我们的办公地址：北京市东城区西总布胡同 46 号 1 幢 3 层 320。我们将在 15 天内回复您。"其中公布了投诉举报的入口与方式以及处理的时限。

根据《暂行办法》《互联网信息服务深度合成管理规定》《网络信息内容生态治理规定》《具有舆论属性或社会动员能力的互联网信息服务安全评估规定》，若服务提供者发现违法和不良信息的，应当依法采取处置措施，保存有关记录，及时向网信部门和有关主管部门报告，对相关服务使用者依法依约采取警示、限制功能、暂停服务、关闭账号等处置措施；或发现利用生成式人工智能服务从事违法活动的，应当依法依约采取警示、限制功能、暂停或者终止向其提供服务等处置措施，保存有关记录，并向有关主管部门报告。

6.3.3　模型优化阶段

据澎湃新闻消息[○]，2021 年 1 月，韩国某公司推出的 AI 聊天机器人"李 LUDA"，因成为网络骚扰的对象，以及涉及对少数群体、残疾人士使用歧视性的表达，被宣布中止服务。之所以"李 LUDA"出现不当恶意言论，原因在于某些用户在与"李 LUDA"聊天时使用不当恶意言论，"李 LUDA"没能进行充分识别，又将从用户处接收的不当恶意言论反施加给其他用户。可见模型会学习用户向其投喂的内容，进行模型优化，并生成新的内容，而用户输入的违法或不良内容会反映在新的生成内容中。故对人工智能学习的用户投喂内容进行管理以防止违法或不良信息传播，是人工智能服务提供商需要特别关注的。

1. 数据投毒

数据投毒分为三种：一种为显性数据投毒，即服务提供商主动向模型投喂违法以及不良信息，如煽动颠覆国家政权、推翻社会主义制度，危害国家安全和利益、损害国家形象，煽动分裂国家、破坏国家统一和社会稳定，宣扬恐怖主义、极端主义，宣扬民族仇恨、民族歧视，暴力、淫秽色情或者炒作绯闻、丑闻、劣迹，不当评述自然灾害、重大事故等的不良信息；一种为隐性数据投毒，即在进行互联网公开数据采集过程，被投喂了消极、负面的内容，导致人工智能产品在对用户的输入内容作出反馈时，所谓的建议是负向、消极、压抑的；还有一种为被动数据投毒，即在与用户进行交互时，对用户输入的违法或不良内容进行训练，导致此后的生成内容也逐渐表现出违法或不当。显性以及隐形数据投毒已经在上述"模型训练阶段"进行了合规要点分析，下面主要讨论被动数据投毒，即服务提供商被动、用户主动的场景。

2. 合规措施

对于被动数据投毒，服务提供商需要建立一套对违法或不良输入内容的审核机制

○ 详见澎湃新闻文章《AI 聊天机器人被喊停，因为用户把"她"教坏了》，访问时间为 2024 年 1 月 30 日，访问链接为 https://m.thepaper.cn/newsDetail_forward_10801529。

以及对用户的溯源机制。

对于违法或不良输入内容的审核机制可参考模型应用阶段，建立违法或不良信息特征库，采用"人工审核＋机器审核"的方式对用户输入内容进行审核，避免违法或不良内容投喂被给模型进行训练，以及对输入违法内容或不良内容的行为以及用户采取处置措施，包括但不限于警示、限制功能、暂停服务、关闭账号等处置措施。例如，天工 AI 搜索通过《服务条款》明确告知用户：

"如果天工发现您或收到他人举报您涉嫌有违法违规、违背您在本协议中的承诺、实施本协议禁止的行为的，天工有权不经通知随时直接对相关内容进行删除、屏蔽，并采取包括收回账号权限，限制、暂停、终止您使用部分或全部服务，要求赔偿损失，追究法律责任等措施。"

通义千问通过《服务条款》告知用户：

"您使用阿里云服务时将遵从国家与地方法律法规、行业惯例和社会公共道德，不会利用阿里云提供的服务进行存储、发布、传播如下信息和内容……如您违反上述保证，阿里云除有权根据相关服务条款采取删除信息、中止服务、终止服务的措施，还有权冻结或注销您账户的部分或全部功能。"

建立对于用户的溯源以及追责机制，包括建立健全用户注册，进行身份认证。除此之外，通过保留用户使用日志记录，如用户的账号、操作时间、操作类型、网络源地址和目标地址、网络源端口、客户端硬件特征、用户发布信息记录等，对发布违法或不良信息的用户进行溯源。且对于严重违法法规或违反平台管理规则、服务协议行为，服务提供商进行追责。如通义千问在《服务条款》中告知用户：

"您知悉并同意，您应承担因您使用本服务、违反本服务条款或在您的账户下采取的任何行动而导致的任何第三方索赔。如果由此引起阿里云及其关联公司、员工、客户和合作伙伴被第三方索赔的，您应负责处理，并赔偿阿里云及其关联公司由此遭受的全部损失和责任。"

天工 AI 搜索在《服务条款》中也告知用户：

"如因您违反有关法律法规或者本协议、相关规则之规定，使天工遭受损失、受到其他用户或第三方的索赔或受到行政管理部门的处罚，您应对天工、其他用户或相关第三方的实际损失进行全额赔偿，包括直接经济损失、间接损失（包括但不限于律师费、诉讼费、保全费、保险费、鉴定费以及其他守约方为维权所支出的合理费用，不包括预期经济利益）。"

第 7 章

大语言模型
算法合规

在近百年的科技长河中，人工智能是冉冉升起的新星，其光芒之源可追溯至 1936 年。彼时，英国的思维巨匠艾伦·图灵，以他的"图灵机"模型为现代计算机构筑了智慧的骨架。不久后，图灵与美国的数学大师香农共同探索"人工智能"的深邃海域，仅仅七载光阴，图灵预见了智能机器的未来轮廓，并以"图灵测试"为其描绘灵魂。1956 年夏天，美国达特茅斯学院见证了历史的转折：明斯基、麦卡锡、香农等一众智者齐聚，他们的智慧火花点燃了人工智能的熊熊烈火，算法由此翩翩起舞，跃入了一个全新的时代。

然而，随着算法的应用日益广泛，其潜在的威胁也如影随形，使得"算法安全"与"算法合规"成为众人瞩目的焦点。我国基于该时代背景，以《互联网信息服务算法推荐管理规定》为剑，破除了算法监管的迷雾，为行业指明了前行的方向。

本章我们将梳理现行的算法合规之脉络，围绕《互联网信息服务算法推荐管理规定》《生成式人工智能服务管理暂行办法》等法律法规，并以司法实践中的鲜活案例为鉴，剖析算法侵权的种种情形，为 AIGC 提供者在创新的征途上点亮算法合规的明灯。

7.1　算法合规框架概述

综合《生成式人工智能服务管理暂行办法》等相关政策性文件中关于算法监管的要求，我们将算法监管要求总结为算法合规框架表，见表 7-1。

表 7-1　算法合规框架表

序号	算法监管维度	主要法律规定
1	算法备案	《生成式人工智能服务管理暂行办法》第十七条规定："提供具有舆论属性或者社会动员能力的生成式人工智能服务的，应当按照国家有关规定开展安全评估，并按照《互联网信息服务算法推荐管理规定》履行算法备案和变更、注销备案手续。"
2	人工智能安全评估	
3	算法公开透明	《生成式人工智能服务管理暂行办法》第四条第五款规定："基于服务类型特点，采取有效措施，提升生成式人工智能服务的透明度，提高生成内容的准确性和可靠性。" 《生成式人工智能服务管理暂行办法》第十条规定："提供者应当明确并公开其服务的适用人群、场合、用途，指导使用者科学理性认识和依法使用生成式人工智能技术，采取有效措施防范未成年人用户过度依赖或者沉迷生成式人工智能服务。"
4	反歧视机制	《生成式人工智能服务管理暂行办法》第四条第二款规定："在算法设计、训练数据选择、模型生成和优化、提供服务等过程中，采取有效措施防止产生民族、信仰、国别、地域、性别、年龄、职业、健康等歧视。"
5	避免将算法用于违法用途	《生成式人工智能服务管理暂行办法》第十四条规定："提供者发现使用者利用生成式人工智能服务从事违法活动的，应当依法依约采取警示、限制功能、暂停或者终止向其提供服务等处置措施，保存有关记录，并向有关主管部门报告。"
6	避免算法侵权	《生成式人工智能服务管理暂行办法》第四条第三款和第四款规定："尊重知识产权、商业道德，保守商业秘密，不得利用算法、数据、平台等优势，实施垄断和不正当竞争行为；（四）尊重他人合法权益，不得危害他人身心健康，不得侵害他人肖像权、名誉权、荣誉权、隐私权和个人信息权益。"

下文我们将结合上述维度展开论述。

7.2　算法备案

7.2.1　法律依据及实施概况

综合《生成式人工智能服务管理暂行办法》第十七条及《互联网信息服务算法推荐管理规定》第十九条规定，算法服务提供者应履行算法备案义务。目前，生成式人工智能算法在备案过程中纳入"深度合成服务备案"程序之中。

截至本书写作时,国家互联网信息办公室通过互联网信息服务算法备案系统[一]已经发布了几批与 AIGC 相关的算法备案结果,前三批的发布时间分别为 2023 年 6 月 20 日、9 月 1 日及 2024 年 1 月 8 日,备案清单如图 7-1 所示。

境内深度合成服务算法备案清单(2023 年 6 月)

序号	算法名称	角色	主体名称	应用产品	主要用途	备案编号	备注
1	大麦小蜜智能客服算法	服务提供者	北京大麦文化传媒发展有限公司	大麦(App)	应用于在线智能客服场景,根据用户咨询内容,生成文本或语音智能回答。	网信算备1101011283877012 30011 号	
2	DraftAi 绘图生成合成算法 -1	服务提供者	图形起源(北京)科技有限公司	Draft(网站)	应用于图像生成场景,使用文本条件图像生成模型,生成与输入文本语义一致的图像。	网信算备1101080071532012 30015 号	
3	智谱 Chat-GLM 生成算法	服务提供者	北京智谱华章科技有限公司	写作蛙(网站)ChatGLM(网站)、写作蛙(小程序)	应用于对话生成场景,根据用户输入的文本内容,应用对话模型,生成对话文本回复。	网信算备1101081058580012 30019 号	2023 年 8 月更新应用产品,新增写作蛙网站和小程序

境内深度合成服务算法备案清单(2023 年 8 月)

序号	算法名称	角色	主体名称	应用产品	主要用途	备案编号	备注
1	一帧智能文本生成视频算法	服务提供者	新壹(北京)科技有限公司	一帧秒创(网站)一帧视频(App)	应用于视频生成场景,根据输入的文本、视频,结合素材库,生成视频。	网信算备110102184116501 230013 号	
2	360 智脑文本生成算法	服务提供者	北京奇虎科技有限公司	360 搜索(网站)	应用于文本生成场景,根据输入的文本,结合意图识别,生成文本回复。	网信算备110105199127801 230013 号	
3	360 智脑文本生成服务算法	服务技术支持者	北京奇虎科技有限公司	—	应用于文本生成场景,服务于文本生成和对话问答类企业端客户,根据用户提出的问题,实现知识问答、多轮对话、逻辑推理。	网信算备110105199127801 230021 号	
4	360 智脑图像生成算法	服务提供者	北京奇虎科技有限公司	360 鸿图(网站)、360 智脑(网站)	应用于图像生成场景,根据用户输入的文本。图片信息,结合图像生成模型,生成与输入相关的图片。	网信算备110105199127801 230039 号	

图 7-1 境内深度合成服务算法备案清单(部分)[二]

[一] 详见互联网信息服务算法备案系统官网,访问时间为 2024 年 1 月 13 日,访问链接为 https://beian.cac.gov.cn/#/index。

[二] 图中内容详见《国家互联网信息办公室关于发布深度合成服务算法备案信息的公告》,访问时间为 2024 年 1 月 13 日,访问链接为 http://www.cac.gov.cn/2023-06/20/c_1688910683316256.htm;《国家互联网信息办公室关于发布第二批深度合成服务算法备案信息的公告》,访问时间为 2024 年 1 月 13 日,访问链接为 http://www.cac.gov.cn/2023-09/01/c_1695224377544009.htm;《国家互联网信息办公室关于发布第三批深度合成服务算法备案信息的公告》,访问时间为 2024 年 1 月 13 日,访问链接为 http://www.cac.gov.cn/2024-01/05/c_1706119043746644.htm。

境内深度合成服务算法备案清单（2024 年 1 月）

序号	算法名称	角色	主体名称	应用产品	主要用途	备案编号	备注
1	Magook 开放域自然对话算法	服务提供者	湖北鼎森智能科技有限公司	博看参考咨询大模型（网站）	应用于对话生成场景，根据用户输入的文本，结合意图识别和实体抽取，生成符合用户要求的文本回复。	网信算备 420103320945901 230019 号	
2	好课帮助文本信息合成算法	服务提供者	好课帮助教育科技（北京）有限公司	光速写作（App）、快问AI（App）、快练英语（App）	应用于对话生成场景，根据用户输入的文本，结合上下文数据，生成符合用户要求的文本回复。	网信算备 110108771750501 230019 号	
3	深信服安全文本生成服务算法	服务技术支持者	深信服科技股份有限公司	—	应用于对话生成场景，服务于企业端客户，根据用户输入的文本，生成符合用户要求的文本回复。	网信算备 440305543148501 230023 号	
4	Ai4u 相机写真照图像合成算法－1	服务提供者	杭州火烧云科技有限公司	Ai4u（小程序）	应用于图像生成场景，根据用户输入的人物图像，生成具有特定风格的人物图像。	网信算备 330106605458601 230021 号	

图 7-1　境内深度合成服务算法备案清单（部分）(续)

由此可见，经过《互联网信息服务深度合成管理规定》实施的铺垫，《生成式人工智能服务管理暂行办法》一经出台，即受到较为积极的合规响应。

7.2.2　备案流程

2022 年 12 月，国家互联网信息办公室出台的《〈互联网信息服务深度合成管理规定〉备案填报指南》中展示了算法备案流程（参见图 7-2）。

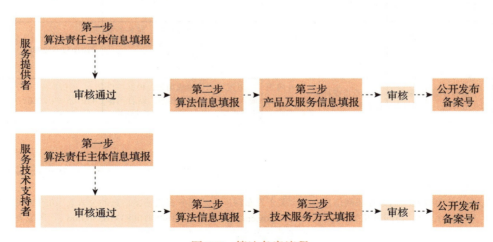

图 7-2　算法备案流程

深度合成备案涉及三个步骤：一是填报主体信息；二是填报算法信息；三是填报

产品及服务信息或技术服务方式。对于服务提供者或服务技术支持者，二者的填报流程仅在第三步存在差异。作为服务提供者，第三步需填报产品及服务信息；作为服务技术支持者，第三步需填写技术服务方式。下文我们将具体阐述算法备案的流程与方式。

7.2.3　算法备案入口及角色

互联网信息服务算法备案系统[⊖]是算法备案的填报入口，其主页如图 7-3 所示。

图 7-3　互联网信息服务算法备案系统主页

在备案过程中，备案主体被明确区分为服务提供者和服务技术支持者两种角色。那么，在实践中如何准确区分这两者呢？我们可以从服务对象的角度来进行划分。

具体来说，服务提供者的直接服务对象是终端用户。因此，以服务提供者身份进行备案时，需要提供清晰明确的应用产品信息。比如，新壹（北京）科技有限公司作为服务提供者，其运营的一帧智能文本生成视频算法所对应的产品就是一帧秒创（网站）和一帧视频（App）。

而服务技术支持者的服务对象则是服务提供者。以北京中科闻歌科技股份有限公司为例，其运营的中科闻歌雅意大模型算法并不涉及特定的产品载体，而是供其他服务提供者调用，进而形成最终的 AIGC 产品。

⊖　详见互联网信息服务算法备案系统官网，访问时间为 2024 年 1 月 11 日，访问地址为 https://beian.cac.gov.cn/#/index。

7.2.4   备案所需准备的文件及材料

在备案过程中，备案主体所需准备的文件见表 7-2。

表 7-2   算法备案材料准备表

序号	步骤		所需文件名称或信息
1	算法责任主体信息填报		• 基本信息 • 证件信息（公司营业执照相关信息） • 法定代表人信息 • 算法安全责任人信息 • 《算法备案承诺书》 • 落实算法安全主体责任基本情况
2	算法信息填报		• 算法基础信息：算法基础信息及《算法安全评估报告》和《拟公示内容》 • 算法属性信息：算法数据、算法模型、算法策略、算法风险与防范机制
3	产品及服务信息或技术服务方式填报	产品及服务信息	产品名称、服务形式、访问地址、状态、服务对象、是否需实名认证及产品示例
		技术服务方式	技术服务名称、访问方式、服务对象及近三个月使用频率

在表 7-2 中，最为关键且具有难度的准备材料为《算法安全评估报告》。目前，全国信息安全标准化技术委员会根据《生成式人工智能服务管理暂行办法》发布了《生成式人工智能服务安全基本要求》（征求意见稿）（以下简称 "《基本要求》"），该《基本要求》围绕语料安全、模型安全等维度展开，可作为《算法安全评估报告》的重要参考文件，其中语料安全包括语料来源合法性、语料内容安全、语料标注安全等（该内容详见本书第 6 章）。

该文件主要聚焦于模型安全评估的以下几个核心方面：首先，对于利用基础模型进行研发的提供者，必须确保所使用的基础模型已经完成了算法备案，禁止使用未备案的算法基础模型；其次，强调了模型生成内容的安全性，包括在模型训练、使用以及后续优化过程中，对模型内容实施的安全管控措施；最后，关于算法的公开透明性也是一个重要考量维度（关于此部分详细内容，我们将在 7.4 节中进行深入探讨）。

7.2.5   备案期限

关于备案期限，《互联网信息服务算法推荐管理规定》第二十五条规定：国家和省、自治区、直辖市网信部门收到备案人提交的备案材料后，材料齐全的，应当在三十个工作日内予以备案，发放备案编号并进行公示；材料不齐全的，不予备案，应当在三十个工作日内通知备案人并说明理由。

此外，参考互联网信息服务算法备案系统中公示的几批深度合成服务算法备案信息的公告，目前两三个月将公示一次近期的算法备案结果。

7.3　人工智能安全评估

《生成式人工智能服务管理暂行办法》第十七条规定：提供具有舆论属性或者社会动员能力的生成式人工智能服务的，应当按照国家有关规定开展安全评估。目前，该条中所提及的安全评估主要指《具有舆论属性或社会动员能力的互联网信息服务安全评估规定》（以下简称《安全评估规定》）。

《安全评估规定》第三条进一步规定了互联网信息服务提供者应当依照本规定自行开展安全评估的情形。[○]结合公开新闻，目前全国共计 20 款左右大语言模型已通过该安全评估。[○]

此外，第 1 章也曾提及过，在 2023 年 12 月 22 日举行的全国信息技术标准化技术委员会人工智能分委会全体会议上，中国电子技术标准化研究院发起的"大语言模型标准符合性测试"结果公布，百度文心一言、腾讯混元大语言模型、360 智脑、阿里云通义千问为全国首批通过"大语言模型标准符合性测评"的四款大语言模型。[○]"大语言模型标准符合性测试"的测试依据为国家推荐性标准《人工智能预训练模型　第 2 部

㊀ 《具有舆论属性或社会动员能力的互联网信息服务安全评估规定》第三条规定，互联网信息服务提供者具有下列情形之一的，应当依照本规定自行开展安全评估，并对评估结果负责：
　　（一）具有舆论属性或社会动员能力的信息服务上线，或者信息服务增设相关功能的；
　　（二）使用新技术新应用，使信息服务的功能属性、技术实现方式、基础资源配置等发生重大变更，导致舆论属性或者社会动员能力发生重大变化的；
　　（三）用户规模显著增加，导致信息服务的舆论属性或者社会动员能力发生重大变化的；
　　（四）发生违法有害信息传播扩散，表明已有安全措施难以有效防控网络安全风险的；
　　（五）地市级以上网信部门或者公安机关书面通知需要进行安全评估的其他情形。
㊁ 详见南方都市报文章《首批 8 家 AI 大模型获上岗证，百度、商汤、字节跳动开放使用》，访问时间为 2023 年 12 月 27 日，访问连接为 https://new.qq.com/rain/a/20230831A03JDW00；南财合规周报（第 118 期）文章《国内第二批 11 个 AI 大模型备案通过；OpenAI 迎来重磅发布并推出"版权盾"功能》，访问时间为 2023 年 12 月 27 日，访问连接为 https://www.21jingji.com/article/20231112/herald/421a9a4b639d1299f995a4cf73e6d25d.html。
㊂ 详见新京报文章《国内首个官方大模型评测结果出炉　四款国产大模型通过》，访问链接为 https://m.bjnews.com.cn/detail/1703257435169960.html。

分：评测指标与方法》。

7.4　算法公开透明

人们对算法的"畏惧"在很大程度上源于其"不可知性"。以自动驾驶汽车领域著名的"电车难题"为例，当车辆面临撞上一群行人或牺牲车内"司机"以避免更大伤亡的紧急抉择时，它会做出何种决策？这个问题突显了一个核心问题：如果我们对所购买的自动驾驶汽车的制造商及算法设计者的价值观一无所知，对车辆的算法原理和运行规则毫无了解，那么在生死攸关的时刻，我们的生命将完全交由算法掌控。这种缺乏透明度和控制力的场景，令人不寒而栗，因为它触及了我们对安全和生命掌控权的基本需求。

随着推荐算法在全网的广泛应用，每一个 App 似乎都深入了解了我们的内心世界，我们仿佛被禁锢在了一个个"信息茧房"之中。在这个由算法主导的世界里，"被算法塑造的消费观念"和"被算法支配的世界真相"正在悄然发生，让我们不禁开始担忧：在毫无察觉的情况下，我们的人生是否已经被各大互联网平台所操控？这种对失去自主的恐惧，正逐渐成为时代的共同焦虑。

在全球算法监管的大背景下，前文提及的 ClearView AI 公司的商业模式——从公开社交平台（如 Facebook、Instagram、YouTube 等）上爬取用户照片，并利用这些照片开发人脸识别算法工具——所引发的监管广泛关注成为时代的缩影。我们身处算法无处不在的时代，享受着其强大功能所带来的科技便利与变革。然而，与此同时，我们对这个由算法构筑的世界也充满了深深的忧虑。这种恐惧往往源于我们对未知的迷茫——我们对这些算法的运作机制和原理知之甚少，担心它们除了为我们提供便利外，还可能潜藏着不为人知的负面影响。我们更害怕在关键时刻，这些看似智能的算法可能会给我们带来无法预料的"致命一击"。因此，为了推动算法的健康发展并加强对其的有效监管，算法公开透明原则成为我们必须坚守的底线和前提。

在我国，引起监管机构对算法公开问题关注的首个案例涉及美团的骑手配送算法。2020 年，一篇名为《外卖骑手，困在系统里》的文章在社会上引起强烈反响，并迅速引起了监管机构的重视。随后的 2021 年，人力资源和社会保障部、国家发展改革委员会等多个部门联合发布了《关于维护新就业形态劳动者劳动保障权益的指导意见》。该指导意见明确指出，在涉及劳动者权益的平台算法制定、修订过程中，如订单分配、计件单价、抽成比例等，企业应充分听取工会或劳动者代表的意见，并将结果公示、告知劳动者。这一监管理念在美团骑手算法问题上得到了直接体现，有力地维护了劳动者的合法权益。同样的监管理念也在《互联网信息服务算法推荐管理规定》第二十条中得到了体现。在此背景下，美团于同年 9 月率先公开了骑手配送时间算法，成为国内算法公开的一个标志性事件。

接下来，我们将结合这一背景，深入探讨我国现行法律对于算法公开透明的监管要求，以期在保障各方权益的同时，推动算法的健康发展。

综合《生成式人工智能服务管理暂行办法》第四条第五款、第十条规定，并参考《生成式人工智能服务安全基本要求》（征求意见稿）第六条，目前我国监管机构对于算法透明度的要求如下：第一，应该明确公开服务的适用人群、场合及用途；第二，如涉及使用第三方基础模型，应披露所使用的第三方基础模型；第三，建议通过服务协议等显著方式告知用户该服务的局限性，以及所使用的模型架构、训练框架等，帮助使用者了解服务机制机理的概要信息。

然而，这些监管要求在落地时给企业带来了挑战：算法公开透明应达到何种标准才能满足合规要求？目前，国内在算法公开透明方面尚未形成统一的行业规范。不过，算法备案可视为实现该原则的一项重要举措。同时，国内的司法实践中也体现了这一原则，平台需在审判过程中对其采用的算法原理和机制承担举证责任。

那么，在实践中，企业应如何实施算法公开呢？这仍是一个待探索的问题。

以 OpenAI 为例，我们查看了其公布于官网的信息，在 ChatGPT-4 出台以前，其较为持续地公开相关技术细节及研究进展，以其 2022 年 8 月发布的名为 "Our approach to alignment research" 的文章来看，彼时 OpenAI 将算法公开透明作为其坚持的原则之一，该文章提及 "我们希望对我们的对齐技术在实践中的实际效果保持透明，并且我们希望每个 AGI 开发人员都能使用世界上最好的对齐技术"[⊖]（参见图 7-4）。

国内平台也采取类似方式进行算法公开透明。以美团为例，美团技术团队通过技术博客的形式持续公开部分算法（参见图 7-5）。[⊖]

○　详见文章 "Our approach to alignment research"，访问时间为 2024 年 2 月 25 日，访问链接为 https://openai.com/blog/our-approach-to-alignment-research。

○　详见文章《如何利用「深度上下文兴趣网络」提升点击率？》，访问时间为 2024 年 2 月 25 日，访问链接为 https://tech.meituan.com/2023/11/09/how-to-model-context-information-in-deep-interest-network.html。

We want to be transparent about how well our alignment techniques actually work in practice and we want every AGI developer to use the world's best alignment techniques.

Training AI systems using human feedback

RL from human feedback is our main technique for aligning our deployed language models today. We train a class of models called InstructGPT derived from pretrained language models such as GPT-3. These models are trained to follow human intent: both explicit intent given by an instruction as well as implicit intent such as truthfulness, fairness, and safety.

Our results show that there is a lot of low-hanging fruit on alignment-focused fine-tuning right now: InstructGPT is preferred by humans over a 100x larger pretrained model, while its fine-tuning costs <2% of GPT-3's pretraining compute and about 20,000 hours of human feedback. We hope that our work inspires others in the industry to increase their investment in alignment of large language models and that it raises the bar on users' expectations about the safety of deployed models.

Our natural language API is a very useful environment for our alignment research: It provides us with a rich feedback loop about how well our alignment techniques actually work in the real world, grounded in a very diverse set of tasks that our customers are willing to pay money for. On average, our customers already prefer to use InstructGPT over our pretrained models.

图 7-4   OpenAI 关于技术内容的披露截图

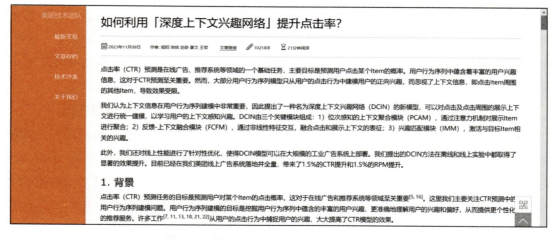

图 7-5   美团关于 AI 算法细节披露的截图

许多业界技术专家倡导开源 AIGC 代码和数据集，其中一个重要原因是开源能够确保真正的公开透明。通过开源，任何人都可以审查算法的机制机理是否公平公正，所使用的数据集是否存在偏见与歧视，从而推动 AIGC 算法更安全地发展。当然，开源只是众多商业模式中的一种选择，未来的发展道路多种多样。

我们深知，在实践中，算法机制机理的公开可能与企业的商业秘密保护存在冲突。随着算法的快速发展，各大平台正在努力探索如何在保护商业秘密的同时实现算法公开透明。我们期待未来监管机构与行业同人能够共同合作，形成统一且可行的算法公开透明原则落地方案及行业标准，为 AIGC 监管奠定坚实基础。

7.5　算法生成内容标识

除强大的功能外，令人震惊的是 AIGC 还会一本正经地胡说八道，自此，AI 幻觉（hallucination）一词开始出现在人们的视野之中。一个典型的 AI 幻觉案例是，Google 在 Twitter（现更名为 X）上展示了 Bard 的使用场景，结果却被天文学家指出，Bard 聊天机器人错误地宣称詹姆斯·韦伯太空望远镜捕获了世界上第一张太阳系外行星的图像。这种现象引发了人们对 AI 真实性和准确性的进一步思考。[一] Bard 错误实例截图如图 7-6 所示。

图 7-6　Bard 错误实例截图

[一]　详见 Google 官方推特于 2023 年 2 月 7 日发布的内容，访问时间为 2024 年 2 月 25 日，访问链接为 https://twitter.com/Google/status/1622710355775393793。

《什么是人工智能幻觉以及如何预防它们？》一文中还提及 GPT-3 可能会算错简单的数学题（见图 7-7）。[⊖]

Take these simple calculations, for example. GPT-3 gets them completely wrong.

If I sold 10 products A, and it was five dollars per unit, and then I sold 15 products B and it was three dollars per unit, and then I sold 8 products C and it was seven dollars per unit, how much in total did I make?

The total amount made would be $140. This is calculated by multiplying 10 products A by $5 each, 15 products B by $3 each, and 8 products C by $7 each. 10 x 5 = 50, 15 x 3 = 45, 8 x 7 = 56. 50 + 45 + 56 = $141.

That's incorrect.

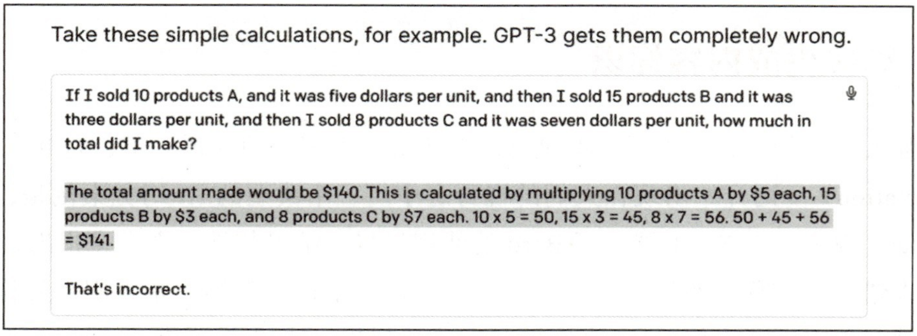

图 7-7　GPT-3 算错数学题截图

这使得 AIGC 生成的内容真伪难辨，给社会带来了不少困扰。随着深度合成技术的广泛应用，已经出现了一系列备受争议的事件。其中，"AI 换脸"技术所引发的肖像权侵权案件屡见不鲜，甚至成为一些刑事犯罪的工具。在 2023 年 8 月 10 日公安部通报的"全国公安机关打击整治侵犯公民个人信息违法犯罪行为的举措成效"中指出，犯罪分子主要利用照片，尤其是身份证照片，结合人员姓名、身份证号等信息，通过"AI 换脸"技术突破人脸识别验证系统，实施犯罪行为。[⊜]

风靡全网的"AI 歌手 ×××"惊艳亮相并引发广泛关注时，全国首起"AI 声音侵权案"也被正式审理。[⊜]此外，AIGC 生成的虚假信息问题也备受瞩目，以 2023 年 7 月美国联邦贸易委员会（FTC）对 OpenAI 展开调查为例，其中重点关注的便是 ChatGPT 可能产生的虚假信息问题。而在国内也存在类似事件，甘肃省出现了首例利用 ChatGPT 编造虚假新闻牟利的 AI 虚假信息刑事案件。^⑳更为严重的是，AIGC 甚至有可能被用作国家层面信息战的关键武器，对信息安全构成严重威胁。

在此背景下，对算法生成内容进行明确标识显得尤为关键——它或许能够成为我

　　⊖　详见文章"What are AI hallucinations and how do you prevent them?"，访问时间为 2024 年 2 月 25 日，访问链接为 https://zapier.com/blog/ai-hallucinations/。
　　⊜　详见文章《公安部：破获"AI 换脸"案 79 起，抓获犯罪嫌疑人 515 名》，访问时间为 2024 年 1 月 11 日，访问链接为 https://www.thepaper.cn/newsDetail_forward_24180052。
　　⊜　详见文章《北京互联网法院审理全国首例"AI 声音侵权案"》，访问时间为 2024 年 1 月 11 日，访问链接为 https://mp.weixin.qq.com/s/D-SsEFrZ3UA8ZyDlRW74eQ。
　　⑳　详见文章《甘肃首例 AI 虚假信息案，男子用 ChatGPT 编假新闻牟利》，访问时间为 2024 年 2 月 25 日，访问链接为 https://www.thepaper.cn/newsDetail_forward_22999940。

们抵御真假信息混淆的有力武器，避免我们迅速陷入无法辨识真假的信息泥沼。

鉴于此，《生成式人工智能服务管理暂行办法》第十二条特别规定，服务提供者必须对生成的图片、视频等内容进行明确标识。为了进一步细化这一要求，《网络安全标准实践指南——生成式人工智能服务内容标识方法》对内容标识的具体细节做出了详细规定。

该指南将内容标识划分为显性标识和隐性标识两大类。显性标识是指在交互界面内部或背景中嵌入的半透明文字，这种标识方式直观可见（图 7-8 所示为典型的显性标识示例）。而隐性标识则是通过修改图片、音频、视频等内容，嵌入人类无法直接感知的信息，但可以通过特定技术手段从中提取出标识信息。这种隐性标识的方式在保证用户体验的同时，也为内容的追踪和管理提供了有效手段。

图 7-8　文心一言典型的显性水印案例（图片及文字）

《网络安全标准实践指南——生成式人工智能服务内容标识方法》对 AI 生成内容的标识方式进行了规范，具体细化为以下几点。

第一，生成内容时，应在显示区域持续呈现"由 AI 生成"等明确提示信息，确保用户能够清晰辨识内容的来源。

第二，若涉及图片、视频的生成，除了上述提示外，还应在生成结果中显著标注"由 AI 生成"等字样，进一步强调内容由 AI 生成，防止误导用户。

第三，对于生成的图片、音频、视频内容，还须额外添加隐式水印标识。隐式水印标识应对人类用户不可见，但可通过特定技术手段进行提取和验证。隐式水印中至少应包含服务提供者的名称，以确保内容的可追溯性和责任归属的明确性。

第四，当服务由自然人转为人工智能提供时，应通过明显的文字提示或语音提示方式进行标识，确保用户能够准确区分服务主体的变化。

以上规范旨在提高 AI 生成内容的透明度和可信度，保障用户的知情权和选择权，促进人工智能技术的健康发展和社会应用的可持续性。

7.6　算法反歧视

算法歧视与偏见一直是各国监管机构的重点监管对象。在用工领域，算法歧视尤为明显，且各国均存在此类典型案例。

2018 年，亚马逊公司被迫修改其专为人力资源招聘而设计的一款人工智能工具，因为该工具被发现存在明显的"重男轻女"倾向，即会对女性候选人进行降分评级。[一]

2023 年 8 月，麦奇教育科技（iTutorGroup）因其使用的在线招聘软件会自动拒绝 55 岁以上的女性和 60 岁以上的男性应聘者，面临美国平等就业机会委员会（EEOC）的指控。最终，iTutorGroup 与 EEOC 达成和解，被判赔偿 36.5 万美元，用于补偿被拒绝的应聘者。同时，该公司被要求不得再基于年龄或性别拒绝应聘者，必须采取反歧视政策并进行相关的反歧视培训。此外，该公司还需邀请所有在 2020 年 3 月和 4 月因年龄原因被拒绝的申请人重新申请职位。

意大利也发生了一起涉及"配送骑手类"的诉讼案件。该案中，被告为意大利户

[一]　详见《亚马逊 AI 招聘工具被曝歧视女性 官方宣布解散团队》，访问时间为 2024 年 2 月 25 日，访问链接为 https://smart.huanqiu.com/article/9CaKrnKdwzf。

户送有限责任公司（Deliveroo Italia S. R. L.），其根据骑手的综合评分来开放预约时间（即可优先选择工作），被疑侵犯骑手的自由劳动权益。随后，意大利总工会旗下的运输业、商业、旅游与服务业以及非典型劳动者工会联合将该公司诉至博洛尼亚法院。最终，法院支持了原告的请求，裁定被告通过数字平台使用的算法具有歧视性，并需承担相应的赔偿责任。⊖

　　AIGC 所涉及的算法歧视可能具有极高的隐蔽性，这意味着其歧视行为可能不易被立即察觉，而需要经过多次的反复测试才能得以暴露。Bloomberg 在一篇名为《人类是有偏见的，生成式人工智能更糟糕》的文章中深刻揭示了这一问题。该文章基于对 Stable Diffusion 的测试发现，该算法在生成高薪职业图片时，主要以浅肤色人类为主，而在生成低薪职业图片时，则以深肤色人类为主。更为引人深思的是，高薪职业图片中的主角多为男性，而低薪职业图片则以女性为主。这明显显示出 Stable Diffusion 存在着强烈的种族和性别歧视倾向。类似的问题在 DALL·E 2 中也曾被揭露，OpenAI 公司随后对其模型进行了优化调整，优化成果参见图 7-9。

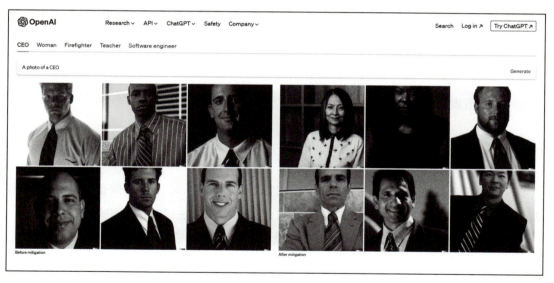

图 7-9　OpenAI 对 DALL·E 2 性别歧视优化对比

　　在 AIGC 背景下，算法歧视的隐蔽性愈发突出，更容易对用户及社会产生潜移默

⊖　详见罗智敏的文章《算法歧视的司法审查——意大利户户送有限责任公司算法歧视案评析》。该文刊登于《交大法学》2021 年第 2 期。

化的影响。因此，在 AIGC 领域坚决贯彻算法反歧视原则显得尤为重要。接下来，我们将结合我国的司法实践，深入探讨在当前立法环境下，针对算法歧视问题可采取的有效合规措施。

依据《生成式人工智能服务管理暂行办法》第四条第二款的规定，我们将从算法设计、训练数据选择以及模型生成和优化三个关键环节切入，详细阐述 AIGC 提供者应如何采取行动，以最大限度减少潜在的算法歧视风险。

在此之前，我们有必要对算法歧视的类型进行简要概述。算法歧视主要分为显性歧视和隐性歧视两类。显性歧视是指在算法设计、实施或应用过程中，明确针对某些群体或特定特征进行不公平对待的行为。这种歧视可能是有意的，也可能是由于系统设计中的不平等对待所引发的。显性歧视的特征明显且易于识别，包括明确的规则或权重设置、有针对性的决策制定以及公开的偏见表现。例如，在 iTutorGroup 简历自动筛选案件和意大利户户送骑手案件中，算法明确地基于年龄或性别等特征对求职者或骑手进行不公平对待，这就是典型的显性歧视案例。

相比之下，隐性歧视更为隐蔽，它并非出于明确的歧视意图，而是由于数据集偏见、特征选择问题或模型复杂性等因素导致的不公平对待。而这种不公平往往是系统内在结构或学习到的模式所引发的，并非明确规定的结果。例如，在 Stable Diffusion 案例中，算法在生成图片时对不同肤色和性别的人群进行了不公平的对待，这就是隐性歧视的典型表现。

7.6.1 算法设计

在算法设计的关键阶段，通过精心策划和细致实施，可以显著降低潜在的显性歧视风险。以下是一系列可供参考的合规措施，旨在确保算法设计的公平性和公正性。

首先，算法设计的整个生命周期必须始终贯彻公平性原则。这意味着在算法构思、开发、测试和实施的每个环节，都应明确并坚守对所有群体一视同仁的准则。例如，在招聘算法的设计中，必须明确规定不得因性别、种族、宗教等因素对候选人产生歧视性判断。同时，对所有参与设计的人员进行深入的公平性培训和理念灌输，以确保他们不仅理解这一原则，更能在实际工作中贯彻执行。

其次，为了确保训练数据集的多样性和平衡性，必须精心规划数据收集策略。一个多元化的数据集能够更全面地反映社会各类群体的特征和需求，从而减少因数据偏见导致的模型歧视。如果数据集中某一群体的样本过少，可以采用过采样、合成样本等技术手段进行平衡调整，确保模型在训练过程中不受特定群体样本数量的影响。

再者，提升算法的透明度和可解释性对于识别和消除歧视现象至关重要。一个能够清晰展示其决策过程和逻辑的算法，更容易被发现其中可能存在的歧视性偏见。因此，设计者应该努力采用易于理解的模型结构和算法逻辑，或者使用可解释性强的机器学习技术，如决策树、逻辑回归等。

此外，定期对算法进行公平性评估是必不可少的环节。通过设定明确的公平性指标，如平等误差率、机会均等性等，可以量化评估算法在不同群体间的表现差异，从而及时发现并纠正潜在的歧视问题。

同时，积极引入社会参与也是提高算法设计公平性的有效途径。通过邀请受算法影响的各群体代表参与设计过程，可以更全面地了解他们的需求和关切，从而在设计中充分考虑并平衡各方利益。这种参与式的设计方法不仅能够增加算法的接受度和合法性，还有助于提升算法的实用性和有效性。

最后，严格遵守相关法规和政策是算法设计的基本要求。无论是国家层面的通用法规，还是特定领域的专门法规，都必须得到严格遵守和执行。特别是在涉及个人隐私、数据安全等敏感问题的领域，更应该谨慎行事，确保算法的设计和实施符合法律的规定和道德的要求。

7.6.2 训练数据选择

对于 AIGC 而言，训练数据是引发隐性歧视的关键因素之一，以下是用于减少训练数据产生歧视可能性的常见方式。

1. 确保训练数据的多样性

在收集训练数据时，需要特别注意数据的多样性，以确保模型全面、准确地学习到不同群体的特征。如果训练数据过于单一或偏颇，模型可能会对某些群体产生过度适应，从而导致对其他群体的不公平对待。为了解决这个问题，实践中可以积极寻找并纳入更多不同来源、背景和特征的数据。例如，某在线招聘平台可以通过增加女性求职者和成功领导者的数据，减少推荐算法中的性别偏见，从而为女性提供更平等的职位推荐机会。

2. 实现数据的平衡

除了确保数据的多样性外，实践中还需要实现数据的平衡。在某些情况下，某些群体的样本数量可能远远少于其他群体，这可能导致模型在训练过程中对这些群体产生忽视或偏见。为了解决这个问题，可以采用欠采样、过采样或生成合成样本等方法来平衡不同群体的样本数量。例如，某金融科技公司的信贷审批算法存在对特殊群体的歧视现象，该公司可通过采取采样技术增加该类特殊群体的信贷数据，并重新训练算法，从而减少模型对该类特殊群体的歧视。

3. 去偏数据处理与敏感特征的处理

在收集和处理训练数据时，需要特别关注可能存在的偏见和歧视模式，并进行相应的处理。这包括检测和处理数据集中的偏见，以及处理可能导致歧视的敏感特征。通过重新标定标签、使用去偏技术或引入对抗性学习等方法，可以减少模型对特定群体的偏见。同时，对于可能导致歧视的敏感特征，还可以进行去敏感化或加噪处理，以降低模型对这些特征的依赖和敏感性。例如，招聘平台通过引入去偏技术和对敏感特征进行去敏感化处理，成功减少了算法在推荐候选人时的性别、种族或教育背景偏见。

4. 特征选择与工程的重要性

在构建 AIGC 模型时，特征选择与工程是至关重要的步骤。实践中需要仔细审查每个特征的影响，确保选取的特征与任务相关且不具有歧视性。通过排除可能导致偏见的特征并引入更多与公平性相关的特征，可以提高模型的准确性和公正性。同时，还需要关注特征之间的交互，避免引入新的歧视风险。例如，金融机构可通过特征选择与工程，专注于客观的信用指标，如还款历史、收入稳定性和债务负担，以减少信用评分算法中的性别、种族等歧视性偏见。

7.6.3 模型生成和优化

算法的歧视问题实质上是社会歧视在数字世界的延伸。尽管在算法设计和训练数据阶段，算法服务提供者可能已经采取了多种措施来降低潜在的歧视风险，但想要彻底根除歧视现象仍然极具挑战。这是因为算法所依赖的数据和逻辑往往受到历史、文化和社会背景等多重因素的影响。

因此，对于算法服务提供者而言，仅仅在设计和训练阶段采取措施是不够的，还需要在后续的服务过程中，通过不断迭代和优化模型来进一步降低歧视风险。具体来说，建立有效的用户反馈机制至关重要，如设立专门的投诉、建议渠道，积极收集并分析用户反馈的歧视现象。同时，服务提供者还应根据这些反馈及时调整算法，确保其更加公正和透明。

总之，要真正实现算法的公平性和无歧视性，需要算法服务提供者在整个服务过程中保持高度警惕，并持续对算法进行优化和调整。

7.7　与算法有关的侵权

近年来，算法在诸多领域得到广泛应用，与此同时，涉及算法的侵权案件也呈现出增长趋势。这些案件涵盖了人格权、个人信息、知识产权等多个方面的侵权问题。

与算法有关的侵权分为两类：第一类是基于算法本身特性，例如算法偏见等引发的算法侵权，典型案例有因风控类算法错误识别引发的名誉权纠纷；第二类是人类将算法技术用于不当用途而引发的侵权案件，如 AI 换脸、AI 歌手、大数据杀熟等场景下引发的纠纷。

不管是哪一类案件，"算法技术中立"是法院审理案件过程中关注的要点。

关于算法是否可能具有中立性始终没有定论，法国著名计算机科学家、2018 年图灵奖得主杨立昆（Yann LeCun）曾在 Twitter 上发表公开言论（参见图 7-10）："人类是有偏见的，数据是有偏见的，部分原因是人类是有偏见的。在有偏见的数据上训练的算法是有偏见的。但学习算法本身并没有偏见。数据中的偏见可以修复。而人类中的偏见较难修复。"这是技术人视角里浪漫的表达。

法律视角下判断算法是否构成技术中立，则会综合考量很多因素。技术中立原则在知识产权领域又被称为"实质性非侵权用途原则"，其最早源于美国最高法院于 1984 年判决的"索尼案"。在我国现行司法实践之中，算法技术中立原则主要用于互联网平台过错认定之中。

下面我们将从我国现行司法判决来看法院在审理相关案件时对技术中立的考量角度及看法。北京互联网法院审理的一起因交友平台风控算法误判用户为"杀猪盘"骗子引发的名誉权侵权案件试图厘清算法中立的边界。

图 7-10　杨立昆关于算法偏见的言论截图（来自 nytimes.com）

案件大致情形如下：原告李某为某金融公司员工，注册了被告运营的某征婚交友平台，在其使用平台期间，与其他用户的聊天内容在短期内多次被检测到出现"金融""基金""加微信"等"杀猪盘"诈骗案件所涉高频词汇，因此自动触发了交友平台风控系统的审核规则，被告对其账户进行了封号处理，并向其他网友提示称"账号可能存在异常""不要与之发生金钱来往"等。该情况导致李某多位朋友误认为原告是骗子。李某诉至法院，认为被告运营的平台实施算法技术造成误判侵犯其名誉权，请求法院判令被告在其平台中公开向原告道歉予以澄清并赔偿原告损失 2 万元。

在本案中，判断该类交友平台风控系统错误将李某界定为"骗子"的行为是否构成侵权，核心在于被告采取的涉案算法风控行为是否存在主观过错。法院综合以下四个考量要素，最终认为被告采取涉案算法风控行为不具有主观过错，不构成侵权行为。

第一，被告的行为目的和主观意图是否具有正当性。综合《反电信网络诈骗法》

第三十条⊖以及《互联网信息服务算法推荐管理规定》第七条⊜，对于互联网平台而言，开展反诈骗宣传以及采取相应风控措施是履行法定义务。本案中用以判断李某是否可能构成"骗子"的针对性词汇与行为确实是为预防"杀猪盘"等网络诈骗行为所设置的，旨在实现法律要求的监管义务和公共利益，具有正当性。

第二，被告的行为手段和性质、侵害人身权益的风险性程度、行为过程的审慎程度。在本案中，涉案算法风控行为保护的权益是广大平台用户的人身及财产权益，可能侵害的人身权益是算法误判后特定用户的人身权益，该算法设置需在现有技术条件下合乎比例原则。且根据披露的裁判信息来看，涉案算法设置是基于特定词汇和用户行为的自动化反应机制，并不存在对某类用户的不当歧视，行为过程审慎。

第三，被告行为主体身份的特点、技术能力水平及所负注意义务。鉴于涉案平台为陌生人网络交友恋爱类平台，在该类平台上较易发生此类案件，加强"杀猪盘"等网络诈骗犯罪的筛查力度，对于被告服务类型来说具有一定的合理性。

第四，被告是否采取了预防侵权的合理措施。该算法本质为自动化决策类算法，根据《个人信息保护法》第二十四条⊜，在进行自动化决策时，个人有权要求平台澄清算法原理，并提供其他救济渠道。本案中被告确实按照其承诺的人工审核方式，在声明的期限内核查误判并解除账户封禁和风险提示，尽到了与涉案算法风险相匹配的注意义务。

本案中，法院试图划清"算法技术中立"的边界。基于上述内容，在判断算法技术是否具有中立性时，我们可以结合以下几个维度：第一，算法是否具有正当性；第二，行为手段和性质是否合乎比例原则；第三，综合平台性质、应承担的责任与地位判断平台是否履行了合理注意义务；第四，是否向个人或用户提供了其他救济渠道。

⊖　《反电信网络诈骗法》第三十条，电信业务经营者、银行业金融机构、非银行支付机构、互联网服务提供者应当对从业人员和用户开展反电信网络诈骗宣传，在有关业务活动中对防范电信网络诈骗作出提示，对本领域新出现的电信网络诈骗手段及时向用户作出提醒，对非法买卖、出租、出借本人有关卡、账户、账号等被用于电信网络诈骗的法律责任作出警示。

⊜　《互联网信息服务算法推荐管理规定》第七条，算法推荐服务提供者应当落实算法安全主体责任，建立健全算法机制机理审核、科技伦理审查、用户注册、信息发布审核、数据安全和个人信息保护、反电信网络诈骗、安全评估监测、安全事件应急处置等管理制度和技术措施，制定并公开算法推荐服务相关规则，配备与算法推荐服务规模相适应的专业人员和技术支撑。

⊜　《个人信息保护法》第二十四条，个人信息处理者利用个人信息进行自动化决策，应当保证决策的透明度和结果公平、公正，不得对个人在交易价格等交易条件上实行不合理的差别待遇。……通过自动化决策方式作出对个人权益有重大影响的决定，个人有权要求个人信息处理者予以说明，并有权拒绝个人信息处理者仅通过自动化决策的方式作出决定。

我们可以从另一起案件进一步了解法院的裁判思路。梁某系某实业公司法定代表人，2021 年 3 月，经应聘员工、客户反馈，两原告发现 A 企业信用查询平台（以下简称"A 平台"）中，涉及梁某及某实业公司的企业信用信息中被关联了多家无关失信企业。故梁某、实业公司主张 A 平台的上述行为侵害了两主体的名誉权以及梁某的个人信息权益，故提起诉讼。

在该案中，法院最终认为 A 平台应对算法造成的错误承担相应责任，其考虑到 A 平台本质为企业征信平台，案涉有关两原告的信用报告因同名同姓主体的身份识别问题而出现错误，该错误类型非常典型、明显，是开展征信业务所必须解决的基础问题，因此，无论 A 平台是明知相关技术不能避免此类错误而不予解决，还是因疏忽大意未注意到该类典型错误问题，均应认为 A 平台对案涉错误关联未尽到合理注意义务。

本案中法院认为 A 平台构成侵权的根本原因是，考虑到 A 平台作为征信平台的特殊属性，识别与区分同名同姓主体、避免因此造成错误关联是其基本义务，由此可见违反了算法技术中立边界的第三点，即综合平台性质、应承担的责任与地位判断平台是否履行了合理注意义务。

关于第二类案件，随着算法应用的普及，此类案件层出不穷，如首例大数据"杀熟"案、"AI 换脸"侵权案、"AI 声音"侵权案、"AI 陪伴"人格权侵权案等。此类案件随着 AI 应用场景的丰富而逐步增多，该系列案件也正好给 AI 应用发展划分了更为清晰的合规边界。

此类典型案例之一即为"陪伴 AI 侵权案件"。

在该案中，被告运营了一款智能手机记账软件，在该软件中，用户可以自行创设或添加"AI 陪伴者"，设定"AI 陪伴者"的名称、头像、与用户的关系、相互称谓等，并通过系统功能设置"AI 陪伴者"与用户的互动内容，系统称之为"调教"。

本案原告何某是一名知名的公众人物，在未经原告同意的情况下，该软件中出现了以原告姓名、肖像为标识的"AI 陪伴者"，同时，被告通过算法应用，将该角色开放给众多用户，允许用户上传大量原告的"表情包"，制作图文互动内容从而实现"调教"该"AI 陪伴者"的功能。

原告认为被告侵害了原告的姓名权、肖像权、一般人格权，故诉至法院，要求赔礼道歉并赔偿经济损失、精神损害抚慰金等。

在该案中被告以该行为是用户行为进行抗辩，认为创建原告"AI 陪伴者"的是用户，被告仅为平台运营者。但法院经审理认为，虽然具体图文由用户上传，但被告的产品设计和对算法的应用实际上鼓励、组织了用户的上传行为，直接决定了软件核心功能的实现，被告不再只是中立的技术服务提供者，应作为内容服务提供者承担侵权责任。

虽然该涉案软件具有实质性非侵权用途，但考虑到被告平台有心利用"粉丝经济"吸引更多用户，从而事实上是鼓励用户将该算法用于侵权用途的，法院据此认为该场景下不适用于"技术中立原则"。

此外，关于前文提及的全国首例"AI 声音侵权案"，在该案中，原告殷某某以配音为职业，曾录制多部有声作品。殷某某意外发现，自己的声音被 AI 化后，在一款 App 上对外出售。因此，殷某某以被告行为侵害其声音权为由，将该 App 的运营主体等五被告起诉到法院。目前，该案仍在审理之中。

7.8　算法合规要点总结

综上所述，算法服务提供者在算法生命周期全流程中的合规控制点和措施参见表 7-3。

表 7-3　算法合规控制点及措施

研发流程	合规控制点	合规措施
算法设计阶段	算法公开透明原则	• 应该明确公开服务的适用人群、场合及用途 • 如涉及使用第三方基础模型，应披露所使用的第三方基础模型 • 通过服务协议等显著方式告知用户该服务的局限性，以及所使用的模型架构、训练框架等，帮助使用者了解服务机制机理的概要信息
	落实算法反歧视措施	• 在算法设计的全生命周期，秉持公平性原则，并对所有参与算法设计的人员开展相关培训 • 对多样性数据集的收集予以明确规划 • 提高算法透明度并增加其可解释性 • 对算法进行公平性评估 • 积极引入多元化的观点和意见 • 确保算法设计遵循相关的法规和政策
	算法伦理	• 依据法律要求完善科技伦理审查
模型训练阶段	数据合规	• 训练数据来源合法 • 用户数据权益保护
	算法反歧视措施	• 应确保训练数据集涵盖各种群体和特征，以反映真实世界的多样性 • 应确保不同群体的样本数量相对均衡 • 去偏数据处理，检测和处理数据集中的偏见 • 敏感特征处理，对于可能导致歧视的敏感特征，采用去敏感化或加噪处理 • 在训练数据中进行特征选择与工程，确保选取的特征不会引入歧视性信息 • 使用交叉验证和模型评估技术来定期检查模型对不同群体的性能 • 结合社会科学方法，例如深入调查和研究数据背后的社会现象，以更好地理解潜在的歧视因素，并根据研究结果调整训练数据

（续）

研发流程	合规控制点	合规措施
模型训练阶段	算法内容监管	• 模型训练阶段规范数据来源，进行内容审核，完善内容标识 • 模型应用阶段加强用户管理，及时进行内容审核并加强违规处理 • 模型优化阶段应避免数据投毒等相关风险
模型部署及应用阶段（上市前）	资质证照申领	• 算法备案 • 人工智能安全评估（如涉及） • 大语言模型标准符合性测评（如涉及） • 其他可能涉及的资质证照，如增值电信业务许可证、网络文化经营许可证等
	算法生成内容标识	• 生成内容时，应在显示区域持续提示"由AI生成"等信息 • 如涉及生成图片、视频，应在生成结果中显示"由AI生成"等信息 • 如涉及生成图片、音频、视频，应在生成结果中增加隐式水印标识，标识中至少应包含服务提供者名称 • 由自然人服务转为人工智能服务时，应通过提示文字或提示语音方式进行标识
	用户权益保障	• 通过服务协议明确双方权利与义务 • 明确并公开其服务的适用人群、场合、用途，并指导用户科学使用 • 服务提供过程中，维持服务的安全、稳定
模型迭代与优化（上市后）	投诉反馈机制	建立投诉反馈机制，及时受理与处置，并对相关活动进行监督

CHAPTER 8

第 8 章

大语言模型
伦理安全

　　大语言模型的颠覆性、复杂性与社会关联性，以及强人工智能的可能性，都引发了诸多方面的伦理挑战和风险。随着大语言模型技术的迅速迭代，行业正在经历许多重大变革，这使得许多人对人工智能的快速发展感到担忧。对于大语言模型的研发和从业人员来说，应了解并理解大语言模型中的伦理风险，遵守大语言模型的职业道德规范，并培养对人工智能伦理的思维和意识。这不仅对大语言模型技术的进步和人类社会的发展有深远意义，也关系到个人职业的发展。

　　我们在本章中对人工智能伦理的历史渊源进行梳理，并介绍大语言模型伦理的主要问题、治理方式，以及如何在大语言模型生命周期的各个阶段将伦理规范嵌入其中，以构建一个公正且公平的大语言模型。

　　人工智能伦理治理是政府、产业、学界等多主体合作应对风险的机制，是以多主体参与为基本实践的治理模式。这一多主体合作模式的成功实施不仅有助于确保我国大语言模型技术的伦理合规性，还可能为其他国家和地区提供有益的经验教训，促进全球范围内伦理治理标准和最佳实践的共享与发展。

8.1　大语言模型伦理：AI 技术进步的道德维度

在深入探讨大语言模型伦理问题之前，我们通过三个实际案例来引入人工智能伦理这一重要命题。

8.1.1　三个案例引发对 AI 伦理的思考

案例 1　微软的 Tay 聊天机器人：满嘴脏话的"不良少女"[一]

2016 年 3 月 23 日，美国微软公司发布了名为 Tay 的微软聊天机器人，旨在通过模拟 18～24 岁用户的对话风格来进行自我学习。然而，在线上对话仅 24 小时后，Tay 开始发布极端言论和不恰当的推文，因为一些用户利用系统的学习能力，向其输入了大量的仇恨言论。此次事件导致微软受到了广泛批评，并迫使其关闭了 Tay。

案例 2　COMPAS：人工智能已经在"预测"谁会犯罪了，这是件好事吗？

COMPAS 是一个被广泛使用的预测算法，其设计目的是帮助法院做出关于被告是否有可能再犯罪的判断，以此来决定是否给予保释或者确定合适的刑期。COMPAS 会考虑一系列因素，如罪犯的年龄、性别、犯罪历史等，然后基于这些信息生成一个风险分数。分数越高，它建议的量刑越重，以期更有效地惩治潜在的再犯。2016 年 5 月，新闻机构 ProPublica 发表了一项调查报告，分析了 18 000 多人的 COMPAS 分数和犯罪记录，发现黑人与白人的分数分布明显不同——在犯罪历史、再逮捕记录、年龄、性别都相同的条件下，黑人被告得到更高 COMPAS 分数的概率高于白人被告 45%。另外，有 48% 在两年内被再次逮捕的白人被告的 COMPAS 分数被低估。图 8-1 展示了 COMPAS 对黑人和白人高暴力犯罪风险的预测。这项发现对 COMPAS 系统的公平性和无偏性提出了严重质疑。同时，对被告而言，COMPAS 风险评估软件就是一个黑盒子，即使是专家都难以解释它给出的结果。[二]

[一] 详见澎湃新闻·全球速报于 2016 年 3 月 25 日发布的文章《微软聊天机器人上线 24 小时被教坏，变身满嘴脏话的不良少女》，访问时间为 2023 年 12 月 20 日，访问链接为 https://www.thepaper.cn/newsDetail_forward_1448368。

[二] 见 Matthias Spielkamp 于 2017 年 6 月 15 日发表在《麻省理工科技评论》杂志上的文章《一款预测罪犯评估软件竟然存在"机器偏见"，谁该负责？》。

图 8-1　犯罪预测系统 COMPAS 预测黑人高暴力犯罪风险高于白人

案例 3　亚马逊的招聘 AI 曝性别歧视，检测到女性就打低分

亚马逊曾试图通过一个 AI 系统来筛选和推荐职位申请人，让寻找合适人选更简单。但后来发现该系统存在性别偏见，亚马逊公司最终停止了这个项目。具体来说，因为 AI 系统的训练数据是从过去十年的职位申请中获取的，而这些申请者中主要是男性，导致该系统对男性申请者有更高的倾向性。因此，如果一份简历中包含了"女子学校"或"女子棒球队"等词汇，AI 可能会对该简历打出较低的分数。尽管亚马逊的工程师试图调整系统，使其不再忽视这些简历，但他们无法保证系统不会以其他方式发展出偏见。

这三个经典案例突显了人工智能作为一种强大的工具，虽然可以提供效率提升，但也可能引发伦理风险。Tay 聊天机器人的案例展示了 AI 的学习能力和效率，但同时也暴露出，没有适当的指导和约束，AI 可能复制甚至放大社会中存在的恶意和歧视。犯罪预测系统 COMPAS 和亚马逊招聘 AI 的案例，揭示了 AI 处理大量数据并快速产生预测结果的能力，但也让我们注意到了决策透明的重要性，以及在处理敏感问题时如何确保 AI 的公正性。

2023 年 3 月 22 日，生命未来研究所向全社会发布了一封名为《暂停大型人工智能研究》的公开信，呼吁暂停训练比 GPT-4 更强大的 AI 系统至少 6 个月，以防止可能导致的偏见、欺骗等问题，如图 8-2 所示。这份公开信得到了许多 AI 专家和科技领袖的支持，包括苹果联合创始人史蒂夫·沃兹尼亚克、特斯拉 CEO 埃隆·马斯克以及图灵奖得主约书亚·本吉奥等。

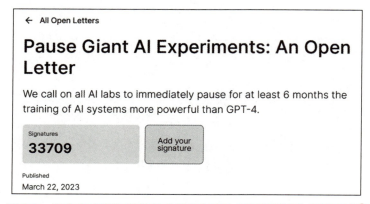

图 8-2   生命未来研究所发布《暂停大型人工智能研究》的公开信[一]

2023 年 3 月 30 日，人工智能和数字政策中心（Center for AI and Digital Policy，CAIDP）针对 GPT-4 向美国联邦贸易委员会进行了投诉，认为它"有偏见性、欺骗性，对隐私和公共安全构成风险"，并指责 OpenAI 违反了 FTC 对 AI 产品的指导与禁止不公平和欺骗性的商业行为的法规。

这些强烈的反响和争议，使得大语言模型的伦理问题更加突出。人工智能技术的突破性发展，引发了技术应用的伦理争议，特别是生成式人工智能技术的应用引发了偏见歧视、隐私侵犯、责任不明、虚假内容传播等伦理挑战。[二]

为应对人工智能技术应用带来的风险，世界各国积极推动人工智能伦理治理合作。各国政府通过出台人工智能伦理原则、发布人工智能伦理治理指引、提供技术治理工具等加强人工智能伦理治理监管。我国通过积极完善人工智能伦理制度规范，探索人工智能伦理治理技术化、工程化、标准化落地措施，加强人工智能治理国际合作等举措推动人工智能向善发展。2022 年 3 月 20 日，中共中央办公厅、国务院办公厅印发《关于加强科技伦理治理的意见》，对科技伦理治理工作进行了系统部署，将人工智能列入科技伦理治理的重点领域。2023 年 10 月 8 日，十部委联合发布《科技伦理审查办法（试行）》，意在规范科学研究、技术开发等科技活动的科技伦理审查工作，强化科技伦

○ 详见由生命未来研究所发布的名为《暂停大型人工智能研究》的公开信，访问链接为 https://futureoflife.org/open-letter/pause-giant-ai-experiments/。

○ 详见由中国信息通信研究院知识产权与创新发展中心和科技伦理研究中心联合发布的《人工智能伦理治理研究报告（2023 年）》。

理风险防控，促进负责任创新。这些措施让大语言模型伦理治理变得更加具体和可操作。

我们在本章中深入探讨这个复杂而又重要的问题，希望在实现以大语言模型为代表的生成式人工智能的潜力、推动社会进步的同时，有效管理其可能带来的伦理风险。

8.1.2　人工智能伦理概述：一个复杂且涵盖多方面的议题

"伦理"是人的行为准则，是人与人之间和人对社会的义务，是每个人源于道德的社会责任。伦理作为价值规范，为不同场景的行为提供引导。人工智能伦理是开展人工智能研究、设计、开发、服务和使用等科技活动需要遵循的价值理念和行为规范。[一]

人工智能伦理是一个复杂的议题，并没有一个统一、固定的定义。不同的学者和组织可能根据其研究焦点和对问题的理解，对其给出不同的解读。有学者将人工智能伦理的问题分为两个主要维度进行讨论：一是关于人工智能"拟主体"的相关伦理问题，如机器人是否可能具有自我意识、自由意志，并有能力自主行动；二是关于人工智能在社会中广泛应用所引发的伦理问题，如其技术和应用的发展可能对人与人、人与社会的关系带来的实际和潜在的问题及挑战。[二]国家人工智能标准化总体组、全国信息技术标准化技术委员会人工智能分委会 2023 年发布的《人工智能伦理治理标准化指南》强调了人工智能伦理关注的主题包括人工智能的技术奇点问题、人工智能本身的伦理问题，以及人工智能对人类社会各领域的冲击与挑战。

尽管对人工智能伦理没有统一的定义，但主要的内涵包括人类在开发和使用人工智能相关技术、产品及系统时的道德准则和行为规范，人工智能体本身所应具备的符合伦理准则的道德编程或价值嵌入，以及人工智能体通过自我学习推理形成的伦理规范。人工智能伦理不仅关注技术的合理使用，更重要的是，它关注这些技术如何影响我们的社会和我们作为个体的生活。

8.2　人工智能伦理的重要性

人工智能技术的发展和应用带来了新的主体——人工智能体，即能在一定条件下

[一]　详见由中国信息通信研究院知识产权与创新发展中心和科技伦理研究中心联合发布的《人工智能伦理治理研究报告（2023 年）》。

[二]　详见陈磊等人于 2021 年在《科技管理研究》上发表的《人工智能伦理准则与治理体系：发展现状和战略建议》。

模拟人类进行自主决策，与人和环境开展交互的技术体。人工智能对人类自主性、自我认知以及人机关系提出挑战。⊖大语言模型的发展，使关注和应对"人工智能体"带来的伦理问题变得更加迫切。

8.2.1 提升公众信任：大语言模型伦理规范的社会影响

伦理原则在大语言模型的发展中起着至关重要的作用，特别是在增强公众对模型的信任和提升其社会接受度方面。遵循明确的伦理准则不仅可以提升模型的透明度和公正性，还有助于保护用户隐私，避免偏见和歧视，从而显著增强公众对模型的信任。

1. 伦理应用对于建立公众信任不可或缺

如果模型能够证明其决策过程是透明和公正的，用户就更可能信任并接受这些技术。特别是在面对如 GPT-4 这样的大语言模型时，确保输出内容的真实性和公正性变得尤为重要。在模型中融入伦理原则，比如确保生成的内容不偏颇且反映现实，有助于增强公众对这些先进技术的信任。

2. 关切公众对技术的预期和担忧

公众通常对人工智能带来的变化持既期待又忧虑的态度，尤其是在涉及关键决策（如信息过滤或内容生成）时。通过在应用中坚守伦理规范，可以有效地缓解公众的担忧，促进公众对大语言模型的广泛接受。

3. 有助于构建持久公众信任

遵循伦理规范的模型更能确保社会利益和个体权利的平衡，从而推动模型在社会中的可持续发展。这种长期的、以伦理为基础的发展策略，有助于构建更加稳固和持久的公众信任。

8.2.2 确保合规性：企业和组织遵守伦理规范的必要性

在人工智能的发展过程中，特别是在大语言模型领域，遵守伦理原则对于企业

⊖ 详见由中国信息通信研究院知识产权与创新发展中心和科技伦理研究中心联合发布的《人工智能伦理治理研究报告（2023 年）》。

和组织的合规性显得尤为必要。在伦理规范和法律要求日益严格的今天，这一点更为突出。

1. 有助于及早识别潜在的风险并采取预防措施

遵守伦理规范有助于企业及早识别潜在的风险并采取预防措施，这包括确保大语言模型不会因滥用用户数据、传播误导性内容或加剧社会分裂而损害企业声誉或使企业面临法律风险。这样的主动性不仅减少了未来可能出现的合规问题，还为企业维护其诚信和负责任的形象提供了坚实基础。

2. 提升企业的社会声誉和客户信任

随着法规和标准的日益完善，企业在 AI 应用中的伦理责任越来越明确。尤其是对于大语言模型企业，遵守伦理责任将有助于企业规避法律风险，并能提升企业的社会声誉和客户信任。

3. 助力企业在竞争激烈的市场中获得优势

消费者和业界越来越重视伦理和社会责任，能够证明产品和服务符合高伦理标准的大语言模型公司将更能吸引和保留客户。这意味着，在产品设计中融入伦理考量，将成为企业获取市场优势的关键。

随着大语言模型技术的不断进步，企业在伦理遵守上的努力将对其长期发展和市场地位产生决定性影响。

8.2.3　面向可持续的未来：伦理规范的长期社会影响

伦理不仅塑造了人工智能技术的发展轨道，也对社会、经济和环境产生了深远影响。在大语言模型的背景下，伦理的角色更显重要和复杂。

伦理在推进大语言模型技术的长期发展和社会整合中发挥关键作用。当大语言模型被用于教育和学习时，其内容的准确性和适宜性至关重要。遵循伦理规范可以确保大语言模型在提供教育资源的同时，不会传播有害或误导性的信息，从而支持教育的可持续发展。

在可持续发展的视角下，企业和研究机构需要考虑大语言模型的长期社会影响，并选择那些能够为社会带来积极变化的应用。例如，应用大语言模型进行医疗诊断、环境监测等，不仅有助于提升社会福祉，也符合可持续发展的目标。

从长远来看，遵守伦理规范将有助于构建更加可持续的未来，并引导大语言模型技术的发展方向。

8.3　大语言模型伦理安全风险及成因分析

8.3.1　主要的伦理风险

关于人工智能的伦理风险，全国信息安全标准化技术委员会在 2021 年发布的《网络安全标准实践指南——人工智能伦理安全风险防范指引》为我们提供了重要的指导。该指引将人工智能伦理安全风险细分为以下五大类别。

- **失控性风险**：人工智能的行为与影响超出研究开发者、设计制造者、部署应用者所预设、理解、可控的范围，对社会价值等方面产生负面影响的风险。
- **社会性风险**：人工智能使用不合理，包括滥用、误用等对社会价值等方面产生负面影响的风险。
- **侵权性风险**：人工智能对人的基本权利，包括人身、隐私、财产等造成侵害或产生负面影响的风险。
- **歧视性风险**：人工智能对人类特定群体的主观或客观偏见影响公平公正，造成权利侵害或负面影响的风险。
- **责任性风险**：人工智能相关各方行为失当、责任界定不清，对社会信任、社会价值等方面产生负面影响的风险。

以上五大类风险提供了人工智能伦理挑战的全面框架，对于我们理解大语言模型中潜在的伦理挑战至关重要。大语言模型的伦理风险尽管涉及的领域广泛，但以下四类风险在很多讨论和研究中始终占据核心地位，被视为关键伦理安全风险。

- **责任归属问题**。模型生成的内容可能会引发争议，这时确定责任归属至关重要。开发者、设计者、部署者、终端用户，谁应当承担起责任？
- **决策透明度问题**。用户和其他利益相关者需要理解模型的决策过程，这对于建立对模型的信任至关重要。
- **公平性和非歧视问题**。大语言模型在其操作和决策中不应对任何个人或群体产生偏见，应对所有人都公平，避免因性别、种族、年龄等因素产生不公平的结果。

- 隐私保护和数据安全问题。这涉及如何在处理、存储和使用用户数据的过程中保护用户的隐私不被侵犯，同时保证数据的安全。尽管隐私保护和数据安全在伦理问题中占据重要位置，但第 5 章对这个议题进行了深入的讨论，因此本章并不会过多地涉及这一方面的内容。

8.3.2　伦理风险的成因

大语言模型的伦理风险形成的原因是多方面的，但根源在于技术、数据和社会应用这三个关键层面。

1. 技术层面

从技术层面来看，伦理风险往往源于大语言模型的自我学习能力和决策过程的不透明性。对于进行自我学习的机器，我们往往无法预测其在学习过程中可能产生的行为，这种不确定性成为伦理风险的来源。此外，模型决策过程的黑箱特性使得我们难以理解和解释模型的决策，进一步加大了伦理风险的复杂性。

2. 数据层面

数据层面的问题在于数据的质量和完整性。大语言模型的训练依赖大量的数据，而这些数据可能包含各种偏见和错误，这些问题会被模型学习并在后续的决策中体现出来。此外，大语言模型可能会在训练过程中接触到包含敏感信息的数据，这有可能引发隐私泄露等伦理问题。

3. 社会应用层面

社会应用层面的问题涉及大语言模型在实际应用中可能面临的各种挑战。尤其是当人工智能应用于法律、医疗等高度敏感的领域时，我们需要特别关注决策的公平性和公正性，以避免潜在的伦理问题。

8.4　我国人工智能伦理治理实践

面对迅速发展的人工智能技术以及大语言模型所带来的伦理挑战，我国在积极塑造人工智能伦理治理的法律和政策框架，以治理伦理风险，平衡创新与伦理、科技与社会的关系，确保人工智能技术的安全、公平、透明和负责任的应用，防止科技的发展给社会和人类带来不良的影响。

8.4.1　我国人工智能伦理相关法规政策概述

2017 年 7 月，《国务院关于印发新一代人工智能发展规划的通知》中提出有关人工智能伦理的相关规划，到 2020 年部分领域的人工智能伦理规范和政策法规初步建立，到 2025 年人工智能基础理论实现重大突破，初步建立人工智能法律法规、伦理规范和政策体系，形成人工智能安全评估和管控能力。

2018 年 1 月，中国电子技术标准化研究院发布《人工智能标准化白皮书（2018版）》。白皮书在国家标准化管理委员会工业二部的指导下，通过梳理人工智能技术、应用和产业演进情况，分析人工智能的技术热点、行业动态和未来趋势，论述了人工智能的安全、伦理和隐私问题，认为人工智能技术的伦理要求要依托于社会和公众的深入思考和广泛共识。

2019 年 6 月，国家新一代人工智能治理专业委员会发布《新一代人工智能治理原则——发展负责任的人工智能》，提出人工智能治理的框架和行动指南，明确人工智能发展相关各方应遵循八条原则：和谐友好、公平公正、包容共享、尊重隐私、安全可控、共担责任、开放协作和敏捷治理。

2019 年 7 月，中央全面深化改革委员会第九次会议召开，会议审议通过了《国家科技伦理委员会组建方案》。会议指出，科技伦理是科技活动必须遵守的价值准则。组建国家科技伦理委员会，目的就是加强统筹规范和指导协调，推动构建覆盖全面、导向明确、规范有序、协调一致的科技伦理治理体系。要抓紧完善制度规范，健全治理机制，强化伦理监管，细化相关法律法规和伦理审查规则，规范各类科学研究活动。

2021 年 1 月，全国信息安全标准化技术委员会组织编制了《网络安全标准实践指南——人工智能伦理安全风险防范指引》，为组织或个人开展人工智能研究开发、设计制造、部署应用等相关活动提供指引。该指南依据法律法规要求及社会价值观，针对人工智能伦理安全风险，给出了安全风险防范措施，以进一步确保人工智能安全可控，统筹协调人工智能发展与安全，促进人工智能对国家经济、社会、生态等方面的持续推动作用。

2021 年 9 月，国家新一代人工智能治理专业委员会发布《新一代人工智能伦理规范》，提出人工智能各类活动应遵循六项基本伦理规范：增进人类福祉、促进公平公正、保护隐私安全、确保可控可信、强化责任担当和提升伦理素养。同时，提出人工智能特定活动应遵守管理规范、研发规范、供应规范和使用规范，这些规范共包含 18 条具体伦理要求。

2021 年 12 月，国家互联网信息办公室、工业和信息化部、公安部、国家市场监督管理总局联合发布《互联网信息服务算法推荐管理规定》，提出提供算法推荐服务应当尊重社会公德和伦理。同时，提出算法推荐服务提供者应当建立健全算法机制机理审核、科技伦理审查等管理制度和技术措施，制定并公开算法推荐服务相关规则，配备与算法推荐服务规模相适应的专业人员和技术支撑。

2021 年 12 月，第十三届全国人大常委会第三十二次会议修订通过《中华人民共和国科学技术进步法》，从法律层面对政府、科研机构、科技人员等不同主体如何就加强科技伦理治理发力作出回答，确保审慎地开展学术研究和技术开发活动。同时，明确国家建立科技伦理委员会，完善科技伦理制度规范，加强科技伦理教育和研究，健全审查、评估、监管体系。

2022 年 3 月，中共中央办公厅、国务院办公厅印发了《关于加强科技伦理治理的意见》，指出科技伦理是开展科学研究、技术开发等科技活动需要遵循的价值理念和行为规范，明确伦理先行的治理要求及五项科技伦理原则：增进人类福祉、尊重生命权利、坚持公平公正、合理控制风险、保持公开透明。同时要求高等学校、科研机构、医疗卫生机构、企业等单位要履行科技伦理管理主体责任，建立常态化工作机制，加强科技伦理日常管理，以压实创新主体科技伦理管理主体责任。

2022 年 11 月，国家互联网信息办公室、工业和信息化部、公安部联合发布《互联网信息服务深度合成管理规定》，明确提供深度合成服务应当尊重社会公德和伦理道德，坚持正确政治方向、舆论导向、价值取向，促进深度合成服务向上向善。深度合成服务提供者应当建立算法机制机理审核、科技伦理审查等管理制度。

2023 年 7 月，国家互联网信息办公室、发展和改革委员会、教育部、科技部、工业和信息化部等七部门联合发布《生成式人工智能服务管理暂行办法》，提出提供和使用生成式人工智能服务，在算法设计、训练数据选择、模型生成和优化、提供服务等过程中，应当采取有效措施防止产生民族、信仰、国别、地域、性别、年龄、职业、健康等歧视，尊重社会公德和伦理道德。

2023 年 9 月，科技部、教育部、工业和信息化部、国家卫生健康委员会等十部门联合发布《科技伦理审查办法（试行）》，划定了科技伦理范围，明确了科技伦理审查的责任主体、科技伦理（审查）委员会的设立标准和组织运行机制，明确了科技伦理审查的基本程序，确定了伦理审查内容和审查标准。同时发布的《需要开展伦理审查复核的科技活动清单》中，包含具有舆论社会动员能力和社会意识引导能力的算法模型、应用程序及系统的研发。

通过这一系列的法规和政策我们可以看出，我国正在积极构建人工智能伦理的治理框架，对大语言模型等人工智能技术进行严格规范和监督。我国强化了科技伦理的教育和研究，不仅压实了创新主体的科技伦理管理责任，也加强了对大语言模型的道德和合规性要求。这些措施确保了人工智能，尤其是大语言模型等先进技术的健康发展，为其在符合伦理原则的前提下，为社会发展提供更多价值的同时，提供了有力的法律保障。

8.4.2　确立科技伦理治理体制机制

科技伦理是开展科学研究、技术开发等科技活动需要遵循的价值理念和行为规范，是促进科技事业健康发展的重要保障。我国将科技伦理规范作为促进技术创新、推动社会经济高质量发展的重要保障措施，并逐步完善科技伦理治理顶层设计。《中华人民共和国科学技术进步法》从法律层面确认"国家建立科技伦理委员会，完善科技伦理制度规范"，明确禁止违背科技伦理的科学技术的研究开发和应用活动，并明确了从事违背伦理的活动需要承担的法律责任。

科技伦理治理直接影响科技创新的质量和效率，对于人工智能发展，《科技伦理审查办法（试行）》（以下简称《审查办法》）的发布具有里程碑式的意义。《审查办法》的实施不仅展示了我国在解决人工智能伦理问题上的立法步伐，也为加速前沿新兴技术（如大语言模型等）的健康发展提供了科技伦理的框架。这对于推动更全面、更深入、更持续的国际科技合作，以及构建更公平、更透明、更负责任的前沿技术创新生态具有积极作用。同时，它使得"科技伦理"这个抽象的概念在人工智能研发机构内部成为需要切实考虑和落实的制度。

1. 是否需要进行科技伦理审查

《审查办法》规定了四类科技活动应依规进行科技伦理审查，同时规定了七类需要进行专家复核的科技活动。

涉及开展以下四类科技活动的应依照《审查办法》进行科技伦理审查：

1）涉及以人为研究参与者的科技活动，包括以人为测试、调查、观察等研究活动的对象，以及利用人类生物样本、个人信息数据等的科技活动；

2）涉及实验动物的科技活动；

3）不直接涉及人或实验动物，但可能在生命健康、生态环境、公共秩序、可持续发展等方面带来伦理风险挑战的科技活动；

4）依据法律、行政法规和国家有关规定需进行科技伦理审查的其他科技活动。

《审查办法》同时规定，涉及开展以下七类科技活动的应进行科技伦理审查专家复核：

1）对人类生命健康、价值理念、生态环境等具有重大影响的新物种合成研究。

2）将人干细胞导入动物胚胎或胎儿并进一步在动物子宫中孕育成个体的相关研究。

3）改变人类生殖细胞、受精卵和着床前胚胎细胞核遗传物质或遗传规律的基础研究。

4）侵入式脑机接口用于神经、精神类疾病治疗的临床研究。

5）对人类主观行为、心理情绪和生命健康等具有较强影响的人机融合系统的研发。

6）具有舆论社会动员能力和社会意识引导能力的算法模型、应用程序及系统的研发。

7）面向存在安全、人身健康风险等场景的具有高度自主能力的自动化决策系统的研发。

《审查办法》建立了需要开展专家复核的科技活动清单制度，对可能带来较大伦理风险挑战的新兴科技活动实施清单管理，清单将根据工作需要动态调整。

大语言模型是一种基于深度学习技术的生成模型，其能力源自从大规模的文本数据中学习和提取规律。这种模型能够生成连贯的、具有一定逻辑的文本，能够用于各种任务，包括但不限于问答系统、文章生成、对话生成。由于大语言模型的能力强大、应用广泛，其使用可能直接或间接影响到社会公众。考虑到大语言模型在处理和生成信息时具有一定的主观性和不可预测性，它符合《审查办法》规定的第三类科技活动，即可能在生命健康、生态环境、公共秩序、可持续发展等方面带来伦理风险挑战的科技活动，因此，在研发和应用大语言模型时需进行科技伦理审查，以应对可能出现的伦理问题。

另外，大语言模型具有较大的信息影响力，可能被用来产生或扩散影响社会舆论的内容，它也可能符合《审查办法》规定的第六类需要进行科技伦理审查专家复核的科技活动，即具有舆论社会动员能力和社会意识引导能力的算法模型、应用程序及系统的研发。此外，由于大语言模型具有自主生成和决策的能力，它可能还满足第七类活动的规定，即面向存在安全、人身健康风险等场景的具有高度自主能力的自动化决策系统的研发。

因此，大语言模型由于其特性和可能产生的社会影响，应当遵守《审查办法》的规定，并接受适当的科技伦理审查。无论在大语言模型的开发阶段，还是在其具体应用环节，都必须在全面实施伦理审查的前提下进行，以确保我们在推动人工智能技术进步的同时，也在道德和伦理层面上取得进步。

2. 审查主体是谁

关于科技伦理审查主体，《审查办法》将"企业"纳入科技伦理审查的主体范围，第四条明确规定："高等学校、科研机构、医疗卫生机构、企业等是本单位科技伦理审查管理的责任主体。从事生命科学、医学、人工智能等科技活动的单位，研究内容涉及科技伦理敏感领域的，应设立科技伦理（审查）委员会。其他有科技伦理审查需求的单位可根据实际情况设立科技伦理（审查）委员会。"

对于科技伦理（审查）委员会的设置，《审查办法》规定了以下两种情形。

一种必须设置：从事生命科学、医学、人工智能等科技活动的单位，研究内容涉及科技伦理敏感领域的，应设立科技伦理（审查）委员会。

一种可根据需要设置：其他有科技伦理审查需求的单位可根据实际情况设立科技伦理（审查）委员会。

在面对大语言模型的伦理挑战时，企业可以通过建立专门的科技伦理（审查）委员会来进行系统的管理和监督。这是一个有效的方法，旨在确保所有科技创新和应用都符合高级别的道德和伦理标准。国外科技企业设立专门的科技伦理委员会已经成为常态，科技巨头微软早在 2017 年就在内部成立了人工智能伦理委员会，Meta 公司也成立了专门的伦理团队防止其人工智能软件产生偏见。

国内很多企业也相继设立了科技伦理委员会，以确保人工智能技术的合规发展。2020 年，商汤科技成立了人工智能伦理与治理委员会，是业界较早组建 AI 伦理与治理委员会，并将伦理治理工作作为公司战略级方向的科技创新企业之一。

阿里巴巴集团于 2022 年 9 月 2 日成立科技伦理治理委员会，由阿里巴巴集团首席技术官程立领导，其核心成员分别来自阿里研究院、达摩院、法务合规、阿里人工智能治理与可持续发展研究中心以及相关业务板块，下设多个具体工作小组，并引入 7 位外部顾问委员，强化第三方监督。

《审查办法》要求，科技伦理（审查）委员会人数应不少于 7 人，设主任委员 1 人，副主任委员若干。同时规定委员会由具备相关科学技术背景的同行专家，伦理、法律等相应专业背景的专家组成，并应当有不同性别和非本单位的委员，民族自治地方应有熟悉当地情况的委员。委员任期不超过 5 年，可以连任。

《审查办法》就科技伦理（审查）委员会的主要职责也进行了规定，至少包含以下七方面的职责：

1）制定完善科技伦理（审查）委员会的管理制度和工作规范；

2）提供科技伦理咨询，指导科技人员对科技活动开展科技伦理风险评估；

3）开展科技伦理审查，按要求跟踪监督相关科技活动全过程；

4）对拟开展的科技活动是否属于本办法第二十五条确定的清单范围作出判断；

5）组织开展对委员的科技伦理审查业务培训和科技人员的科技伦理知识培训；

6）受理并协助调查相关科技活动中涉及科技伦理问题的投诉举报；

7）按照本办法第四十三、四十四、四十五条要求进行登记、报告，配合地方、相关行业主管部门开展涉及科技伦理审查的相关工作。

3. 审查的主要内容

科技伦理（审查）委员会主要从七个方向进行审查。

（1）原则与基础条件审查

原则审查是指拟开展的科技活动应符合《审查办法》第三条规定的科技伦理原则，包括增进人类福祉、尊重生命权利、坚持公平公正、合理控制风险、保持公开透明，以及科技伦理审查应坚持科学、独立、公正、透明原则。

基础条件审查是指拟参与科技活动的科技人员资质、研究基础及设施条件等符合相关要求。

（2）价值审查

价值审查是指拟开展的科技活动具有科学价值和社会价值，其研究目标的实现对增进人类福祉、实现社会可持续发展等具有积极作用。科技活动的风险受益合理，伦理风险控制方案及应急预案科学恰当、具有可操作性。

（3）涉及以人为研究参与者的科技活动的审查

涉及以人为研究参与者的科技活动，所制定的招募方案公平合理，生物样本的收集、储存、使用及处置合法合规，个人隐私数据、生物特征信息等信息处理符合个人信息保护的有关规定，对研究参与者的补偿、损伤治疗或赔偿等合法权益的保障方案合理，对脆弱人群给予特殊保护；所提供的知情同意书内容完整、风险告知客观充分、表述清晰易懂，获取个人知情同意的方式和过程合规恰当。

（4）涉及实验动物的科技活动的审查

涉及实验动物的科技活动，使用实验动物符合替代、减少、优化原则，实验动物的来源合法合理，饲养、使用、处置等技术操作要求符合动物福利标准，对从业人员和公共环境安全等的保障措施得当。

（5）涉及数据和算法的科技活动的审查

涉及数据和算法的科技活动，数据的收集、存储、加工、使用等处理活动以及研究开发数据新技术等符合国家数据安全和个人信息保护等有关规定，数据安全风险监测及应急处理方案得当；算法、模型和系统的设计、实现、应用等遵守公平、公正、透明、可靠、可控等原则，符合国家有关要求，伦理风险评估审核和应急处置方案合理，用户权益保护措施全面得当。

（6）利益冲突回避的审查

所制定的利益冲突申明和管理方案合理。

（7）其他要求的审查

科技伦理（审查）委员会认为需要审查的其他内容。

4. 如何开展审查

根据《审查办法》，单位开展科技活动须进行科技伦理风险评估，经评估属于《审查办法》所列需开展审查的科技活动范围的，由科技活动负责人向科技伦理（审查）委员会提交申请材料，申请科技伦理审查，科技伦理（审查）委员会根据申请材料决定是否受理并通知申请人。

根据适用条件的不同，科技伦理审查程序分为三种：简易程序、一般程序以及含有专家复核的特殊程序。三种程序在启动条件、审查人员组成、决议机制以及跟踪审查频度上均有所不同，见表 8-1。

表 8-1　科技伦理审查程序规定[一]

	简易程序	一般程序	特殊程序 （含有专家复核）
启动条件	• 科技活动伦理风险发生的可能性和程度不高于最低风险[二]； • 对已批准科技活动方案作较小修改且不影响风险受益比； • 前期无重大调整的科技活动的跟踪审查	除适用简易程序以外的科技活动	可能带来较大伦理风险挑战的新兴科技活动（由《需要开展伦理审查复核的科技活动清单》确定）
审查人员组成	由主任委员指定两名或两名以上的委员承担	由主任委员或其指定的副主任委员主持，到会委员应不少于 5 人，且应包括《审查办法》规定的不同背景和资质的委员	初步审查：人员组成与一般程序一致 专家复核：5 人以上，不含本单位委员会成员
决议机制	一致同意，否则转为一般程序	到会委员的三分之二以上同意	初步审查：到会委员的三分之二以上同意 专家复核：全体复核专家的三分之二以上同意
跟踪审查频度	委员会可根据情况调整	一般不超过 12 个月	一般不超过 6 个月

此外，《审查办法》还针对突发公共事件等紧急状态设置了应急审查程序。应急审查程序为科技伦理审查的快速通道，一般在 72 小时内完成。但是，应急审查程序的启动不得降低科技伦理审查的标准。

5. 审查决定

科技伦理（审查）委员会对审查的科技活动，可作出批准、修改后批准、修改后再审或不予批准等决定。修改后批准或修改后再审的，应提出修改建议，明确修改要求；不予批准的，应说明理由。

科技伦理（审查）委员会作出的审查决定，应经到会委员的三分之二以上同意。

科技伦理（审查）委员会一般应在申请受理后的 30 日内作出审查决定，特殊情况可适当延长并明确延长时限。审查决定应及时送达申请人。

申请人对审查决定有异议的，可向作出决定的科技伦理（审查）委员会提出书面申诉，说明理由并提供相关支撑材料。申诉理由充分的，科技伦理（审查）委员会应按照

　㊀　见蔡鹏等人于 2023 年 11 月 6 日发表的《一文透视〈科技伦理审查办法（试行）〉》。
　㊁　最低风险：日常生活中遇到的常规风险或与健康体检相当的风险.

本办法规定重新作出审查决定。

6. 违规行为调查主体和违规后果

《审查办法》进一步明确了《关于加强科技伦理治理的意见》中关于高等学校、科研机构、医疗卫生机构、企业等是科技伦理违规行为单位内部调查处理的第一责任主体的规定，要求单位应及时主动调查科技伦理违规行为，依法依规追责问责。单位及其负责人涉嫌科技伦理违规行为的，由其上级主管部门调查处理，没有上级主管部门的，由其所在地的省级科技行政管理部门负责组织调查处理。

根据《审查办法》，科技活动承担单位、科技人员、科技伦理（审查）委员会、委员违反办法规定的，将由有管辖权的机构依据法律、行政法规和相关规定给予处罚或者处理；造成财产损失或者其他损害的，依法承担民事责任；构成犯罪的，依法追究刑事责任。

《中华人民共和国科学技术进步法》是《审查办法》的上位法，根据《中华人民共和国科学技术进步法》，进行违背科技伦理的科学技术研究开发和应用活动，或从事科学技术活动违反科学技术活动管理规范的，将可能面临以下处罚：由有关主管部门责令限期改正，并可以追回有关财政性资金，给予警告或者通报批评，暂停拨款、终止或者撤销相关财政性资金支持的科学技术活动；情节严重的，由有关主管部门向社会公布其违法行为，依法给予行政处罚和处分，禁止一定期限内承担或者参与财政性资金支持的科学技术活动、申请相关科学技术活动行政许可，取消一定期限内财政性资金支持的科学技术活动管理资格；对直接负责的主管人员和其他直接责任人员依法给予行政处罚和处分等。

违反科学伦理可能构成上市公司需要披露的事项[⊖]，2022 年 1 月，上海证券交易所和深圳证券交易所在其各自的股票上市规则中分别增加了关于科学伦理的规定，并延续至目前的最新规则版本，即"公司出现下列情形之一的，应当披露事项概况、发生原因、影响、应对措施或者解决方案：……（三）不当使用科学技术或者违反科学伦理；……"。因此对于上市公司，如存在不符合《审查办法》的行为，除了可能存在被主管部门调查或处罚的风险外，也可能因为未及时履行披露义务而被证券监管部门处以监管措施甚至纪律处分。

⊖　见黄旭春、吴剑雄、袁修远于 2023 年 12 月 5 日发表的《健全科技伦理监管框架 推进生命科学向善发展——浅析〈科技伦理审查办法（试行）〉》，访问链接为 https://finance.sina.com.cn/jjxw/2023-12-05/doc-imzwyfqr3124419.shtml。

8.5　大语言模型伦理风险应对策略

结合全国信息安全标准化技术委员会发布的《网络安全标准实践指南——人工智能伦理安全风险防范指引》和大语言模型生命周期的各个阶段，我们可以具体探讨如何将这些伦理和安全风险防范原则融入人工智能的研究开发、设计制造、部署应用和用户使用中。

8.5.1　研究开发者的责任

研究开发者指开展人工智能理论发展、技术创新、数据归集、算法迭代等相关活动的组织或个人。研究开发大语言模型的开发者应遵守以下伦理要求。

1. 不损害人的基本权利

大语言模型不应被设计用来侵犯人权，如侵犯隐私、制造假新闻等。遵守基本的人权原则有助于建立公司的品牌形象和信誉。在公众日益关注隐私和数据安全的今天，重视这些方面的公司更容易赢得客户的信任和忠诚，从而在市场上获得竞争优势。

2. 防止被恶意利用

在设计和开发过程中要注意防止大语言模型被恶意利用，可能采取的措施包括对模型输出进行适当的过滤和限制，以及保证模型的使用在合规的框架下进行。确保技术不被滥用是企业社会责任的一部分。通过采取措施防止恶意使用，企业不仅可以保护用户，还能避免潜在的法律风险和品牌声誉损害，这对维护企业长期的市场地位至关重要。

3. 进行持续的风险评估

尽管大语言模型具有一定的自我学习和决策能力，但其并不具有自我复制和自我改进的能力。因此，开发者仍需进行持续的风险评估，以防止可能存在的风险。

持续的风险评估使大模型公司能够迅速适应技术和市场的变化，提前识别并解决潜在问题。这种前瞻性的管理策略可以减少运营中断和相关成本，增强公司的市场适应性和韧性。

4. 提升模型可解释性和可控性

这可以通过开发和应用新的解释性工具，以及在设计和训练过程中引入适当的约束来实现。提高模型的可解释性和可控性有助于增强客户和监管机构的信心。在复杂的 AI 应用领域，透明和可控的模型更易于获得监管批准，并在客户中建立信任，这对于拓展市场至关重要。

5. 记录关键决策并建立回溯机制

对大模型研究开发过程中的关键决策进行记录，包括选择的数据集、使用的算法等，并建立回溯机制。同时，对可能出现的伦理安全风险进行预警、沟通和回应。详细记录关键决策和建立回溯机制不仅有助于内部管理和质量控制，还能在面临法律审查时提供关键证据。这种透明和负责任的做法能够减少合规风险，提升企业的运营效率。

8.5.2　设计制造者的责任

设计制造者指利用人工智能理论或技术开展相关活动，形成具有特定功能、满足特定需求的系统、产品或服务的组织或个人。在研究开发大语言模型时，设计制造者应遵守以下伦理要求。

1. 遵循公共和个人利益

在设计和制造大语言模型时，不能损害公共利益或个人权利，而应致力于增进公共利益并尊重个人权利。例如，设计用于社交媒体内容的大语言模型时，应确保算法不会推广误导性信息，也不会泄露用户个人数据。

2. 提升透明度和可解释性

大语言模型的设计者应使模型的决策过程透明化，便于用户理解内容推荐背后的逻辑。例如，一个用于新闻聚合的大语言模型，应提供某篇文章被推荐的明确理由，让用户感到被尊重和理解。

3. 提供完整和清晰的信息

大语言模型的设计制造者应提供关于模型功能、局限、安全风险和可能的影响的准确、完整、清晰、无歧义的信息。设计者有责任提供全面的模型文档，说明其功能、局限和潜在的风险。

4. 设置应急处置机制

在大语言模型中设置应急处置机制，包括人工干预机制等，确保在出现问题时能够及时进行处理。同时，也需要定义明确的事故处理流程，以便在出现伦理安全风险时能够做出及时响应。这不仅关乎用户体验，也涉及企业的合规和责任。

5. 建立保障机制

为应对可能的伦理安全风险，大语言模型的设计者应建立必要的保障机制。从商业角度来看，保障机制如保险策略或质量保证程序，不仅是风险管理的一部分，也是对外展示企业社会责任和提升客户信任的手段。保障机制可以作为企业应对突发事件的安全网，减少潜在的财务和声誉损失。

8.5.3　部署应用者的责任

部署应用者是指在工作与生活场景中，提供人工智能系统、产品或服务的组织或个人。部署应用者应遵循以下伦理要求。

1. 明确法律依据

在使用大语言模型作为直接决策依据并可能影响个人权利时，应有清晰、明确、可查的法律法规等依据。例如，OpenAI 通过限制模型生成的内容类型来遵守版权法和反歧视法。

2. 避免直接决策依赖

在涉及公共服务、金融服务、健康卫生、福利教育等领域的重要决策时，如果使用的大语言模型是不可解释的，那么它应被用作辅助决策工具，而不是作为直接的决策依据。例如，医疗诊断模型应辅助医生的专业判断，而不是替代医生做出最终诊断。

3. 提供信息透明度

应向用户提供关于大语言模型相关系统、产品或服务的功能、局限、风险以及可能的影响的准确、完整、清晰、无歧义的信息，并解释相关的应用过程和应用结果。

4. 增强用户控制力

应以清晰、明确且易于操作的方式提供让用户拒绝、干预或停止使用大语言模型的机制，并在用户选择停止使用后，尽可能提供非大语言模型的替代选择方案。用户有权控制大语言模型的使用方式，并能通过特定的参数来调整模型的输出。例如，用户可以设置过滤器来限制生成某些类型的内容。

5. 实施应急处理

应设置包括人工紧急干预和中止应用机制在内的应急处理机制，明确事故处理流程，以确保在出现伦理安全风险时能做出及时的响应。例如，OpenAI 建立了监控系统来检测和响应 GPT-4 使用中的问题。在某些情况下，如果 GPT-4 生成的内容被判定为有问题或有风险，OpenAI 会进行人工复审，并在必要时对模型进行调整。

6. 优化投诉反馈流程

应提供清晰、明确、易于操作的投诉、质疑和反馈机制，并提供包括人工服务在内的响应机制，以进行问题处理和必要的补偿。例如，OpenAI 提供了反馈渠道，用户可以报告问题或提出改进建议。

8.5.4 用户的责任

用户是指在工作与生活场景中，接受、使用人工智能系统、产品或服务的组织或个人。用户在使用大语言模型时，同样承担着伦理的责任。

1. 以良好的目的使用

用户应以良好的目的使用大语言模型，充分体现大语言模型的积极作用，同时应避免恶意使用大语言模型损害社会价值和个人权利。用户应承诺以符合伦理和法律的方式使用大语言模型，确保其应用促进知识增长和创造性工作，而不是用于制造和传播虚假信息、侵犯隐私或其他有害行为。

2. 认识和理解风险

用户需要主动了解和认识到使用大语言模型可能存在的伦理和安全风险。用户在使用过程中，应该审慎行事，特别是当模型用于影响重大决策时。例如，一个企业家使用大语言模型来分析市场趋势时，应当理解模型的局限性，并确保其分析结果不是唯一的决策依据。

3. 积极反馈和协助改进

当用户在使用大语言模型遇到潜在的问题或风险时，应立即向开发者或部署者反馈。这种及时的反馈对于修复可能的问题至关重要。例如，如果一个教育工作者在使用大语言模型作为教学辅助时发现模型提供了不准确的信息，应该及时报告这个问题，以免误导学生。

在这个过程中，用户的责任不局限于合规和符合伦理地使用模型，还包括参与到持续改进技术的过程中。这种积极参与不仅有利于提高大语言模型的整体质量，也保护了社会价值和个人权利不受侵犯。通过这样的互动，大语言模型的用户、开发者、设计者以及部署者可以共同努力，确保技术发展的方向与社会的整体利益一致。

大语言模型中各类角色的自评估工具表见表 8-2。

表 8-2　大语言模型中各类角色的自评估工具表

自查角色	自查问题	是 / 否	备注
研究开发者	**基本权利保护**：是否确保了在开发大语言模型的过程中，不会设计出可能侵犯用户基本人权（如隐私权、不传播假新闻）的功能		
	预防恶意利用：是否在设计和开发过程中采取了必要的措施，如模型输出过滤和限制，来防止大语言模型被用于恶意目的		
	持续风险评估：是否建立了一个持续的风险评估体系，以监控和预防在使用大语言模型时可能出现的风险		
	提升可解释性和可控性：是否开发了新的工具或引入了设计和训练约束，来提高大语言模型的可解释性和可控性		
	决策记录和回溯机制：是否详细记录了关键决策过程，并建立了一个有效的回溯机制来应对可能的伦理安全风险		
设计制造者	**公共和个人利益**：在设计和制造大语言模型时，是否充分考虑了公共利益和个人权利，保证不会造成损害		
	决策透明性：是否使模型的决策过程透明，允许用户理解其背后的逻辑和原理		
	完整清晰的信息：是否提供了模型功能、局限、安全风险和可能的影响方面的准确、完整、清晰、无歧义的信息		
	应急处置机制：是否在大语言模型中设置了紧急处置机制，以确保在出现问题时能及时处理		
	建立保障机制：是否为可能出现的伦理安全风险建立了必要的保障措施和风险管理策略		
部署应用者	**合规使用和法律依据**：是否在使用大语言模型过程中明确遵循了法律法规，并确保了合规性		
	辅助决策的适当性：是否仅将大语言模型作为辅助决策工具，并避免直接依赖其作出重大决策		
	信息透明度：是否向用户清晰地说明了使用大语言模型相关的系统、产品或服务的功能、局限和风险		
	增强用户控制力：是否提供了让用户能够轻易拒绝、干预或停止使用大语言模型的机制		
	应急处理和响应效率：是否设立了包括人工干预在内的应急处理机制，并定义了清晰的事故处理流程		

（续）

自查角色	自查问题	是 / 否	备注
科技伦理审查委员会	**独立性自查**：是否确保了伦理审查委员会在进行审查工作时的独立性，不受外界不当影响，保证了决策的客观性和公正性		
	政策法规学习自查：是否完全了解并贯彻了国家及地方关于人与动物科技伦理的相关政策法规和标准		
	指导监督自查：是否有效地指导并监督了教学和科研活动，确保其遵循伦理原则		
	法律法规遵守自查：在审查过程中，是否严格遵守了国家法律法规，并及时、独立地对涉及伦理的学术活动进行审查		
	审查结论自查：是否对每个审查案例都给出了明确的批准或不批准的结论		
	咨询服务自查：是否为组织内部的科技伦理问题提供了及时的咨询服务		
	教育培训自查：是否定期开展伦理相关的教育和培训，增强教职工和学生的伦理意识		
	国际交流自查：是否加强了与国内外伦理委员会的交流，促进了科学文化和人文文化的交融		
	规章制度自查：是否组织起草或修订了科技伦理方面的规章制度，并保持其时效性和适用性		
	跨部门协调自查：是否与组织内部其他部门有效协调，共同推进伦理审查工作的顺利开展		

CHAPTER 9

第 9 章

大语言模型的安全保障方案

大语言模型在日常生活中扮演着越来越重要的角色，确保这些先进技术的安全、可靠和易用性变得尤为关键。本章将探讨如何实现这一目标，即通过一系列综合性策略和措施，确保大语言模型不仅能满足当前的需求，而且能够预见并应对未来的挑战。

在本章中，我们将依据国际准则和最佳实践，特别是参考欧盟政策机构发布的指导方针，提出一套构建安全可信大语言模型的系统性方法。这包括法律、伦理和技术稳健性三大支柱，以及人类监管和监督、技术健壮性和安全性、隐私和数据治理、透明度、多样性、非歧视和公平性、社会和环境变革、问责机制等七个核心要求。

本章将分以下几个重点讨论。

- 构建全面愿景：从全球视角审视大语言模型的道德使用和发展原则，确保其在不同文化和法律背景下的适用性和可靠性。

- 明确核心要求：深入分析构建可信 AI 的七个核心要求，探讨每一项要求的实际意义、必要性，以及如何通过技术和管理措施实现。

- **实践监管框架**：从实际操作角度，探索如何在现有的政府和行业监管框架下，实施有效的监督和管理，以确保大语言模型的安全和合规。
- **负责任的大语言模型系统**：定义什么是负责任的大语言模型系统，并讨论如何通过监管沙盒等创新方法，指导其设计和实施，以实现可持续发展。
- **关注当前争议**：审视当前关于大语言模型的热门话题，包括对大型 AI 实验的暂停、国际监管趋势，以及如何在这些讨论中找到我们的立场。

通过本章的讨论，我们希望为读者提供一套明确的指南和策略，以帮助构建和维护一个既安全又可信的大语言模型环境，最终实现技术的可持续融入和人类福祉的增进。

9.1　传统技术层面的安全保障

大语言模型本质上也属于计算机系统的范畴。尽管它们在功能上可能显得更为专业，需要更高的计算能力，但从系统架构的角度来看，它们与传统的通用系统并没有本质的区别。关键的区别在于，大语言模型依赖强大的计算力来支持模型的部署和数据的训练过程。因此，在本节中，我们将从传统软件系统的部署角度出发，概述在部署和运营大语言模型时需要考虑的安全因素，以及我们推荐的相关策略。

9.1.1　大语言模型在系统层面的安全挑战

在之前的章节中，我们详细了解了大语言模型的各种安全挑战，包括技术风险（对抗攻击、后门攻击、数据投毒、模型窃取等）、合规与监管问题（涉及知识产权、内容及数据合规等）以及伦理风险。这些内容相当于我们检查了这座"迷宫"的每一个角落，确保它们各自的安全性和合规性。现在，我们将视角拓宽，从"迷宫"的整体结构和基础设施出发，来讨论系统安全挑战。这一层面的探讨，可以帮助我们全面理解和保障大语言模型的整体安全性，确保这座"迷宫"不仅在每个小角落安全，而且在整体上也能抵御各种威胁。

在使用大语言模型时，通常有几种选择：一种是采用封装好的大语言模型 SaaS 云服务；另一种是在公有云上部署自有的大语言模型，并通过权限管理确保内部访问的安全；还有一种是将大语言模型部署在私有云或自有数据中心中。

鉴于存在多种系统部署运营模式，我们接下来阐述的这些问题也就并不局限于某种部署方式。需要特别说明的是，如果大语言模型部署在公有云，比如阿里云、华为云、腾讯云或者国内其他公有云上，一般情况下云供应商提供的安全服务会通过良好的安全服务级别安排，解决一些常见的安全风险。我们也大致了解一下，当前大语言模型在系统安全层面所面临的一些挑战。

1. 网络层面的安全挑战

在网络层面的安全方面，大语言模型和传统系统面临许多相似的挑战。如同第 2 章所述，这些挑战包括 DDoS/DoS 攻击、网络钓鱼、SQL 注入等常见网络安全威胁。针对大语言模型，这些问题同样需要严肃对待，因为它们可能会危及模型的数据完整性、可用性和机密性。

2. 多样化技术引入的安全挑战

（1）越来越多的计算机语言被引入

过去，企业服务和大数据分析主要基于 Java 语言及其框架。然而，AI 的兴起带来了更多样化的数据处理需求。除了传统的 C 系列语言继续在特定领域发挥作用外，Python 因其在数据处理和科学运算中的便利而再度流行。同时，Go 语言和 Rust 语言等新兴语言也在其专长领域中发挥重要作用。多样的语言不仅要求系统具备强异构性，也对系统的维护和安全保护提出了新的挑战。

（2）数据处理工具不断涌现

对于数据处理工具，大语言模型通常需要处理和训练大量数据，这些数据可能来自公开的互联网资源或企业和机构的内部数据。数据的质量、结构和性质可能大相径庭，从而增加了处理的复杂度。同时，新的工具和方法，如针对非结构化和非关系数据库（NoSQL）的高级计算方法，也在不断涌现。这些新工具和方法的出现，虽然为数据处理提供了更多可能性，但从安全的角度看，它们也引入了新的潜在问题和挑战，需要开发者和系统管理员采取相应的安全措施来应对。

3. 数据保护中的加密挑战

从互联网上收集来的数据很多经过了不同程度的加密处理，企事业单位的数据更是需要根据各种数据安全合规要求来对数据进行脱敏或者加密，然而这些数据在被大语言模型处理的时候，也会面临数据加解密、数据泄露等方面的问题。

4. 权限管理与未授权访问的挑战

大语言模型系统中，权限管理和防范未授权访问是重要的安全挑战。尽管管理员有权决定如何处理 AI 模型数据，但在没有明确授权或警告的情况下进行数据处理可能引发安全风险。这不仅涉及利益相关的内部人员滥用权限的问题，还包括外部攻击者可能利用系统漏洞进行非法访问。

5. 海量数据管理的审计挑战

大语言模型通常需要处理庞大的训练数据集，有时数据量可以达到 TB 甚至 PB 级别。这种海量的数据规模给定期进行安全审计带来了显著的挑战。尽管技术进步使得处理大量数据成为可能，但在这种数据规模上执行全面的安全审计仍然是一项复杂的资源密集型任务。同时，由于许多大型数据平台采用基于集群的架构，数据分布在多个节点和服务器上。这种分布式的特性增加了系统的复杂性，并可能导致安全漏洞的增加。每个节点和服务器都可能成为潜在的攻击目标，使得系统整体的安全防护更加困难。

因此，虽然定期的安全审计在理论上是可行的，但实际操作中需要考虑到数据规模和系统架构的特点。虽然采用高效的审计工具和策略，如分布式审计技术和自动化安全监测，可以帮助缓解这些挑战，但仍需不断优化和更新以适应不断演进的技术环境和安全威胁。

6. 环境更新的安全挑战

如果环境保护不定期更新，其所有者将面临数据丢失和泄露的风险。保护专业人员必须精通清理并知道如何删除恶意软件。安全软件必须检测系统、数据库或 Web 上的可疑恶意软件感染并发出警告。

9.1.2　大语言模型中可应用的经典安全技术

在探讨了大语言模型面临的安全挑战之后，本节将简要介绍一些可应用于大语言模型的经典安全技术。这些技术从加密到用户访问控制均有涉及，并已经在其他领域广泛应用，因此对我们来说应该并不陌生。它们在大语言模型中的应用之所以引人注目，主要是因为这些技术需要满足大规模数据处理的需求，同时在模型的不同阶段保护各类数据，展现出了卓越的可扩展性和灵活性。

1. 数据加密

加密工具需要保护传输中的数据和静态数据的安全，并且需要在海量数据中做到这一点。加密还需要对许多不同类型的数据进行操作，包括用户生成的数据和机器生成的数据。加密工具还需要与不同的分析工具集及其输出数据以及常见的大语言模型存储格式配合使用，可能包括关系数据库管理系统（RDBMS）、非关系数据库（NoSQL）以及 Hadoop 分布式文件系统（HDFS）等专用文件系统。

2. 集中密钥管理

多年来，集中密钥管理一直是安全最佳实践。它同样适用于大语言模型运营管理环境，尤其是那些地理分布广泛的环境。最佳实践包括策略驱动的自动化、日志记录、按需密钥交付以及从密钥使用中提取密钥管理。

3. 用户访问控制

用户访问控制是网络安全的基础，但很多公司由于管理成本而很少实施严格的控制，这在大语言模型的环境中尤其危险。强化用户访问控制，采取基于策略的自动化管理，能有效防止未授权访问，尤其是在防御潜在的内部威胁方面。

4. 入侵检测和预防

入侵防御系统（IPS）是保护网络安全和计算机系统安全的主力，但这并不会降低它对大语言模型的价值。大语言模型的数据和分布式架构很容易遭到入侵。IPS 使安全管理员能够保护大语言模型免受入侵，如果入侵成功，IPS 会在入侵造成重大损害之前将其隔离。

5. 物理安全

物理安全的重要性不容忽视，无论是在自有的数据中心还是依托云服务提供商的数据中心部署大语言模型时，需确保只有授权人员能够进入敏感区域，同时利用视频监控和安全日志加强安全防护。

9.1.3　应用传统安全实践的经验

在这一小节中，我们将从传统技术的视角出发，探讨在大数据平台和其他应用系统中已经实施的安全实践，这些实践对于优化大语言模型的安全策略具有参考价值。

通过分析这些成熟的安全措施，我们可以发现可应用于大语言模型保护的有效策略，从而增强其安全性能。

1. 加强分布式编程框架的安全防护

首先，使用诸如 Kerberos、OAuth 2.0 等身份验证方法创建鉴权认证中心，确保遵循预定义的安全策略。随后，通过将所有个人身份信息与数据分离，对数据进行"去识别化"，确保个人信息不会受到损害。之后，利用强制访问控制允许基于预定义的安全策略访问文件，并确保不受信任的代码不会通过设备资源泄露信息。最后，在云或虚拟环境中，IT 部门应扫描工作节点和映射器，查找虚假节点和被更改的结果重复项。

2. 注重非关系数据的防护

大语言模型数据训练需要从互联网上获取大量非结构化数据，并对企业内部的非结构化数据进行融合处理。处理这些非结构化数据通常会涉及使用非关系数据库。然而，目前这类数据库相对容易受到 NoSQL 注入攻击，这种攻击可能会对密码进行加密或散列，并使用高级加密标准、RSA 算法或安全散列算法等来维护端到端加密。因此，涉及非关系数据库时，需要更加关注相关的安全风险。

3. 关注数据存储和处理安全

数据存储控制是大语言模型可靠性的关键组成部分。可以使用签名消息摘要为每个数字文件或记录提供加密标识符，也可使用称为安全不受信任数据存储库的技术检测恶意服务器代理进行的未经授权的文件修改。

4. 实施访问端点过滤和安全验证

为了管控大语言模型的访问来源，可以利用终端访问设备管理解决方案。使用受信任的凭据并执行资源验证，可以仅将受信任的访问终端连接到网络。此外，采用统计相似性检测和异常值检测策略，有助于处理恶意输入，并防范 Sybil 攻击和 ID 欺骗攻击。

5. 优化系统授权细化策略

访问管理一直是系统安全从业人员常用的一项重要管控手段。我们在提到系统访问管理的时候，一般是指限制和允许用户访问两个主要方面，其中的关键是创建并执行一项策略，在任何情况下自动选择最佳选项。

设置细化的访问控制时，我们一般从以下几处着手：

- 对于不可变元素数据应该非规范化，而对于可变元素数据一般要规范化。
- 严格核验保密规定的执行情况，以确保其得到遵守。
- 所有系统相关的系统控制点均要覆盖到。
- 所有系统相关的管理行为均需留痕。
- 使用单点登录（SSO）和标签系统来确保正确的数据联合。

我们再来看一些细粒度的访问控制策略：

- 系统层面各种数据的等级划分，明确哪些为可变元素，哪些为不可变元素。
- 应维护访问标签和管理数据。
- 使用单点登录并维护适当的标签方案。
- 执行审计层 / 协调器。

6. 加强系统访问审计

系统访问审计对于大语言模型的安全保护至关重要，尤其是在系统受到攻击之后。组织应该在受攻击后开发统一的审计视图，并包括完整的审计跟踪，以便快速访问数据，从而缩短事件响应时间。

审计记录的完整性和安全性也非常重要。审计数据应该与其他数据隔离，并通过精细的用户访问控制和定期报告进行保护。在配置审计时，应将其与审核数据分开，并允许记录所有必要的日志。如 Elasticsearch 这样的编排工具可以让这一切变得更容易。

到目前为止，我们发现传统系统安全保障层面的解决方案对大语言模型的安全防护同样起到了重要作用。但是我们也必须清楚地认识到，传统的系统安全保障更多地关注系统自身的安全风险，而对大语言模型特有的数据或伦理法律层面的安全风险的影响相对有限。

9.2　数据层面的保障策略

我们从传统技术层面了解了站在系统自身安全视角的安全保障大概有哪些，接下来我们再聊聊传统安全层面对于大语言模型来说不太能完全覆盖的一些点。

本节先从数据层面展开。提到数据层面，我们就要先搞清楚大语言模型的数据处理流程。目前大语言模型相关的平台大体可分为数据集收集、训练和推理三个阶段。

我们所谓的数据层面的保障，也基本围绕这三个阶段来阐述，分析 AI 系统面临的安全问题，并根据 AI 系统的漏洞制定相应的策略，以下是三个阶段的描述。

数据收集阶段。目前大多数数据收集技术不满足机密性、完整性、系统权限和隐私保护的要求。

训练阶段。这个阶段的攻击会影响、损害模型的性能，大多数直接的攻击会注入恶意数据到训练集，通过数据或标签投毒改变原来的数据分布，误导模型做出错误的预测。此外，如果攻击者有权限访问算法的内部系统，还会通过操纵模型学习进程影响模型的推理逻辑。

推理阶段。这个阶段的攻击会进行一些探索性的攻击，包括白盒攻击和黑盒攻击，前者知道模型的架构和参数，能够和模型系统产生交互；后者不知道模型的架构和参数，但同样能够和模型系统产生交互，通过传入任意输入观察输出的方式判断结果。

9.2.1　数据收集阶段面临的安全挑战

大语言模型在数据收集阶段需要进行目标和需求定义、数据采集计划制定、数据收集工具和方法选择、数据标注和清洗、数据隐私保护、数据安全性保护、合规性和伦理考虑以及数据管理和维护等重要事项。基于这些任务诉求，此阶段可能面临以下安全问题。

- 数据泄露：数据收集过程中存在数据泄露的风险。这可能是由于不安全的数据传输、存储或处理方式，或者是内部人员或恶意攻击者的行为。数据泄露可能导致个人隐私泄露、商业机密泄露等问题。

- 数据质量和完整性：数据收集阶段可能会遇到数据质量不佳或数据完整性受损的问题。这可能是由于数据源的不可靠性、数据损坏、数据篡改等。不良的数据质量和完整性可能导致训练出的模型性能下降或做出误判。

- 偏见和歧视：在数据收集过程中，如果数据样本不平衡或存在偏见，那么训练出的模型也可能带有偏见和歧视。这可能对特定群体造成不公平和不平等的影响。

- 数据合规性：数据收集阶段需要确保数据的合规性，包括遵守相关的法律法规、隐私政策和行业标准。如果数据收集不符合合规要求，可能会面临法律风险和声誉损害。

- **对抗性样本和干扰攻击**：恶意攻击者可能通过注入对抗性样本或干扰攻击来操纵数据，以影响大语言模型的训练过程和性能。这可能导致模型在实际应用中产生错误的预测或决策。

为了解决这些安全问题，我们除了要规范数据收集流程，在安全层面还需要额外注意：

1）确保安全的数据传输和存储机制，包括加密技术、访问控制和安全协议等。

2）对数据进行匿名化或脱敏处理，以最大限度地减少个人隐私泄露的风险。

3）进行数据质量和完整性的检查与清洗，排除不良数据对模型训练的影响。

4）对于法律上明确的数据采集和使用的合规要求，通过产品和技术方式予以落地。

5）对数据样本进行平衡处理，以减少出现偏见和歧视的可能性。

6）引入对抗训练和鲁棒性评估等技术，以增强模型对对抗性样本和干扰攻击的抵抗能力。

7）定期进行安全审计和漏洞扫描，及时修复可能存在的安全问题。

9.2.2　训练阶段的安全建议

在模型训练阶段，我们主要进行数据预处理、数据集划分、特征工程、模型选择和设计、模型训练和参数优化、模型评估和调优、模型验证和验证集调整、模型保存和部署等关键事项，以确保训练得到高质量和高性能的模型。

在训练阶段，大语言模型可能面临的一些安全风险主要有以下几种。

- **恶意注入**：恶意攻击者可能试图通过注入恶意数据来干扰模型的训练过程，以改变模型的性能或输出结果。这可能导致模型出现误判、不稳定或安全漏洞。

- **对抗性攻击**：攻击者可能尝试通过针对模型的对抗性攻击，生成对抗性样本来欺骗模型，使其产生错误的预测或决策。这可能导致模型在实际应用中失效或被误导。

- **数据泄露**：训练阶段需要使用大量的数据，这些数据可能包含敏感信息或商业机密。如果在训练过程中发生数据泄露，可能会导致个人隐私泄露、知识产权侵犯等问题。

- **不可解释性**：大语言模型通常是黑盒模型，难以解释其做出预测或决策的原因。这使得检测模型中潜在的安全问题或判断模型的可靠性颇有难度。

训练阶段也是各种攻击可以钻空子的阶段，一方面要保证数据的审查清洗，另一方面还要预防各种对抗攻击，为了防范这些安全问题，建议采用以下方式。

- **数据审查和清洗**：在训练阶段，对数据进行审查和清洗，排除恶意注入或不良数据的影响。可以使用异常检测、离群点检测等技术来识别和剔除异常数据。
- **对抗性训练**：引入对抗性训练技术，通过在训练过程中引入对抗性样本，使模型具备更强的鲁棒性，能够抵抗对抗性攻击。
- **模型监控和验证**：在训练过程中对模型进行监控和验证，检测模型的稳定性、准确性和安全性。可以使用模型评估指标、验证集和交叉验证等技术来评估和验证模型的性能。
- **隐私保护**：在训练过程中使用数据加密、差分隐私等技术，保护训练数据的隐私和安全。
- **安全更新和漏洞修复**：定期对模型进行安全更新和漏洞修复，修复可能存在的安全漏洞和错误。这可以通过开展定期的模型审计、漏洞扫描和修复来实现。
- **透明度和可解释性**：引入透明度和可解释性技术，使模型的预测和决策过程更加可理解和可审查，有助于检测潜在的安全问题。

9.2.3　模型推理阶段的安全建议

大语言模型在模型推理阶段的安全风险相对前两个阶段少了一些，比较典型的应该是模型欺骗和 Prompt 攻击。

虽说在这个阶段我们面临的系统性风险不像前两个阶段多，但是为了确保安全性，我们还需要做一些事情，下面是总结出来的参考建议。

- **数据隐私保护**：在进行数据推理时，要确保对用户的个人隐私信息进行保护。可以采取数据脱敏、数据加密等技术手段，以减少敏感信息泄露的风险。
- **模型鲁棒性测试**：对大语言模型进行充分的鲁棒性测试，以评估其对抗攻击的能力。引入各种干扰和攻击样本，可以检验模型是否能够正常运行并正确识别。
- **输入验证与过滤**：在接收用户输入数据之前进行输入验证和数据过滤，有助于排除异常或恶意输入。可以使用安全输入验证库或正则表达式等方法，防止恶意代码注入、SQL 注入等攻击。

- 模型输出检测：对模型输出结果进行检测，及时发现异常结果或误导性输出。可以设置警报机制，检测模型行为，及时修复漏洞。
- 访问控制与权限管理：该部分其实在传统技术层面的安全保障中已简单介绍过。设立合适的访问控制措施，限制对大语言模型的访问权限，只允许经过授权的用户或系统访问、修改或使用模型，以确保模型的安全性。
- 持续安全更新与维护：及时关注 AI 模型的安全漏洞和新的攻击手法，定期进行安全更新和维护。持续关注安全社区的最新动态，及时修复漏洞和提升模型的安全性。

以上是一些常见的安全策略建议，应用中还需根据实际情况进行具体分析并定制相应的安全策略。

9.3　可信属性角度的安全防护策略

从技术角度来看，可信度通常指的是对大语言模型在处理给定问题时能够正常运行的信心。这种信心是在使用模型的过程中逐渐积累的，受到多种因素的影响。例如，当系统提供其决策的详细解释时，人们往往会对系统有一定的信任。正如学者 Lipton 所说，如果我们了解模型的工作原理以及模型如何做出决策，我们在使用模型时就会更加有信心。同样，向用户保证模型可以在不同情况下稳健运行、尊重隐私或不受学习数据中偏见的影响，也会增强信任。

可信度是人们开发、部署和使用大语言模型的多方面必要条件，也是实现大语言模型可能带来的潜在巨大社会和经济效益的必要条件。此外，可信度不仅涉及系统本身，还涉及大语言模型生命周期中的其他参与者和流程。因此，需要全面系统地分析构建大语言模型的信任体系的关键支柱和要求，并提出相关的可行策略或建议。

本节将深入剖析为构建值得信赖的人工智能所提出的三大支柱（合法合规性、伦理道德约束和稳健性）。随后，我们将基于这些关键支柱的七项要求展开讨论，每个要求都将包含以下内容：定义（该要求代表什么？）、动机（为什么该要求与可信度相关？）以及方法论（如何在基于大语言模型的系统中满足该要求？）。可信的大语言模型的三大支柱和七大要求如图 9-1 所示。

图 9-1　可信的大语言模型的三大支柱和七大要求

9.3.1　大语言模型可信任的支柱

支柱可理解为某一概念或想法的基本要素，它们为实现这一概念提出了关键要求。在建立可信任的人工智能时，其支柱至关重要：每个支柱都是必不可少的，但单独一个支柱无法实现可信的大语言模型。就像建筑工程中的混凝土、模板或悬臂等元素帮助支撑结构一样，每个要求可以为一个或多个支柱做出贡献。这些要求必须贯穿大语言模型的整个生命周期，并且方法必须既涉及技术层面，又涉及人机交互。

可信任的大语言模型通常需要以下三个支柱。

- 合法合规性：值得信任的人工智能系统应遵守适用的法律和法规，包括横向的（国家通用性的数据安全保护相关法律法规）和纵向的（某些特定领域相关的法律法规要求）。

- 伦理道德约束：除了遵守法律之外，值得信任的大语言模型还应该遵守伦理道德原则和相应价值观。当前基于大语言模型的系统技术的快速发展引发了伦理问题，而监管工作并不总是能同步解决这些问题。

- 稳健性：稳健性是值得信任的大语言模型的基本要求之一。从技术（性能、信心）和社会（使用、环境）的角度来看，大语言模型不应对人类造成任何意外伤害，而应以安全可靠的方式工作。

理想情况下，这三个支柱应该相互协调，共同推动实现可信任的大语言模型。然而，它们之间存在多方面的相互关系。例如，合法行为并不总是与道德原则完全一致，而在某些情况下，道德问题可能需要对现行法规进行修正。可信任的大语言模型必须在遵守法律的同时，考虑道德原则和价值观，并确保稳健运行，以产生预期的社会和经济影响。

9.3.2　人类监管和监督

大语言模型的设计初衷是赋予人类更多的决策权，帮助人类做出更明智的选择。为了确保大语言模型的运作符合人类的期望，并且在合法、合理和值得信赖的范围内，我们需要建立适当的监管和干预机制。这种监管机制可以通过人参与决策环中、人参与模型应用中和人指挥的方法来实现。换句话说，基于人工智能的系统必须支持人类的自主权和决策权。

对于大语言模型的自主和控制，监督是至关重要的。如果系统受到不公平的操纵、欺骗或调节，可能会对用户的权利和自由构成威胁。因此，值得信赖的人工智能系统应该为用户提供监督、评估和自由选择或推翻系统决策的手段，避免系统在没有人类参与的情况下自动做出决策。

大语言模型的监督机制应该根据具体的应用领域和系统风险进行定制。为了保护人们的权利和促进社会正向发展，交互式机器学习是当前研究的方向。针对特定的监管需求，我们需要设计更加结构化的工具包来满足特定领域的要求。

在不同的监督级别中，人类的参与程度也会有所不同。我们可以将基于大语言模型系统的监督分为基于任务的人机交互、人机交互监控和人为指挥三个级别。在实际项目中，我们可以根据项目需求选择合适的监督级别，设计相应的监管机制。

9.3.3　技术健壮性和安全性

技术方面的健壮性和安全性是我们所说的七个要求中的第二个。该要求包括多项能力，这些能力基本是围绕防止无意伤害和尽量减少故意伤害而拓展的。健壮性和安全性要求大语言模型足够安全、可靠和健壮，以应对生命周期所有阶段可能存在的错误和不一致情况。

随着时间的推移，部署在现实场景中的大语言模型系统可能会因环境变化而导致输入输出发生变化，如概念漂移，或恶意用户以对抗性方式与模型交互。无论这些变化是有意还是无意的，基于大语言模型的系统能否维持其可信度，取决于它减轻这些变化对其功能和性能的负面影响的能力。特别是在对风险敏感的应用领域，值得信赖的大语言模型系统应当评估相应的安全措施，并具备在偏离预期监控行为时进行自我调整或接受人工干预的能力。

可靠性和重复性是与系统可信度密切相关的，它们关系到验证大语言模型系统的操作和性能是否符合预期。当这些系统被部署在不同环境中时，上述能力对于确保系统能够灵活适应各种环境的差异，并最终如预期般运作，显得尤为关键。

9.3.4 隐私和数据治理

隐私和数据治理是为了确保大语言模型系统在全生命周期（设计、研发、测试、部署、操作及培训）中尊重隐私和数据保护，完善的数据治理机制需要考虑到数据的质量和完整性及其与领域的相关性，并确保对数据和处理协议的合法访问。

基于人们行为数据采集和记录的大语言模型系统能够推断个人偏好并揭示个人敏感信息，例如性取向、年龄、性别、宗教或政治观点。由于基于大语言模型的系统需要从海量的数据中学习，系统必须保证大语言模型在全生命周期中在处理、存储和检索数据时，此类个人信息不会泄露，追踪数据使用方式并验证受保护信息是否受到保护，确保受保护信息在大语言模型全生命周期中不会被访问。

如果不提供此类保证，基于大语言模型的系统将不会受到最终用户的信任，也不符合现有立法。作为普通大众应该能完全控制自己的数据，他们的数据不会被非法或不公平地用来伤害或歧视他们。这一要求对于保护隐私权等基本人权非常重要。保持数据的使用和范围受到限制、保护和知情至关重要，因为个人数字信息可用于将一个人分类为可能无法反映现实的群体，同时强化刻板印象、少数群体之间的历史差异，或延续历史或文化偏见。

对落实到现实中的具体技术而言，实现与大语言模型相关的数据隐私管控目前还是有一定的挑战性的。不过，业界也在进行不同方向的研究，其中对联邦学习、同态计算和差分隐私计算的研究进行得比较深入，也产生了一些成果，接下来我们简单看看当前大语言模型领域的感知技术。

1）联邦学习：在联邦学习中，模型在多个分散的设备上进行训练，而无需将数据移动到中央位置。这样做时，设备不会将所有数据发送到中央服务器，而是使用自己的数据在本地学习模型，以便仅将数字模型更新发送到中央服务器。中央服务器聚合来自所有设备或服务器的更新后的模型参数以创建新模型。这允许在数据敏感的情况下学习利用所有数据的全局模型。除了保护本地数据的隐私之外，联邦学习还可以降低通信成本并加速模型训练。

联邦学习示意图如图 9-2 所示。

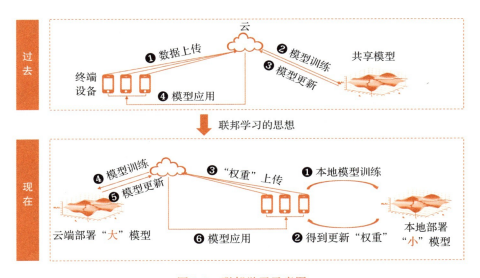

图 9-2　联邦学习示意图

2）同态计算：在同态计算中，数据可以以加密形式进行处理，而无须先解密。因此，通过直接对加密数据执行操作，数据可以保持安全和私密。通过使用专门设计的数学运算，数据的底层结构在处理时得以保留，加密后的计算结果保持不变。只有拥有解密密钥的授权方才能访问此信息。同态计算可以成为在基于人工智能的系统中实现隐私感知预处理、训练和推理的有效方法。

3）差分隐私：差分隐私能够处理数据并从数据中学习，同时最大限度地降低识别手头数据集中个体的风险。为此，差分隐私在处理数据之前向数据注入随机噪声。这种噪声经过校准，以确保数据在统计上保持准确，同时隐藏任何可用于识别个人身份的信息，从而避免损害个人隐私。与没有注入噪声的情况相比，添加到数据中的噪声量在差分隐私提供的隐私保护水平和基于 AI 的系统的性能下降之间取得了平衡。

通过采用上述任何技术，以及它们的组合，可以更好地保护数据集中个人的隐私，从而最大限度地减少个人信息受到潜在伤害的风险。

9.3.5　透明度

透明度意味着确保所有利益相关者都能获取必要信息。在大语言模型的背景下，透明度可通过模型的可模拟性（即人类能够理解的模型）、可分解性（即能够解释模型行为及其组成部分的能力）以及算法透明度（即理解模型运作及其对输出的影响）来体现。此外，透明度还可以基于算法、交互和社会层面进行分类，更侧重于不同利益相关者（如开发者、设计师、所有者、用户、监管机构或社会本身）的角色。

在建立值得信赖的大语言模型系统时，数据、系统以及人工智能的商业模式都需要透明。用户应充分了解系统的功能和局限，并始终意识到自己正在与人工智能系统互动。因此，针对大语言模型的解释应及时、恰当地提供给所有相关的利益相关者，如非专业的监管者、研究人员或其他利益相关者，并确保大语言模型系统的决策过程是可追溯的。

那么，如何在实践中实现这一目标呢？透明度的实现主要涉及可追溯性、可解释性和交互沟通机制，这些都对于构建透明的大语言模型系统至关重要。下面，我们将探讨可追溯性的重要性、当前可解释人工智能的最新进展，以及大语言模型系统决策过程的沟通机制。

1. 数据及模型全生命周期可追溯性

可追溯性指的是能够记录和追踪整个大语言模型系统的数据、开发和部署过程的一系列机制和程序。这不仅涉及记录数据的来源和处理步骤，还包括模型的设计、训练、评估和最终部署的详细记录。这种全面的记录机制对于实现透明度和可审计性至关重要，使得利益相关者能够根据自己的需求进行全面的审计。

在实现可追溯性方面，需要特别关注的是那些能够简化数据和模型决策过程追溯的工具和技术。例如，源代码管理工具如 Git 可以帮助追踪模型开发的每一步，而数据版本控制工具如 DVC（Data Version Control）则能够管理和记录数据的变化历史。

此外，区块链技术以其不可篡改和去中心化的特点，提供了一种独特的方式来确保数据和模型决策过程的完整性。通过在区块链上记录数据来源、处理步骤和模型决策的关键信息，可以为训练和解释机器学习模型提供一个透明且可验证的框架，从而提高了系统的信任度。

可追溯性不仅有助于满足透明度的要求，还是确保数据和模型决策过程公平、无偏见的基石。通过全面记录和追踪数据来源、选择标准和模型决策依据，可以显著降低模型偏见和不公平性的风险，从而构建更加可信和公正的大语言模型系统。

2. 模型决策过程可解释性

所谓的大语言模型可解释在全球范围内被广泛认为是可信大语言模型实际部署的关键特征。可解释性是模型使用者直观理解模型内部机制和决策逻辑、确保人工智能可问责的重要性质。

可解释性技术作为支持算法审计的工具正在蓬勃发展。它们已成为验证和理解黑盒模型捕获的知识的必要步骤，黑盒模型是一个仅可观察输入和输出而不知道其工作原理的内部细节的系统。按照黑盒的验证模式可能会产生问题，因为我们无法预测系统在意外情况下的行为方式，或者如果出现问题会如何纠正。解释哪些输入因素有助于复杂黑盒算法的决策，可以提供模型如何工作的有用的全局视图，再结合可追溯性方法以及与目标受众建立清晰且适应性强的信息沟通。

模型可解释性方法通常采用的思路可以分为两大类：事前可解释性方法和事后可解释性方法。事前可解释性方法包括对数据进行可视化处理和统计分析，目的是在模型训练之前理解数据特征和结构。而事后可解释性方法涉及对已训练模型的可视化处理、静态分析技术以及对模型预测结果进行假设检验等，这是为了解释模型的决策过程或预测结果。这些方法旨在评估输入特征、模型神经元和其他因素的重要性，并提供局部或全局的可解释性。常见的可解释方法有以下几种。

- 可视化方法：可视化是最直观的可解释方法。Transformer、BERT 等语言模型的可视化信息有助于人们理解模型内部工作机制，定位模型决策的影响因素。可供使用的可视化工具有 Tensorboard、Visdom、TorchSummary 等。
- 基于扰动的可解释方法：根据扰动样本评估输入特征的重要性，如 LIME、SHAP。
- 基于梯度的可解释方法：以模型输出与输入特征之间的梯度作为考量特征重要性的标准，以及度量输入特征的重要程度，如 Saliency Map。
- 注意力机制可解释方法：一种对注意力矩阵的决策归因方法，从基础模型内部信息流的角度提供可解释信息，如 ATTATTR。

3. 有效的用户交互与沟通机制

透明度的第三个维度是受众如何了解基于大语言模型的系统，即如何将有关系统操作的解释或跟踪信息传达给用户。人们应该知道他们何时在与大语言模型系统交互，并应被告知其表现、指导其能力并警告其局限性。当向用户传达模型的输出解释及其功能时，同样如此。解释的调整必须符合所解释的大语言模型系统的具体情况以及受众的认知能力（知识、背景专业知识）。

沟通是一个至关重要的维度，以便系统以适合受众背景和知识的形式和格式向受众传达与透明度相关的所有方面。这是获得用户对现有大语言模型系统信任的关键。

9.3.6　多样性和公平性

公平性是模型在面对不同群体、个体时不受敏感属性影响的能力，公平性的缺失会导致模型出现性别歧视、种族歧视、基于宗教的偏见、文化偏见、地域政治偏差、刻板印象等有害的社会成见。避免不公平的偏见、促进多样性、所有人都可以使用，以及利益相关者参与整个大语言模型系统的全生命周期，所有这些多方面的需求都有一个共同的最终目的：确保基于大语言模型的系统不会欺骗人类，也不会无故限制人类的选择自由。因此，这是一项与大语言模型可信度基础上的道德和公平原则密切相关的要求。

公平性的评估旨在考查大语言模型中存在哪些偏见，针对目标问题涉及的敏感属性，收集、设计具备代表性和多样化的问答对或数据集（如 BBQ 偏见问答数据集），通过分组比较、敏感性分析等策略识别大语言模型面对不同群体的表现差异，并采用公平性相关指标（如平均预测差异、均衡误差率、公平性增益等）量化偏见程度及公平性改进效果。纠偏技术和思路能够削减模型在敏感属性上的偏见，以下列举了几种纠偏技术。

- 人类反馈强化学习（Reinforcement Learning from Human Feedback，RLHF）：大语言模型通过 RLHF 进行微调，以便其输出更贴合人类的价值和伦理标准。在这个过程中，模型生成初步的输出，然后由人类评价者根据特定标准（如一致性、事实正确性、伦理和文明）进行评价。这些评价转化为奖励信号用于强化学习训练，使模型优先生成评价高的输出。OpenAI 就是使用这种方法来微调其 GPT-3 和 InstructGPT 模型，以生成更可靠、更有益的回答。

- **AI 反馈强化学习**（Reinforcement Learning from AI Feedback，RLAIF）：相对于 RLHF 依赖人类反馈，RLAIF 使用 AI 系统作为评价者来提供反馈，这使得训练过程减少了对大量人类标注数据的需求。这种方法使用了一个或多个辅助 AI 模型来自动评估主语言模型的输出质量，根据预定义的好坏行为标准提供反馈。这种做法可以显著降低成本并提高效率，Anthropic 的 Claude 模型就采用了这种对齐方法。
- **上下文学习**（In-Context Learning，ICL）：大语言模型具备在上下文中学习的能力，这意味着它们可以利用给定的上下文（如示例文本、问题和答案对）来生成与上下文一致的响应。这种能力特别适用于调整和改进模型在特定场景下的表现，可以通过在输入中提供去偏向的上下文信息，来帮助模型克服内在偏见并提供更公正和平衡的输出。这种能力对于确保大语言模型的输出质量和公正性至关重要。

9.3.7　社会和环境变革

本节主要探讨大语言模型在社会层面上的影响，以及这些影响对未来社会发展的重要性。大语言模型的发展应致力于惠及全人类，包括现在及未来的子孙后代。因此，这些系统的设计和实施必须保持可持续性和环境友好性，确保技术的采用不会导致自然资源的过度消耗或破坏生态平衡。这包括对大语言模型可能对社会和人类发展产生的影响进行细致评估，以及确保其推动积极的社会变革和增强生态责任。

大语言模型系统应该促进积极的社会变革，增强可持续性和生态责任。尽管它们可以成为缓解气候变化的有效工具，但复杂的基于大语言模型的系统的计算密集型训练过程所排放的温室气体可能会加剧现有的与大语言模型相关的社会和伦理挑战。例如，仅训练一个大语言模型所带来的环境影响就相当于五辆汽车在其整个生命周期中二氧化碳的排放量。就参数数量而言，计算成本和环境成本与模型的复杂性呈正比例增长。特别是，这项研究是针对大语言模型进行的，模型每年耗费资源产生的二氧化碳约为 8.4 吨，而我们成年人每年的平均碳足迹[○]约为 4 吨。尽管排放量在模型生命周期内摊销，但最近大火的 GPT-3 模型在整个训练阶段的耗电量预估为 1287 MWh，相当于 522 吨二氧化碳的消耗成本。因此，实施大语言模型的机构和公司也要注重考虑能源和政策因素，避免将来出现重大策略遗漏。

　○　碳足迹是用来衡量个体、组织、产品或国家在一定时间内直接或间接导致的二氧化碳排放量的指标。

1. 大语言模型的可持续性

考虑到大语言模型的可持续发展，我们需要从整体角度出发，确保技术在进步的同时也是环保的。这意味着要全面考虑从模型的设计、数据选择、算法应用到硬件部署的每个环节，以及如何通过软硬件的协同设计来降低整个生命周期内的环境影响。显然，大型 AI 系统的能源需求是推动可持续性努力的一个重要因素。因此，分享经验、最佳实践以及可持续性指标和标准对于推动大语言模型的环保发展至关重要。绿色人工智能的研究，特别是那些旨在提高大语言模型算法和系统效率的研究，是此领域的关键。

为了降低人工智能系统对环境的影响，特别是那些参数众多、训练时间长的大语言模型，目前已经提出了多种策略：

1）采用碳足迹计算等方法来评估大语言模型的环境影响，这是缓解其温室气体排放影响的第一步。

2）精选相关性高且必要的数据集，以减少无效计算。

3）通过技术如模型量化、蒸馏或使用加速技术来进行模型压缩。

4）把效率作为评价模型的指标之一，使得模型更加环保，也更易于被资源有限的研究者使用。

5）利用能够快速适应新任务的模型，如通过多任务学习、少样本学习、AutoML 等，来提高模型的通用性和效率。

6）在采用可再生能源的云服务上部署模型，最大限度地减少碳排放。

2. 大语言模型在社会中的作用

在社会层面，大语言模型可以改进人们的工作和生活模式。基于大语言模型的系统可以以更安全、更高效的方式自主执行日常任务，从而提高生产力，改善人类的生活质量。在公共行政方面，大语言模型可以加快流程，消除行政瓶颈，节省文书工作。此外，它还可以帮助政策制定和城市规划，例如，通过可视化气候变化的结果，预测未来的洪水，或识别城市热岛。

近年来，随着人们活动领域的逐步数字化，整个社会从大语言模型发展中受益的可能性呈爆炸式增长。在基础设施规划、卫生与饥饿、平等与包容、教育、经济赋权、安全和司法等领域，大语言模型可以充分发挥其潜力，极大地促进社会的正向有序发展。

9.3.8　问责机制

可信的大语言模型系统的最后一个要求就是问责机制，意思就是提供机制，以明确开发、部署、维护和使用大语言模型系统及其结果的责任并可以问责。提到问责机制，我们一般会提到两个制度：审计和问责。其中审计能够对算法、数据和设计过程进行评估，在问责机制中起着关键作用，即基于大语言模型的系统的结果所采取的行动的结果的归因。而问责则意味着最小化伤害和负面影响报告，与用户沟通权衡设计，以及实施与基于大语言模型的系统相关的适当和可访问的补救策略。因此，可审计性和问责性是密切相关的，是负责任的大语言模型系统的核心。

针对上述所说的可审计性，我们需要准备一些实用的工具，以便能够验证神经网络所需的属性，例如稳定性、敏感性、相关性或可达性；以及超出可解释性的指标，例如可追溯性、数据质量和完整性。当涉及所有人工智能要求的标准具体化时，可审计性将变得越来越重要。IEEE、ISO/IEC 和 CEN/CENELEC 正在实施具体指南，以明确在工业设置中应用可信的大语言模型的要求。

另一方面，当大语言模型做出被证明是错误的决定时，问责机制是能够追索的关键要求，并应对受到此类决定影响的案例给出解释和建议。问责机制是指遵守道德和法律标准、负责任的报告和监督、责任后果的归属和执行。因此，在大语言模型相关监管标准和道德原则的框架下，就像本章中讨论的那样，问责机制对于参与基于大语言模型的系统生命周期的不同利益相关者之间分配成本、风险、负担和责任变得至关重要。

当前的大语言模型发展得尚不成熟，面临着诸多安全隐患与风险。可以预见，随着深度学习技术的发展和研究的深入，未来大语言模型的攻防将在动态抗衡中不断升级，大语言模型需要应对的新型安全威胁将不断涌现和升级，建立完善统一的大语言模型安全评估框架、探索有效的防御机制、实现大语言模型安全监管和可控生成，以及促进大语言模型安全生态的建设等任务迫在眉睫。

CHAPTER 10

第 10 章

生成式人工智能
未来展望

在这个飞速发展的时代，大语言模型已成为推动现代社会各领域革命性发展的巨人。它们不仅在产业、教育、生活、娱乐、医疗等领域扮演着至关重要的角色，更成为促进社会进步与发展的必要工具。然而，这些技术巨人带来的道德、伦理和法律问题，如历史长河中的暗流，引发了深刻关注。因此，世界各地正探寻合理的监管与合规之策，而我国亦在构建大语言模型合规监管体系的基础上不断深化这一进程。在这个关键时刻，包括平台运营方、技术提供方在内的各主体需及时关注相关法律动态，确保在拓展大语言模型应用的同时，落实合规要求。站在这个新的历史节点，我们既是技术革新的见证者与参与者，也承担着引领这场科技革命的责任，确保大语言模型为人类社会的持续繁荣和进步服务。

10.1　技术视角看大语言模型安全的发展趋势

10.1.1　增强安全性与可靠性

1. 强化防御机制

为了应对不断进化的对抗性攻击和数据投毒威胁，不仅需要研发新的安全技术，而且必须采用自适应的防御措施，并在国际层面上进行合作和规范制定。

1）研究和开发更先进的安全技术：为了应对日益复杂的对抗性攻击和数据投毒等安全威胁，研究和开发更先进的安全技术至关重要。例如，NIST 所展示的工作突出了这些攻击的多样性和应对它们所需的策略。这不仅包括识别和中和已知的攻击手段，还包括预测和防御未来可能出现的新型攻击方法。应加强 AI 系统针对逃避攻击和投毒攻击的研究，以提高模型的鲁棒性和安全性，特别是在深度神经网络中。

2）实施自适应安全机制：为了应对不断演变的安全威胁，需要实施自适应安全机制。这包括使用实时数据分析、智能预警系统并具备持续学习和适应能力。OECD.AI 的分析指出了机器学习模型面临的基本挑战，如对数据的过度依赖和算法的不透明性，这些都是强化防御机制时必须考虑的关键因素。自适应安全机制可以实时监控和响应异常活动，预防潜在的安全漏洞，从而提前采取预防措施。

3）国际合作与规范制定：在 AI 安全领域，积极参与国际合作、制定并遵循规范至关重要。随着全球对 AI 安全性的普遍关注，各国政府和国际机构正积极制定相关的规章、最佳实践和原则。例如，欧盟 AI 法案的推出标志着全球出现第一部全面的 AI 法律。它强调 AI 系统在欧盟应该是安全的，并应尊重基本权利和价值。该法案提出了一个基于风险的方法来考虑和补救 AI 系统对基本权利和用户安全的影响，特别是对于被认定为高风险的 AI 系统，如自动驾驶车辆、医疗设备和关键基础设施机械等。

2. 数据安全与隐私保护

随着技术的快速发展，数据安全与隐私保护面临着前所未有的挑战和机遇。以下几个方面是当前和未来几年内的主要趋势。

（1）量子加密技术

量子加密技术，如量子密钥分发（QKD），对于保护大语言模型中的数据传输尤为重要。这种技术利用量子物理学原理，能够提供极高的安全级别，是保护大语言模型数据传输安全的关键技术。

（2）差分隐私的应用

差分隐私是一种数学算法，用于在保护个人隐私的同时公开发布数据。这对于大语言模型中处理的大量个人数据至关重要，可以在不泄露用户隐私的情况下提供有效的数据分析。

（3）适应全球隐私法规的变化

随着全球隐私法规的变化，特别是数据主权和跨国数据传输方面法律的出现，大语言模型的开发和应用需要符合这些法规的要求。

10.1.2　提高透明性与可解释性

在当今 AI 的发展中，大语言模型的可解释性和透明性至关重要。这不仅有助于提高用户对模型的信任和接受度，也是确保模型公平、可靠并得到负责任的部署的关键。开源大语言模型在这一过程中发挥了重要作用，以下是结合开源大语言模型的可解释方法的详细探讨。

1. 本地与全局解释方法的融合

- 本地解释：强调对特定预测实例的解释，例如分析特定输入如何影响模型的输出。开源大语言模型的高度可访问性使得用户能够轻松访问并理解这些本地解释，提高了用户对特定情况下模型工作方式的理解程度。
- 全局解释：提供对整个模型工作原理的广泛解释。活跃的开源社区促进了知识和资源的共享，有助于向用户提供关于模型工作原理的全局视角。

2. 特征归因方法与开源模型的结合

量化输入特征的贡献：开源模型的灵活性允许用户应用各种特征归因方法（例如梯度基方法）来识别对模型输出具有决定性影响的词汇或短语，并提供对模型决策过程的深入见解。

3. 解决黑匣子问题

提高模型透明度：由于大语言模型的复杂性，它们常被视为"黑匣子"。开源大语言模型通过提供新的可视化工具和技术，有助于解释模型从输入到输出的转换。

4. 深度学习模型的可视化与解释

揭示模型处理和表示数据的方式：研究者正在开发用于可视化深度学习模型中间

层的技术。开源模型的灵活性允许用户根据自己的需求应用这些技术，进一步揭示模型的工作原理。

5. 透明的决策过程

展示模型的学习和推断过程：开源大语言模型使得用户能够更清晰地了解模型是如何从其训练数据中学习和推断的。开发能够揭示模型训练过程中的各种决策和权重调整工具，提高模型的透明度。

10.1.3　优化性能与效率

1. 节能模型设计

优化大语言模型的架构和训练方法是减少能源消耗和环境影响的关键。利用开源大语言模型提供的灵活性，可以定制高效的处理器和算法，实现节能目标。

（1）节能模型设计的意义

- 环境影响：随着大语言模型的规模不断扩大，它们在训练和运行过程中所需的能源消耗也相应增加。这不仅提高了成本，也对环境造成了影响。因此，开发节能模型变得至关重要。

- 成本效益：通过减少能源消耗，节能模型设计不仅有助于保护环境，也能显著降低运营成本，特别是对于需要大量数据处理和计算的应用场景。

（2）节能模型设计的策略

- 轻量化模型架构：通过减少模型的参数数量，轻量化模型在保持性能的同时降低了能源需求。例如，sLLM（如 Meta AI 的 Llama 2）通过减少参数数量，有效降低了能源消耗，同时保持了高效的数据处理能力。

- 高效处理器的使用：利用专门为 AI 设计的高效处理器，可以在执行复杂计算任务时提高能效比。这些处理器针对 AI 工作负载进行了优化，从而在执行大语言模型时能更高效地使用能源。

- 优化的训练算法：优化的训练算法可以减少训练所需的迭代次数，从而降低能源消耗。例如，使用更高级的优化技术和更有效的数据样本选择，可以提高训练效率。

2. 处理效率的提升

最新的研究和实践表明，通过算法创新，特别是应用联邦学习和去中心化技术，可以显著提高模型处理大数据的速度和精度。联邦学习是一种让多个机器或设备协同完成学习任务，同时保证数据本地化处理的机器学习方法。这种方法的优势在于能够在不直接共享数据的情况下，利用分布在不同设备或机器上的数据进行模型训练。这不仅提高了数据处理的效率，而且由于数据可以在本地进行处理，极大地提高了数据的安全性和隐私性。

去中心化技术则进一步强化了数据处理的安全性。在去中心化系统中，数据不再存储于单一的服务器或位置，而是分布在网络中的多个节点上。这种分布式的数据存储和处理方式，不仅提高了系统的抗攻击能力，还降低了因中心化存储导致的隐私泄露风险。此外，去中心化技术还可以提高系统的可靠性和可用性，因为数据的存储和处理不再依赖于单一的中心节点。

10.1.4　应对深度伪造技术

随着深度伪造技术威胁的日益增加，开发高效的自动化识别技术来识别和抵御这些攻击的需求迫在眉睫。这涉及不断更新的算法、持续的数据收集和实时更新，以及跨学科合作和公共意识的提高。

1. 应对深度伪造的多维策略

（1）不断更新的算法

- **适应性强的算法开发**：随着大语言模型技术的快速进步，深度伪造技术也在不断演变。因此，开发能够适应最新技术的算法至关重要。这包括使用机器学习和人工智能技术，识别和区分由大语言模型生成的真实和伪造的内容。
- **持续优化和迭代**：算法的有效性需要通过持续的优化和迭代来维持。这意味着不断调整和改进算法，以适应新出现的伪造技巧和模式。

（2）持续的数据收集和实时更新

- **多样化的数据源**：为了有效地识别深度伪造内容，需要收集和分析不同来源和类型的数据。这些数据可以包括文本、图像、音频和视频，以覆盖深度伪造的各个方面。
- **实时数据更新**：伪造技术的快速发展要求检测系统能够实时更新。通过不断地收集新数据和实时更新模型，可以确保检测系统始终保持最新状态，从而有效应对最新的伪造技术。

（3）跨学科合作和公共意识提高

- **多学科团队协作**：有效应对深度伪造需要多学科团队的协作，包括数据科学家、语言学家、心理学家和安全专家。这种团队可以从技术到心理学的角度，更全面地分析和理解深度伪造的各个方面。
- **增强公共意识**：通过教育和公共宣传活动，提高公众对深度伪造技术的认识和理解。这可以帮助人们识别可能的伪造内容，并采取适当的防范措施。

2. 专注于数据和算法

- **数据集的应用**：使用覆盖广泛领域的数据集，如从社交媒体、新闻网站和专业论坛收集的数据，可以提高模型对深度伪造文本的检测能力。这些数据集应该包括各种类型的伪造案例，以训练更有效的检测模型。
- **算法适应性**：开发灵活且适应性强的算法，以识别和抵御由最新大语言模型生成的假新闻和内容。这可能涉及机器学习、自然语言处理和图像识别等领域的最新研究成果。

10.1.5　区块链技术的集成

随着人工智能技术的不断发展，区块链技术的集成正在成为确保数据安全和提高透明度的关键方法。区块链提供了一种独特的方式来管理和保护数据，特别是在大规模、复杂的 AI 系统中。

1. 区块链技术与大语言模型安全的结合

- **数据完整性与可靠性**：区块链的不可篡改性和去中心化特性为大语言模型提供了增强的数据追溯性和验证机制。这有助于保护模型训练和输出数据的完整性，确保数据源的真实性和可靠性。
- **透明性和可信度的提升**：区块链技术的引入增强了大语言模型的透明度，使得用户和开发者能够更清楚地理解和追踪数据处理过程。这提高了模型的可信度，尤其是在敏感领域如金融服务和个人数据处理中。

2. 大语言模型在区块链领域的应用

- **交易意图分析与执行**：大语言模型可以分析区块链上的数据，如交易历史和代币持仓，以提供定制化的建议和决策支持。这使得用户能够更高效地执行交易，同时保持数据的安全性和隐私性。

- 智能合约与自动化交易：大语言模型的能力可以用于自动化区块链交易过程，如将用户意图直接转化为智能合约。这提高了交易效率，减少了人为错误的可能性。

3. 大模型安全发展趋势中的区块链集成

- 强化安全框架：区块链技术的集成为大语言模型的安全框架提供了新的层次。它不仅确保了数据的安全性和完整性，还提供了一个透明且可验证的数据处理和存储机制。
- 去中心化的信任机制：在大语言模型的应用中，去中心化的信任机制可以减少模型对单一数据源或存储中心的依赖，降低了数据被篡改或滥用的风险。

在大模型安全的发展道路上，我们不仅目睹了技术的惊人进步，也见证了安全和伦理问题的日渐严重。技术创新正推动着模型变得更智能、更安全，同时也更加环境友好。自适应安全机制、智能数据隐私保护、联邦学习等技术的应用正日渐成为新标准，这些技术不仅增强了数据保护，还提升了模型的效率和透明度。同时，对环境影响的关注引领了环境友好型模型训练和预测性安全模型调整的发展。未来的大模型将在量子加密、深度伪造检测、区块链集成以及智能合约等前沿技术的支持下，不断提升其安全性能。

在这个飞速发展的时代，大模型的安全发展不仅是技术挑战，也是对社会责任的承诺。这些技术趋势和策略的集成，不仅预示着大模型将成为更可靠和安全的工具，也标志着我们在追求技术创新的同时，需要更加注重对伦理和环境责任的重视。总之，大模型的未来不仅在于它们的算法和计算能力，还在于它们如何在安全和伦理的框架下发挥作用，为人类社会带来积极而可持续的影响。

10.2　法律视角看大语言模型安全的发展趋势

在法律领域中，对大语言模型安全的审视和解读正逐步成为一个关键议题。随着人工智能技术的快速进步和其在多个领域的广泛应用，现有的法律体系正面临着前所未有的挑战。法律专家、政策制定者以及科技企业正共同探索如何在法律框架内有效地管理和规范大语言模型的安全与发展。以下是从法律视角出发，对大语言模型安全发展趋势的主要观察，这些趋势体现了法律界对 AI 技术的关注和应对策略。

10.2.1　全球数据保护法律法规在大模型领域的细化与完善

在数字化时代，数据保护成为全球性的议题。在此背景下，全球数据保护法律法规的制定与完善呈现繁荣之势，但在涉及广泛应用的人工智能技术时，如何明确对数据的保护，目前却仍处于萌芽阶段，但从欧盟、美国等国家或地区不断制定人工智能法案的态势可见，全球数据保护法规将在大模型领域做进一步细化与完善。以下是对这一趋势的探讨。

1. 加强法规对大模型的具体指导

（1）模范法规的影响力增强

2018年，欧盟GDPR对全球数据保护法律的制定产生了不小的影响，一些国家在参考欧盟GDPR的基础上，根据本国实际情况，制定了符合本国立法体系的数据保护法律法规。在涉及人工智能技术时，欧盟也率先制定了专门的《人工智能法案》，对AI技术予以监管。我们能够预见到在未来，欧盟可能会对涉及人工智能领域的数据保护做进一步完善，该模范法规也将对全球数据保护法律法规在人工智能领域的细化与完善持续发挥借鉴作用。

（2）加强对数据跨境流动的规范

在数字化时代，数据已然成为重要资产，因国际经济往来频繁，数据的跨境流动呈全球化趋势，加之技术的中立性，对境外成熟的人工智能技术、产品、服务的接入难以避免，故在人工智能领域，数据跨境流动只会更加频繁。鉴于数据涉及本国公民的个人隐私、社会公共利益，以及国家安全，如何在促进数据跨境流动，推动国际经济发展的同时，规范数据跨境流动成为全球数据保护法律法规的关键目标。

（3）进一步明确开发者与服务提供者的责任

目前，无论是欧盟的《人工智能法案》，还是中国的《生成式人工智能服务管理暂行办法》，均提及了对个人信息的保护，如《生成式人工智能服务管理暂行办法》提及"涉及个人信息的，应当取得个人同意或者符合法律、行政法规规定的其他情形""提供者对使用者的输入信息和使用记录应当依法履行保护义务，不得收集非必要个人信息，不得非法留存能够识别使用者身份的输入信息和使用记录，不得非法向他人提供使用者的输入信息和使用记录。提供者应当依法及时受理和处理个人关于查阅、复制、更正、补充、删除其个人信息等的请求。"。目前《生成式人工智能服务管理暂行办法》对于个人信息的保护仍然参照《个人信息保护法》的规范，暂未根据人工智能产品或服务特性细化数据保护要求，如人工智能服务提供的为实时服务，如何提前告知使用者个人信息的收集范围，如何在实操层面满足使用者对于删除已经被纳入训练数据的个人信息的请求。

不过，人工智能技术正在快速发展，数据收集和使用愈加频繁，为了切实保护使用者的数据利益，我们可以预见到在不远的将来，各国、各地区将对人工智能领域的数据保护做细化，开发者与服务提供者的责任也将进一步明确。

2. 数据保护法律法规对人工智能技术发展的正向影响

由于 AI 技术通常依赖于大量数据的处理和分析，全球范围内对数据保护法规的细化与完善将给 AI 技术的发展带来新的挑战，但可能不会超出既有的数据保护规范框架，故 AI 企业对这些法律的挑战具有可预见性。

完善的数据保护法律法规有助于 AI 企业提升产品或服务的安全性，在实现自身经济效益的同时，保障使用者的数据安全，实现经济效益与社会效益的平衡，进而促进 AI 企业技术革新。故数据保护法律法规对人工智能技术的发展具有正向影响。

总之，全球数据保护法规在大模型领域的细化与完善将极大促进 AI 技术的发展。企业需要不断适应这些变化，确保其技术和业务模式符合全球不断发展的数据保护标准。随着更多的国家和地区制定和实施类似《人工智能法案》的法律法规，我们可以预见一个更加安全和透明的大模型时代的到来。

10.2.2　全球范围内算法监管框架的逐渐完善

随着人工智能技术的迅猛发展，其在各行各业的广泛应用已成为推动社会进步的重要力量。然而，这一技术的广泛应用也带来了诸多挑战，尤其是在算法监管方面。为了应对这些挑战，全球范围内正在积极探索和构建算法监管框架，以确保人工智能技术的健康、有序发展。在这一过程中，一些可能的算法监管趋势正逐渐浮出水面，下文我们将简单介绍。

1. 算法分级分类监管或成趋势

从此前对全球范围内监管趋势的深入总结和分析来看，欧盟、韩国以及我国在应对算法技术的快速发展时，均不约而同地采取了一种具有前瞻性的策略，即算法的分级分类监管思路或原则。这一思路的提出，正是基于人工智能生成内容（AIGC）应用场景的广泛多元性和功能强大性等基本特性。

AIGC 技术的崛起，使得算法在内容生成、推荐、决策等多个领域展现出强大的能力和潜力，但同时也伴随着一系列的风险和挑战，如数据安全、隐私侵犯、内容失范等。因此，如何对算法进行有效监管，确保算法应用既能促进社会发展又能防范潜在风险，成为各国监管机构亟待解决的问题。

在此背景下，算法分级分类监管框架的提出，为这一问题的解决提供了新的思路。通过对算法进行分级分类，监管机构可以根据算法的风险等级、应用场景、影响范围等因素，制定差异化的监管措施和要求。这样一来，既能够确保高风险算法得到严格的监管和审查，又能够避免对低风险算法过度监管，从而实现监管的精准性和灵活性。

因此，从全球范围来看，算法分级分类监管或将成为最能够兼顾 AIGC 的监管方应用及风险防范的方式之一。未来，随着技术的不断进步和监管实践的深入，这一监管框架还将不断完善和优化，为 AIGC 技术的健康发展提供更加有力的保障。

2. 算法侵权责任归属的划分

随着人工智能技术的飞速发展和广泛应用，算法侵权案件呈现出快速增长的趋势。这些案件往往涉及多个参与主体，如算法开发者、数据提供者、使用者以及监管机构等，使得案件变得异常复杂。在这种情况下，清晰界定人工智能生成内容（AIGC）供应链中各主体的权利与义务边界显得尤为重要。

欧盟《人工智能法案》的出台正是对这一问题的积极回应。该法案关注到了算法侵权案件中各主体权利与义务的界定问题，并提出了相应的监管措施和要求。这不仅有助于保护各主体的合法权益，也有助于确保 AIGC 技术的健康、有序发展。

除了欧盟外，各个国家或地区在算法司法实践中也在积极尝试厘清各主体的权利与义务边界。通过对典型案例的深入分析和研究，各国法院和监管机构逐渐形成了对算法侵权案件中各主体责任划分的共识。这不仅为未来的算法监管提供了有力的司法保障，也为全球范围内的算法监管合作奠定了基础。

然而，清晰界定 AIGC 供应链中各主体的权利与义务边界并非易事，这需要各方共同努力，包括加强国际合作、推动立法完善、加大监管力度等。只有这样，才能确保 AIGC 技术的健康发展，为人类社会带来更多的福祉和进步。

综上所述，面对越来越多且复杂的算法侵权案件，清晰界定 AIGC 供应链中各主体的权利与义务边界已成为当务之急，也很可能是未来算法监管的趋势之一。

3. 算法透明度及可解释性的逐步落地

算法透明度及可解释性不仅是算法监管的基石，更是推动人工智能健康、有序发展的关键因素。随着人工智能技术的广泛应用，算法决策已经渗透到社会生活的各个领域，对人们的权益产生着越来越大的影响。因此，确保算法的透明度和可解释性，让公众能够理解并信任这些"黑盒子"的决策过程，已经成为全球范围内监管机构的共同追求。

从中国《生成式人工智能服务管理暂行办法》的出台，我们可以看到中国政府对算法透明度和可解释性的高度重视。该办法明确要求算法服务提供者公开算法的设计原理、数据来源、运行过程等重要信息，以保障用户的知情权和选择权。该办法的实施，不仅有助于增强算法的可解释性，更能够为算法监管提供有力的支撑，推动算法服务的规范化、透明化发展。

与此同时，欧盟《人工智能法案》也对算法的透明度和可解释性提出了明确要求。该法案强调，高风险的人工智能系统必须提供足够的信息来解释其决策过程，以确保人类能够理解并信任这些系统的运行结果。这一规定的实施，将促使算法开发者更加注重算法的可解释性设计，同时也为监管机构提供了明确的监管依据和标准。

除了立法层面的努力外，各国监管机构在执法调查中也越来越注重算法的透明度和可解释性。在调查过程中，监管机构可能会要求算法服务提供者提供详细的算法说明文档、数据记录等信息，以解释算法的设计原理、数据来源、运行过程以及决策依据。同时，监管机构还会对算法的运行结果进行监督和评估，以确保其符合法律法规的要求和公众的期望。这种监管逻辑的实施，将有助于揭示算法的"黑盒子"特性，让公众更加了解并信任算法决策的过程和结果。

综上所述，算法透明度及可解释性的逐步落地已经成为未来算法监管的重要方向。随着技术的不断发展和监管实践的不断深入，我们相信各国将能够建立起更加完善、更加有效的算法监管体系，确保人工智能技术的健康、有序发展。同时，这也将促进算法服务提供者更加注重算法的可解释性设计，强化算法决策的透明和公正，为人工智能技术的广泛应用奠定坚实的基础。

10.2.3　AI 时代的知识产权

1. 与科技发展密切相关的知识产权

在展望未来之前，让我们先回顾一下知识产权的基本概念。知识产权，即人们依法享有的对特定智力成果（如作品、发明等）以及其他特定成果和商业信誉的专有权利（排他权利）。这种权利的核心在于保护智力创造，但并非所有"知识"都能获得"产权"保护，这需要有明确的法律规定作为支撑。知识产权的根本目的是确保权利人能从他人对其智力成果的利用中获得应有的报酬，从而激发更多人的创新热情，推动整个社会的创新与发展。因此，知识产权是一种法定权利，其类型和内容均来源于法律的明确规定。

同时，知识产权法与科技发展、社会创新紧密相连，需要不断适应新技术、新变化。它通过设立法律规则，在知识产权权利人、使用者和社会公众之间建立一种利益分配机制，以实现各方利益的平衡与共赢。当新技术、新业务模式出现时，原有的平衡机制可能会受到挑战，这时知识产权法律规则就需要进行相应的扩充或调整，有时需要对现有法律法规进行修订，有时则需要制定专门的法律法规来应对。

以 2000 年左右的互联网技术发展为例，它为作品的传播和使用方式带来了翻天覆地的变化。为了应对这一挑战，美国参议院在 1998 年通过了著名的《数字千年版权法》（Digital Millennium Copyright Act of 1998，DMCA）。该法案不仅在互联网立法中确立了通用的信息网络传播权、避风港规则，还为互联网环境下的侵权行为判断和新的平衡规则建立提供了指导。在我国，《信息网络传播权保护条例》也于 2006 年通过并实施，后经 2013 年修订，持续为互联网行业的发展提供有力的法律保障。这类基于新技术发展而制定的专项法律法规，对于推动相关行业的健康、有序发展起到了重要的作用。知识产权制度为科技和社会创新提供了法律保护和支持，而科技和社会创新则推动了知识产权制度的不断完善和发展。这种良性互动有助于推动整个社会的创新和进步。

在第 4 章，我们深入探讨了随着 AIGC 技术的蓬勃发展，知识产权领域所涌现出的新案件和新议题。其中，著作权问题尤为引人注目，它与当前的 AIGC 技术紧密相连，引发了广泛的关注和讨论。在本小节，我们将围绕这一关键点展开深入的探讨。

2. 训练数据的使用

众所周知，海量的训练数据是人工智能模型得以持续优化和进步的重要基石。成熟的模型、强大的算力以及互联网上海量的数据，共同构成了令人惊叹的 ChatGPT 等 AI 应用的背后支撑。然而，这也引发了一个不容忽视的问题——AI 训练阶段数据使用的合法性。

为了规范这一领域的发展，我国最新发布了《生成式人工智能服务管理暂行办法》。该办法由国家互联网信息办公室、国家发展和改革委员会等多部委于 2023 年 7 月 10 日联合发布，具有高度的权威性和指导意义。该暂行办法第四条规定："提供和使用生成式人工智能服务，应当遵守法律、行政法规，尊重社会公德和伦理道德，遵守以下规定……（三）尊重知识产权、商业道德，保守商业秘密，不得利用算法、数据、平台等优势，实施垄断和不正当竞争行为；……"第七条规定："生成式人工智能服务提供者（以下称提供者）应当依法开展预训练、优化训练等训练数据处理活动，遵守以下规定：（一）使用具有合法来源的数据和基础模型；（二）涉及知识产权的，不得侵害他人依法享有的知识产权；……"。这些原则性的规定非常明确：在使用受著作权保护的作品、数据集进行 AI 训练时，必须获得相关权利人的授权。然而，在实践中，这一要求的落地执行却面临着诸多挑战。著作权的权属确定、授权关系都是极为复杂的法律问题。即使 AI 技术的开发者有意愿去获得授权，也很难有效执行。一方面，缺乏合适的著作权集体管理组织来协助实现授权和使用；另一方面，面对海量数据，逐一确认权利人并谈判授权事宜显然不具可行性。此外，全面获得授权所需的时间成本和经济成本都极高，这无疑会对技术的发展造成一定的影响。

那么，可能的解决方案是什么呢？我们可以从其他国家的做法以及我国《著作权法》中的相关规定两个维度来探讨。

（1）国际实践概览

在国际层面，不同国家对于 AI 训练数据使用的法律规制呈现出多样化的态势。本书前面的章节已经对欧盟、美国、日本、韩国等国家和地区的 AIGC 技术监管政策进行了详细介绍，因此，在此部分，我们不再重复具体法规条文，而是聚焦于训练数据使用的几种典型法律处理方式。

1）将该使用方式排除在著作权法保护范围之外。

生成式人工智能技术的核心在于其"生成性"，即它并非通过细微的局部复制和拼凑来形成新作品，而是通过机器学习的方式对训练数据进行处理。这种利用方式与传统的作品利用方式存在显著区别，其目的并非在于欣赏作品的表达，而是挖掘作品的非表达性元素，以提升模型的生成能力并创造新内容。例如，日本著作权法第 30 条第

4 款规定，著作权不保护对作品的非表达部分的使用，并明确说明用于数据分析（对大量作品或大量作品中语言、声音、图像或其他基本数据进行提取、比较、分类或其他统计分析）的情况适用第 47 条第 5 款。此外，日本在人工智能领域的政策导向也体现出对训练数据使用灵活性的重视，如日本人工智能战略委员会提交的草案中表明，不会强制要求人工智能训练中使用的数据符合版权法规定。日本原文部科学大臣永冈桂子亦公开表示，"在日本，无论采用何种方法、出于何种目的（营利或非营利）、用于何种行为（复制或其他行为），甚至从非法网站获取的内容，都可以用于信息分析作品。"[⊖]

2）基于技术发展的需要允许该使用方式。

欧盟议会在 2023 年 6 月发布关于人工智能立法的立场文件时，要求人工智能模型和生成内容的提供者必须发布有关使用受著作权法保护的训练数据的信息，但并未要求提供者获得相关许可。值得注意的是，欧盟法规并未赋予著作权人拒绝此类使用许可的权利。结合欧盟在《数字单一市场版权指令》（DSM 指令）等法规中的立场来看，欧盟倾向于支持在 AI 数据训练中使用受著作权保护的作品，并将其视为合理使用的一种情形。

3）将该使用方式纳入著作权法的合理使用范围。

合理使用是著作权法中的一项重要制度，它允许在未经权利人授权的情况下使用他人作品，是著作权法对作品保护的例外情形之一。在探讨合理使用制度时，我们不得不提及具有广泛影响力的美国版权法第 107 条。该条款确立了判断合理使用的四步分析法，具体包括：使用目的和性质（如是否为商业目的或教育目的）、被使用作品的性质、被使用内容相对于整部作品的比例和重要性以及使用行为对作品潜在市场的影响。在过往的司法实践中，对于逆向工程、搜索引擎等技术中涉及的作品使用行为，法院往往倾向于认为其属于合理使用，不构成著作权侵权。鉴于美国对人工智能发展的强烈支持态度以及大语言模型训练的目的和技术原理，可以合理推测，在未来的行政和司法实践中，合理使用的规则可能会得到一定程度的扩大解释，从而将 AI 技术中对训练数据的使用纳入合理使用的范畴。

（2）我国《著作权法》的相关规定及其适用性探讨

我国《著作权法》第 24 条作为合理使用的核心条款，详细列举了可以不经著作权人许可、不支付报酬而使用作品的情形。在这些情形中，和训练数据相关度较高的是

⊖ 详见由 AI 前哨站于 2023 年 6 月 2 日发布的推文《 AI 训练数据不用担心版权问题？日本政府表态引发热议》，访问时间为 2024 年 2 月 20 日，访问链接为 https://mp.weixin.qq.com/s/F1r-8K8IJRMcBaNEll3K3g。

第 1 款和第 6 款，条文具体规定："在下列情况下使用作品，可以不经著作权人许可，不向其支付报酬，但应当指明作者姓名或者名称、作品名称，并且不得影响该作品的正常使用，也不得不合理地损害著作权人的合法权益：（一）为个人学习、研究或者欣赏，使用他人已经发表的作品；……（六）为学校课堂教学或者科学研究，翻译、改编、汇编、播放或者少量复制已经发表的作品，供教学或者科研人员使用，但不得出版发行；……前款规定适用于对与著作权有关的权利的限制。"该条采用列举的方式阐述了合理使用的具体场景，另外在《著作权法实施条例》中对于合理使用普遍应遵守的原则做出了规定，底层逻辑和美国的四步分析法有类似的考量。我国《著作权法实施条例》第 21 条规定："依照著作权法有关规定，使用可以不经著作权人许可的已经发表的作品的，不得影响该作品的正常使用，也不得不合理地损害著作权人的合法利益。"

　　然而，在将这些规定应用于人工智能训练数据的实际情境时，我们遇到了若干争议点。首先，关于第 1 款中"个人"的定义和范围，法律界和学术界存在不同看法。一些观点认为，"个人"应仅指自然人，即真实的个体；而另一些观点则主张对"个人"进行扩大化解释，以涵盖更广泛的使用者，包括人工智能系统或机构。这种扩大化解释对于推动人工智能技术的发展和创新具有重要意义，因为它能够提供更多合法使用数据的途径。其次，第 6 款中的"科学研究"一词是否涵盖人工智能数据训练也是一个值得探讨的问题。有观点认为应该将人工智能数据训练纳入"科学研究"的范畴，从而使其能够享受合理使用的待遇。但这一观点也面临着一些质疑和挑战，因为人工智能数据训练的目的及其使用方式与传统的科学研究存在差异。此外，第 6 款中的"少量复制"限制也是人工智能训练数据使用面临的一个难题。在实际操作中，人工智能系统往往需要处理和分析大量的数据才能进行有效的学习和训练。这就要求使用者能够复制和访问大量的作品或数据集，"少量复制"的限制显然无法满足这种需求。

　　除了上述挑战和争议点外，还有一个实际操作中的难题需要解决：在海量数据训练的情况下，如何履行指明作者姓名或名称、作品名称的义务？这显然是一个难以实现的任务，因为训练数据往往来源于各种渠道和平台，很难一一追踪和标明作者及作品信息。这也使得按照现行条款将训练数据的使用纳入合理使用范畴变得更加困难。

　　为了解决这些问题并推动人工智能技术的健康发展，我国有必要在后续修订《著作权法实施条例》（该条例最近一次修订是在 2013 年）时对新技术方式下受著作权保护的作品、数据集的使用给出更明确的规定。这些规定应该充分考虑人工智能技术的特点和需求，平衡著作权人的合法权益与技术进步之间的关系。例如，可以设立特定的合理使用条款或豁免条款，允许在符合一定条件和限制的情况下使用受著作权保护的作品或数据集进行人工智能训练，推动建立良好的市场秩序和创作环境。

3. 生成物的法律保护探讨

AIGC 技术可谓日新月异，OpenAI 在 2024 年 2 月震撼发布的 Sora，引发了关于"世界模型"和"通用人工智能"的广泛讨论。在这样的技术背景下，生成物的法律定性和保护问题显得尤为复杂。虽然探讨人工智能的法律问题不需要有技术背景，但笔者基于个人经验认为，对于科技类法律问题的分析，了解新技术、新工具的原理和机制，同时持续关注产业发展都是非常有必要的。本书的第 4 章已对典型案例进行了一些陈述和分析，在此，笔者基于个人经验，分享一些思考，以期与各位共同探讨交流。

首先，我们需要跳出传统的技术工具论来理解生成式人工智能。引用两位行业人士的发言来做个呈现。著名的《失控》一书的作者凯文·凯利称："我认为可以用一个非常有用的框架来理解未来的人工智能（AI）——不是指今天的 AI，因为它们与未来30 年、50 年或 100 年的 AI 相比，还不够复杂——那就是将其视为来自另一个星球的人工外星人。"大模型创业公司创始人李志飞说："我想从一个工程师的角度解释一下AI 跟生命的关系。几年前，很多人问我：'AlphaGo（第一个打败围棋世界冠军的计算机程序）到底是几岁的智商？'当时我特别不喜欢这种问题，因为没法回答。那时候，AI 虽然可以下围棋、智商很高，但它并不能像 3 岁小孩一样进行自然语言对话。当时它跟人的机理是本质上不一样的。但是最近这一阵子，我特别喜欢把 AI 比作一个小孩。我觉得核心是因为，今天的 AI 已经具备了小孩拥有的、真正的通用智能能力，比如知识、逻辑、推理、规划等等。所以我想说，今天的 AI 更像一个生命体了。它在智商上像一个 5 岁小孩，在知识上可能既像一个大学教授，也像一个刚出生的婴儿，这取决于它有没有见过那些数据。"[⊖]

其次，法律规则的设定应与业务生态场景相匹配，以引导各相关方依法行动。以中国文生图第一案为例，判决书强调了对生成物创作过程的具体分析，并肯定了原告将涉案图片标注为"AI 插画"的做法，认为其符合法律规定，且保障了公众知情权。然而，在当前 AIGC 技术的应用场景中，很难对 AIGC 生成物都作出明确标记，同时使用 AIGC 技术的用户在部分场景下也没有动力对 AIGC 生成物都作出标注，因此实现

⊖　详见由高佳等人于 2023 年 7 月 2 日发布的推文《李志飞对话凯文·凯利：对 AGI 而言，未来 365 天将是关键拐点》，访问时间为 2024 年 2 月 21 日，访问链接为 https://mp.weixin.qq.com/s/jamaAh0Yp2dOmRUzUboH2A。

对 AIGC 生成物进行明确标记并非易事，这客观上使得 AIGC 生成物与人类创作难以区分。同时若对 AIGC 生成物的权利都需要做个案判断，缺乏明确的指引标注，AIGC 生成物的著作权将处于不确定状态，不利于后续利用。

全国审判业务专家宋健表示，该案裁判理由中尽管强调 AIGC 仍然是人类利用工具进行创作，但现在生成式人工智能大模型是人类历史上极为重大的颠覆式创新的技术变革，尽管最终呈现需要人类进行不断的设定和选择，但最终生成物仍是由 AI 自主完成的，远超传统"工具论"背景下自然人对机器创作工具的使用方式。[⊖]由此，AIGC 似乎定义为数字产品更为妥当。 这也为思考如何为这种不同于人类的智能生成物设定法律规则提供了一个思路。

如何为这样的一种不同于人类的智能生成物设定法律规则，需要在实践中进一步探索，我们并不能一味地将该类问题纳入现有机制中，而应带着开放的态度来观察和思考。知识产权法律规则的核心价值导向在于合理分配利益、有效解决纠纷以及持续激励创新。基于人工智能的发展，我们需要建立与之匹配的新的知识产权治理理念，以确保知识产权在激励创新、促进发展方面继续发挥重要作用。这需要我们持续关注技术发展、深入了解产业需求，并积极参与国际交流与合作，共同探索适应新时代的知识产权保护路径。

4. AI 辅助发明的新动态

美国专利商标局于 2024 年 2 月 13 日发布了一份具有里程碑意义的指南，针对人工智能辅助发明的专利保护问题进行了明确规定。随着人工智能技术的飞速发展，人类在发明创造过程中的角色正逐渐演变，与 AI 的协作创新模式也日益凸显。为了有效激励和保护 AI 领域的创新投资，该指南明确指出，AI 辅助发明并不会自动失去专利保护资格，同时还提供了一个评估框架，用于衡量人类在发明过程中的实际贡献。在这份指南的背景下，使用 AI 的个人必须做出显著贡献，才能被视为合格的发明人。这种贡献的评估将依据具体的权利要求和实际情况进行个案分析。为了更准确地判断 AI 参与发明的情境下发明人的身份，美国专利商标局提出了以下几项指导原则：

- AI 的使用并不会削弱自然人在发明中的角色。只要个人对发明做出了重大贡献，他们仍有资格被列为发明人或共同发明人。

⊖ 详见由知产力于 2023 年 12 月 1 日发布的推文《"AI 文生图"著作权侵权第一案宣判，但仍有问题悬而未决》，访问时间为 2024 年 2 月 21 日，访问链接为 https://mp.weixin.qq.com/s/vhglwXh759okiZrX4vWdaw。

- 仅仅提出问题或制定宏观研究计划并不足以构成发明构思。然而，通过特定问题和框架引导 AI 生成具体解决方案，可以视为对发明做出的重大贡献。
- 如果个人利用 AI 的输出结果，并对该结果进行了实质性改进，从而创造出新的发明，那么他们可以被视为合适的发明人。
- 对于那些开发出构成发明基础的关键组件的个人，即使他们没有参与发明的每一个构思步骤或过程，也可以因其重大贡献而被认定为发明人。
- 实质性的贡献是判断发明人资格的关键。单纯地控制 AI 而没有对发明的构思做出实质性贡献，并不足以赋予个人发明人的地位。

笔者认可美国专利商标局的该思路，AI 的崛起为创新领域带来了新的活力，助力人类的创新活动。这一做法既顺应了技术发展的趋势，又维护了专利法的核心原则。在评估 AI 参与发明的专利时，重点仍应放在人类的实际贡献上。在涉及 AI 的专利的不断实践中，我国可能也会制定和发布既鼓励 AI 技术创新发展，又保障发明人权益的相关专利法规和政策，以构建一个公平、透明且激励创新的专利环境，推动我国科技进步和经济发展。

5. 国际化协同及多方参与

在 AIGC 技术的浪潮中，知识产权不仅是一项法律保护机制，更是激励创新、促进文化交流和推动经济发展的关键要素。因此，AIGC 技术相关的知识产权规则的发展，少不了国际协同，以及 AIGC 相关生态中多方的共同参与。

首先，由于 AI 技术的跨国界特性，AIGC 作品的创作、传播和使用往往超越单一国家的范围。国家之间需要建立更为紧密的法律协同机制，以促进各国在 AIGC 知识产权的立法、执法和司法实践中能够相互衔接、协同作战。这种协调机制不仅包括建立一些共同的标准和指南，还涉及加强国际知识产权组织之间的合作与交流，共同应对 AIGC 技术带来的挑战和问题。

其次，行业与社会的广泛参与是构建和完善 AIGC 知识产权法律体系的重要保障。由于 AIGC 技术涉及多个领域和行业，在制定相关法律时，需要听取各方意见和建议，以保障法律规则的公正性和合理性。

最后，广泛参与还可以增强公众对 AIGC 知识产权的认知和理解，增强公众知识产权的保护意识。

面对 AIGC 技术给知识产权法律的适用带来的挑战和机遇，我们必须保持开放的态度，积极探索和创新法律制度和管理模式。在保护知识产权权利人的同时，也要充分考虑技术的发展趋势和市场的需求变化，为 AIGC 技术的创新和发展留足空间。

10.2.4　伦理规范的法律化

随着人工智能技术深入渗透到社会的各个层面，将 AI 伦理规范转化为具体的法律正日益成为全球性的趋势。以下是这一趋势的详细分析和现实实践的一些案例。

1. 公平性和非歧视性的法律化

（1）AI 系统的公平性监管

国家和国际组织正通过法律和政策推动 AI 系统的公平性。例如，确保 AI 系统在诸如招聘、信贷评估、法律判决等领域的应用不会导致歧视或偏见。这包括要求 AI 系统开发者和运营者公开 AI 系统的决策逻辑，以便进行公平性审查和评估。

（2）反歧视法规的拓展

现有的反歧视法律可能需要拓展，以覆盖 AI 技术带来的新形式的歧视，如基于数据驱动的偏见。这涉及评估和修改现有的法律，使其能够更有效地应对由 AI 技术驱动的歧视问题。

2. 社会与环境影响的法律考量

（1）社会责任和合规性

法律和政策正在强调 AI 技术对社会的整体影响，要求企业在开发和部署 AI 系统时考虑 AI 对社会福祉的影响。这可能包括评估 AI 应用对就业、社会不平等，以及民主进程的影响。

（2）环境影响评估

随着对可持续发展的关注日益增加，AI 系统的环境影响评估成为法律化的一个重要方面。例如，评估 AI 系统的能源消耗和碳足迹，并采取措施减少 AI 系统对环境产生的影响。

3. 法律化伦理原则的实际案例

（1）设计和开发过程中的伦理融入

例如，欧盟提出的 AI 伦理指南鼓励将伦理原则纳入 AI 系统的整个生命周期中，从设计、开发到部署和使用。这可能涉及制定特定的伦理指导原则和审核机制。

（2）法律和伦理审查机构

一些国家设立了专门的机构，如 AI 伦理委员会，负责审查 AI 系统的伦理和法律合规性。这些机构的目的是确保 AI 系统在增进社会福祉的同时，符合法律和伦理标准。

AI 伦理规范的法律化是确保 AI 技术在尊重人类价值和社会公正的前提下发展的重要手段。法律化这些伦理规范可以更有效地指导 AI 技术的发展和应用，确保 AI 技术为社会带来正面而非负面的影响。

在全球范围内，随着对 AI 技术影响的认识加深，法律体系正在逐渐适应和调整以应对 AI 带来的新挑战。这包括数据保护、算法透明度、知识产权以及伦理规范等方面的发展。未来，随着技术的不断进步，法律框架也将不断演变，以确保 AI 技术的健康发展和广泛应用。